哲学：智慧的源泉

——新时期学哲学用哲学

主编　项宇琳　王光明

浙江工商大学出版社 | 杭州
ZHEJIANG GONGSHANG UNIVERSITY PRESS

图书在版编目(CIP)数据

哲学：智慧的源泉 ：新时期学哲学用哲学 / 项宇琳，王光明主编. — 杭州：浙江工商大学出版社，2019.6

ISBN 978-7-5178-3259-1

Ⅰ. ①哲… Ⅱ. ①项… ②王… Ⅲ. ①人生哲学—通俗读物 Ⅳ. ①B821-49

中国版本图书馆 CIP 数据核字(2019)第 110768 号

哲学：智慧的源泉

——新时期学哲学用哲学

ZHEXUE：ZHIHUI DE YUANQUAN——XINSHIQI XUEZHEXUE YONGZHEXUE

主编 项宇琳 王光明

责任编辑 王黎明
封面设计 林朦朦
责任印制 包建辉
出版发行 浙江工商大学出版社
(杭州市教工路 198 号 邮政编码 310012)
(E-mail：zjgsupress@163.com)
(网址：http://www.zjgsupress.com)
电话：0571－88904980，88831806(传真)
排　　版 杭州朝曦图文设计有限公司
印　　刷 杭州高腾印务有限公司
开　　本 710mm×1000mm 1/16
印　　张 16.25
字　　数 249 千
版 印 次 2019 年 6 月第 1 版 2019 年 6 月第 1 次印刷
书　　号 ISBN 978-7-5178-3259-1
定　　价 49.80 元

浙江工商大学出版社营销部邮购电话 0571－88904970

序

哲学是人类智慧的结晶，是时代精神的精华。党的十八大以来，习近平总书记多次强调各级领导干部要学哲学用哲学。他说："学哲学、用哲学，是我们党的一个好传统。学习和掌握马克思主义哲学，有利于理解我们党现阶段提出并实施的理论、思想和路线方针政策，有利于深入理解全面深化改革的重要性和紧迫性，有利于准确把握全面深化改革的重大关系。党的各级领导干部特别是高级干部，要原原本本学习和研读经典著作，努力把马克思主义哲学作为自己的看家本领。"

学哲学用哲学不但对党的各级领导干部十分重要，对于科技工作者也有着十分重要的意义。钱学森说过："我觉得用正确的哲学来指导科学技术工作非常重要。""我们应该用马克思主义哲学指导我国的科学技术工作，这是我们的优势。""在科学技术工作中，每一个工作者的世界观有重要作用，所以要提倡运用辩证唯物主义的哲学。"他本人身体力行，努力学习、钻研哲学，用马克思主义哲学指导科技工作，为科技工作者树立了榜样，成为科技界的典范。

为了贯彻习近平总书记学用哲学的指示，促进科技界学用哲学热潮的兴起，我们编辑了本书。书分两编：第一编是"钱学森学用哲学的启示"；第二编是"浙江科技人员学用哲学的部分范例"。

第一编讲述了钱学森成为科学巨擘，创造出辉煌业绩的一个重要的原因，是他掌握了人类智慧之学——马克思主义哲学。该编主要内容是一些学术团体和专家学者对钱学森多角度、多方面的探究，使人们了解钱学森是如何爱上、学习、钻研和创造性地应用马克思主义哲学来指导自己的科研、工作及研判形势，创建了以马克思主义哲学为最高层的现代科学技术体系学。读者可以从中得到启示。

第二编是浙江科技人员学用哲学范例的选编。新时期怎样继承和发扬我党学哲学、用哲学的优良传统,是浙江省科协和有关学会多年来一直关注的问题。从1991年省科协召开“科技工作者学习马克思主义哲学座谈会”,到2011年召开“钱学森科学思想研讨会”,再到2015年浙江省技术经济和管理现代化研究会、浙江省科技促进外向型经济研究会和浙江省自然辩证法研究会联合召开的“应用辩证唯物主义,推进科学文化建设研讨会”,在此期间有很多科技工作者联系实际撰写了许多学哲学用哲学的文章。其中比较突出的是省科协原副主席、浙江工业大学教授项浙学。

项浙学教授年轻时参加浙南游击队,后成为一名大学教授。他热衷于辩证唯物主义、毛泽东哲学思想的学习。他发起筹建了浙江工学院自然辩证法研究会、浙江省自然辩证法研究会及浙江省科技促进外向型经济研究会,并先后担任这几个研究会的理事长。项浙学教授以这几个研究会为平台,在省科协和挂靠单位的大力支持下,发起召开了把哲学和现代化建设结合起来的多个有很大影响的研讨会,并领导开展了许多有深远意义的课题研究。他笔耕不辍,多年来撰写了许多充满哲理的论文,出版了《决策咨询研究》等著作。

这里我们还选择了几个案例,其中:一个是以浙江省科技促进外向型经济研究会的专家学者为主的省科协重点课题组,坚持学马克思主义哲学,用哲学指导决策咨询工作的实例;另一个是院士专家工作站,用唯物辩证法指导工作,努力把“创新”和“绿色”两个理念紧密地结合起来,建设好院士专家工作站的过程。这两个团体和单位的科技人员都坚持用马克思主义哲学的观点、方法去分析和回答现代化建设中遇到的各类实际问题,不是穿靴戴帽,不是贴标签,而是真学真用,并且取得了显著的成效。

浙江省科技促进外向型经济研究会成立20多年来,他们承担和参与了50多项重要的课题研究,研究成果突出,曾两次获得浙江省委、省政府党政系统优秀调研成果一等奖;两次获得浙江省政府科学技术奖二等奖,还获得中国科协优秀调研报告特别奖一项、一等奖一项、二等奖一项,此外还获得其他奖励多项,中央书记处的领导,浙江省委省政府、中国科协的领导曾多次在他们的研究报告上批示,许多研究成果和建议被有关部门采纳,有的写入省委和省政府的文件。

浙江省院士专家工作站从2008年始建以来，已建成市级以上工作站1607家(其中省级站137家)，签约建站院士345位，还有许多创新团队共同参与工作站建设。工作站建设，始终遵循省委提出的“八八战略”，重视“创新”和“绿色”两个理念的内在联系，努力把两者统一起来，系统上下都把既有经济效益又有生态效益的项目作为研发重点，取得了一系列重大成果。据2015年年底省级工作站统计，工作站共开展合作项目737项，解决我省产业发展中的关键共性技术673项，开发新产品981个，获授权专利4038件，制定修订技术标准817个，其中国家标准达163个。

在编辑本书的过程中，得到了以上团体和单位的专家学者的大力支持，在此表示由衷的感谢。

编　者

2017年5月

目　录

第一编

钱学森学用哲学的启示

钱学森是一位杰出的科学家,也是一位杰出的思想家、哲学家。他坚信马克思主义哲学是真理,对马克思主义哲学推崇备至,他坚持用辩证唯物主义指导科学研究,用历史唯物主义看待和分析问题,他的论著里充满着辩证的哲学思维。他说:“怎样培养分析洞察问题的能力?我认为最好的办法就是学习并掌握马克思主义哲学。”他指出“马克思主义哲学是智慧的源泉”,他不止一次地申明:“马克思主义哲学作为科学技术的最高理论,就必须用来指导科学技术的进步发展。”

钱学森是一位坚定的马克思主义者,是学习、运用和发展马克思主义哲学的光辉典范,是捍卫马克思主义哲学的坚强斗士,是科技工作者学用哲学的楷模。

一　钱学森答记者问

——关于马克思主义哲学的对话

众所周知，钱学森是一位杰出的科学家，实际上他也是一位杰出的思想家、哲学家。钱学森一生的科学成就和卓绝贡献可以分作两大部分，一是“两弹一星”的研制，二是“现代科学技术体系学”和“大成智慧学”等思想理论的创立。

这两大部分的成就和贡献都是彪炳史册的。钱学森之所以能创造出这么辉煌的业绩，一个重要的原因，是他掌握了人类有史以来最锐利的思想武器——马克思主义哲学。

钱学森对马克思主义哲学推崇备至，他坚信马克思主义哲学是真理，坚持用辩证唯物主义指导科研和工作，用历史唯物主义看待和分析问题，他的论著充满着辩证思维。他是一位坚定的马克思主义者，是学习、运用和发展马克思主义哲学的光辉典范，是捍卫马克思主义哲学的坚强斗士，是科技工作者学习运用马克思主义哲学的不朽榜样。

本文采用虚拟记者与钱学森对话的方式，试用钱学森的原话，来述说他是如何认识、爱上和钻研马克思主义哲学的，回放他论述和创造性运用马克思主义哲学的一个个历史情形，展现他执着马克思主义哲学的精神和成果。（注：钱学森在对答中，如果是他本人的原话，全部用双引号标出，如果是为了连贯上下编者加上的文字，则不用双引号。）

（一）去叩马克思主义哲学的大门

记者：您好，尊敬的钱学森先生。您对马克思主义哲学十分推崇，您的一生都在学习和运用马克思主义哲学。您对马克思主义哲学从无知到认知,从热爱到自觉运用,以至于痴迷,有一个过程。您说过:“我从工程技术走到技术科学,又走到社会科学,再走去叩马克思主义哲学的大门。”①您也说过:“我是从自然科学、工程技术走向社会科学和马克思主义哲学。”②请问,您最早是什么时候开始接触马克思主义哲学的?

钱学森:回忆起来,那还是上个世纪的事。“在 20 年代,我是北京师大附中的学生。……记得初中三年级时,一天午餐后休息,同学们聚在一起闲聊,一位同学十分得意地说:‘你们知不知道 20 世纪有两位伟人,一个是爱因斯坦,一个是列宁。’大家听后茫然,便问他是怎么知道的。他说是从图书馆的一本书上看到的,爱因斯坦是科学伟人,列宁是革命伟人。但那时我们谁也不知道爱因斯坦是相对论的创始人,列宁是俄国的伟大革命家,更不知道还有马克思、恩格斯。但这次茶余饭后的闲谈却激起了我对科学伟人和革命伟人的崇敬。”③

1929 年,我考上了上海交通大学,不料刚读完一年级就意外得了伤寒,只得休学一年,回杭州老家养病。在杭州休养的日子里,我常去西子湖畔散步,但去得最多的地方还是图书馆和书店。“我因爱好美术,所以在书肆购了一本讲艺术的书。这本书是一位匈牙利的社会科学家写的,是用唯物史观的看法写的。对当时的我来说,这是一个突如其来的看法。我从来也没有想到艺术会有科学分析的可能。因为我是学科学的,所以对这一理论发生了莫大的兴趣。”④以后我又买了普列汉诺夫、布哈林等人的著作,“读了普列汉诺夫的艺术论、布哈林的唯物论等书,感到这真有道理。我也想了解一下反面的论点,所以又看了一些西洋哲学史之类的书,也看了胡适的中国哲学史大纲(上册)。看来看去,终于感到只有唯物史观和辩证唯物主义才真有道理,唯心论等等没道理。经济学也是马克思有道理,而资产阶级经济学那一套利息论等等,不能

---

① 《钱学森书信》(第 7 卷),国防工业出版社 2007 年版。

② 《钱学森书信选》(下卷),国防工业出版社 2008 年版。

③ 钱学森:《图书馆与钱学森——钱学森在西安交通大学钱学森图书馆揭幕典礼上的书面发言》,《当代图书馆》1996 年第 2 期,第 1 页。

④ 奚启新:《钱学森传》,人民出版社 2014 年版。

自圆其说，不能令人接受。所以在书本上.我当时是信服科学的社会主义的：对国民党的那一套不信了”①。

“这一年是我思想上有大转变的一年。我在这一年里，第一次接触到科学的社会主义思想，在我脑筋里树立了对共产主义的信念。”②“人生观上升了。”③读了这些书后我说过：“既然我是学科学的，那么，对于社会和宇宙的看法，就得有一个正确的态度。我们科学工作者如果掌握了它，就等于掌握了研究宇宙、人类社会和研究科学的钥匙，就等于我们在人生道路上有了正确的方向。”④

（二）参加马列主义学习小组

记者：您好像说过，自己“在出国前，就崇敬鲁迅先生，受到中国共产党的指引”⑤。您能说说当时是怎么一种情况吗？

钱学森：我父亲钱均夫和鲁迅是挚友，在日本一起留学，回国后又同在中华民国教育部任职多年。鲁迅还到我就读的北京师大附中做过《未有天才之前》的著名演说。我看过鲁迅的书，很敬佩他。进入上海交大读书后，我思想比较活跃，参加了中国共产党的外围组织，这个组织经常举办小型讨论会，从那里我知道了红军和革命根据地的存在。这个组织的领导人是中共地下党员乔魁贤，他的公开身份是交大数学系的学生。我曾自我解剖说：“在这一时期我对革命斗争有了进一步的了解，对国民党知道恨了，但是在白色恐怖下，未能鼓起劲儿来真参加革命。”“后来乔魁贤被学校开除，我和小组的联系也就逐渐中断。”⑥

记者：交大毕业后，您考取了清华大学“庚款留学”公费生，1935 年 8 月，您远渡重洋到美国留学，先后在麻省理工学院和加州理工学院学习和工作，在不到十年的时间内接连获得了硕士、博士、教授和终身教授的称号，这在美国是很少见的。这期间您和您的导师——世界顶尖空气动力学专家冯·卡门合

---

①②⑥ 奚启新：《钱学森传》，人民出版社 2014 年版。

③④ 叶永烈：《钱学森》，上海交通大学出版社 2010 年版。

⑤ 《钱学森书信选》（下卷），国防工业出版社 2008 年版。

作,创立了著名的“卡门-钱近似”公式,确立了您在世界航空学术界的高层地位。1944 年 12 月,美国国防部科学咨询团正式成立,冯·卡门任团长,经他推荐,您成为咨询团的一名专家,佩戴金色证章出入五角大楼和华盛顿秘密高层指挥中心。最具传奇色彩的是,您参加加州理工学院“火箭俱乐部”和回归祖国的曲折经历,其中的艰辛和磨难对您接受马克思主义是否产生了很大的影响?

钱学森:磨难可以改变人生。1936 年 2 月,在美国加州理工学院,以冯·卡门的门生马林纳为首和另外三名火箭迷组成了“火箭小组”,又称“火箭俱乐部”。不久他们把我拉了进去,“马林纳这个人很聪明,小组的其他几个人动手能力也强,但他们理论上不怎么样,于是找到我,要我帮助解决一些理论计算问题。就这样,我参加了火箭小组的工作”①。

记者:您不负众望,在火箭研制过程中,您解决了火箭设计中遇到的几个理论问题,提出了一份研究报告,内容包括:火箭的理想效率,燃烧室中的温度,燃烧产生气体膨胀不足和过度膨胀对火箭效率的影响,燃烧喷嘴的设计,发动机推力的计算,等等。这份研究报告成为火箭研制的理论基础,被火箭研制小组成员们视为“圣经”。在历经多次失败后,你们终于成功发射了第一枚探空火箭。“火箭俱乐部”成了美国历史上最早研制火箭的组织,你们五个小伙子被赞誉为美国研制火箭的元老,名留史册。当年的实验场地——荒凉的阿洛约·塞科山谷,如今成了著名的美国宇航局喷气推进实验室的所在地。在对外开放的日子里,成千上万的人饶有兴趣地到那里去参观。这是一个很值得纪念的地方。

钱学森:重要的是,从那个时候起我结识了美国一些左翼科学家,比较多地阅读了马克思主义的图书,接受了辩证唯物主义思想。马林纳和我是好朋友,经他介绍,我参加了加州理工学院化学系威因鲍姆博士组织的读书会。通过这个读书组织我又认识了更多的红色科学家,他们中间很多是美国共产党党员,如美国“原子弹之父”奥本海默的弟弟法兰克·奥本海默博士、杜柏诺夫博士等,威因鲍姆和马林纳也是。这个读书会实际上是美国共产党的外围组

---

① 叶永烈:《钱学森》,上海交通大学出版社 2010 年版。

织——马列主义学习小组，不过当时我并不清楚，也不知道他们其中的一些人是美共党员。在读书会里，我们一起研读《反杜林论》《自然辩证法》等马克思主义著作，广泛讨论社会主义、共产主义，资本主义、帝国主义，以及正在兴起的世界反法西斯运动和中国问题等，还听过美国共产党总书记白劳德的演讲。

我到美国时，“正值美国经济萧条，对资本主义国家的实际有深刻印象。而 1950—1955 年的灾难，更加深了我对美帝国主义实际的认识。开始学习马克思主义哲学”①。

记者：这个“灾难”众人皆知，在“麦卡锡主义”猖狂时期，您被美国联邦调查局怀疑是美国共产党党员，禁止您从事任何和美国军事机密相关的研究工作，并吊销您的安全许可证和出入五角大楼的金色证章。当您提出回国要求时，美国当局非但不准，还把您抓进监狱拘押 15 天，接着又对您进行长达五年的监管，使您失去了人身自由。这一切来自美国海军副部长丹尼尔·金贝尔将军的一句名言：“他知道所有美国导弹的核心机密，无论如何都不要让钱学森回国，他太有价值了，一个钱学森抵得上五个海军陆战师，我宁可把这个家伙枪毙了，也不能放他回共产党中国去。”②

钱学森：“五年的苦难，我终生难忘。”③在这五年里，我备受煎熬，但我没有放弃努力。五年中，除了写成了学术著作《工程控制论》，我还读了《资本论》《自然辩证法》等马克思主义经典著作。我“当时并没有想到建立新学科，而是为避开美国特务的追踪和迫害。那时我还年轻，虽然痛苦，精力还很充沛，我不能消沉。我必须积累知识，随时准备返回祖国，为建设新中国尽力”④。我夫人蒋英收拾了三个行李箱，放着衣物，随时可走。

1955 年 6 月 15 日，我在给陈叔通的亲笔信中倾诉了我急盼回国的心情：“被美政府拘留，今已五年。无一日、一时、一刻不思归国参加伟大的建设高潮。……请求祖国帮助早日回国。”⑤陈叔通是著名进步民主人士，是我父亲的老师，当时担任全国人大常委会副委员长。一天偶然间，我在一本中国画报

---

① 《钱学森书信选（下卷）》，国防工业出版社 2008 年版。

② 叶永烈：《钱学森》，上海交通大学出版社 2010 年版。

③④ 宋建：《民族英雄钱学森》，《科技日报》2015 年 11 月 19 日。

⑤ 《钱学森书信（第 1 卷）》，国防工业出版社 2007 年版。

上看到毛主席和陈叔通在天安门的合影,猛然想起可以通过叔老的关系,援助我回国。于是我就给叔老写了一封信,通过蒋英在比利时的妹妹辗转寄回国。

记者:您的回国之路曲折而又幸运。在您危难时期,祖国一直在关切您,声援您回归。1955 年 7 月,周恩来总理看到了您给陈叔通的密信后,立即指示正在日内瓦参加中美大使级会谈的王炳南大使,以此为据向美国政府要回钱学森和一批留美学者,并决定提前释放 11 名在朝鲜战争中被俘的美国飞行员,以示诚意。这样,您才得以回到祖国。周恩来曾意味深长地说过:"中美大使级会谈虽然没有取得实质性成果,但我们毕竟就两国侨民问题举行了具体的建设性的接触。我们要回了一个钱学森,单就这件事来说,会谈也是值得的,有价值的。"①而那个金贝尔这时又说了一句名言:"放钱学森回中国是美国曾做过的最愚蠢的事。与其说钱学森是个共产党员,还不如说我是共产党员,我们竟把他逼走了。"②

钱学森:1955 年 10 月 8 日,我们全家跨过深圳的罗湖桥,终于回到了祖国的怀抱,望着九龙海关的五星红旗,心情万分激动。我曾用这样的言语记录那永远难忘的时刻:"那是我们的国旗,那样光明,在阳光下闪耀着。瞬间,我们全都屏息而视,眼中涌上了泪水。我们走过小桥,终于,踏上了国土,回到我们的国家,我们值得骄傲的国家,有着 4000 多年文明的国家!"③"过去四五年来,因为美国政府无理的羁留,归国无期,天天在焦虑和气愤中过活,现在靠了我国政府在外交上严正有力的支持和世界爱好和平的人民在舆论上的援助,我们才安然返国。我们向政府和所有帮助我们的人民致谢。"④

(三)毛主席要我认真学习马克思主义哲学

记者:周恩来总理得知您平安归来,专门打电话给广东省委书记兼省长陶

---

① 叶永烈:《走近钱学森》,上海交通大学出版社 2009 年版。

② 叶永烈:《钱学森》,上海交通大学出版社 2010 年版。[美]张纯如:《蚕丝——钱学森传》,中信出版社 2011 年版。

③ 奚启新:《钱学森传》,人民出版社 2014 年版。

④ 《钱学森在美国(1935—1955)》,人民出版社 1984 年版。

铸，指示要热烈欢迎、好好接待您及其家人，他说："科学家是我们国家的精华，钱学森是科学家的一个代表。"

钱学森：回国后，党和国家的热情接待和重视，"祖国的亲切和温暖，使我深受感动。"我决心"要把我的全部力量，献给社会主义建设，为祖国培养迫切需要的科学研究人才"[①]。而要实现自己的诺言，必须有一个正确的方向。回国第二年，新华社记者来采访时，我谈了自己的看法："对于一个有为的科学家来说，最重要的是要有一个正确的方向。这就是说，一个科学家，他首先必须有一个科学的人生观、宇宙观，必须掌握一个研究科学的科学方法！这样，他才能在任何时候都不至于迷失道路；这样，他在科学研究上的一切辛勤劳动，才不会白费，才能真正对人类、对自己的祖国做出有益的贡献。"[②]而这个科学的人生观、科研方法就是马列主义、毛泽东思想和马克思主义哲学。

记者：回国后，您以高涨的热情系统地学习马列主义和毛泽东思想，决心成为一名自觉的马克思主义者。是什么力量促使您这样努力？

钱学森："我回到国内之后毛主席跟我谈话，要我认真学习马克思主义哲学，我就照着他的指示做了。"[③]我买了毛泽东的《实践论》《矛盾论》，马克思的《1844年经济学哲学手稿》，恩格斯的《反杜林论》《路德维希·费尔巴哈和古典哲学的终结》，列宁的《唯物主义和经验主义》《哲学笔记》等经典著作，如饥似渴地认真学习，感触很深。"我认为马克思主义哲学是马克思列宁主义毛泽东思想的哲学。"[④]"只有用马克思主义哲学武装起来的、有实践经验、有学问的人，才能少犯错误，才是有智慧的人。"[⑤]我阅读了以上经典著作，才知道马克思主义哲学博大精深，经天纬地。我才意识到，自以为得意的，在美国总结提炼的、具有哲理性的那几条思想观点和工作心得"太肤浅了。经典著作里都有，而且比我说得好得多，深刻得多。打那以后我就感到了马克思主义哲学的

---

① 奚启新：《钱学森传》，人民出版社2014年版。

② 洛翼：《一个有思想的科学家——钱学森博士访问记》，《中国新闻》1956年3月2日。

③ 苗东升：《钱学森哲学思想研究（钱学森科学技术思想研究丛书）》，科学出版社2013年版。

④ 《钱学森书信选（上卷）》，国防工业出版社2008年版。

⑤ 《钱学森书信（第4卷）》，国防工业出版社2008年版。

重要。那时候,毛泽东同志也号召我们去学习。我是认真地去学的,越学越觉得有味,有那么几本书,学完了以后,觉得里边的一些道理,运用到我们的实际工作中去,非常之开窍"①。

我特别想讲的是:"回国后我同毛主席多次接触,他也问过我一些科学上的问题。"②例如有一次,"我记得在 1956 年讨论农业'四十条',那时候毛主席主持最高国务会议,召集各方面的同志来讨论这个问题,我也参加了。……就在会议中间休息吃点心的时候,毛主席来了! 毛主席看见我在那儿,就跟我打招呼,说'你们科学家说的,基本粒子不可再分了,我看基本粒子也是可分的,你信不信?'主席很风趣地问我:'你信不信?'我当时没吭声,我也不敢说我信还是说怎么样。因为当时,确实物理学家认为基本粒子是不可分的。但是就在这个事情之后不久,很快物理学家就发现了,他们必须放弃这一想法,基本粒子也是可分的。我们国家的物理学家,在毛主席这一思想的促进下,是在 60 年代初第一个提出基本粒子可分的基本粒子结构的理论,这在当时全世界也是比较先进的"③。我感到毛主席的"智慧主要来自马克思主义哲学和历史、文学艺术修养,来自革命战争的锤炼,很了不起。他对科学问题也十分关注,下了很大功夫进行研究。他的理论著作《实践论》和《矛盾论》,可以说是马克思主义哲学的光辉篇章。我回国后曾反复学习,深受教益"④。

回想起来,我在美国搞科研,攻难关,"工程上的实际问题总是复杂的、多因素的。我们那时做研究工作,计算手段很有限。遇到这种非线性的复杂问题怎么办? 就得设法加以简化。这就要求对问题有深刻理解,才能抓住主要矛盾。只要主要矛盾抓对了,你的简化就是合理的,其结果工程上就能用。这不就是毛主席在《矛盾论》中讲的道理吗? 我在美国做了十几年学问,所得到的那点心得体会,原来在毛主席的《实践论》《矛盾论》中早就讲清楚了。所以我常常说毛主席很伟大"⑤。

---

① 顾孟潮编:《钱学森论建筑科学》,中国建筑工业出版社 2010 年版。

② 《钱学森》,《人民日报》2002 年 6 月 24 日。

③ 《钱学森书信(第 3 卷)》,国防工业出版社 2008 年版。

④ 《钱学森》,《人民日报》2002 年 6 月 24 日。

⑤ 《钱学森》,《人民日报》2002 年 6 月 24 日。

这种感受是发自内心的。在许多场合和文章中，我多次谈过我学习马克思主义哲学、毛泽东思想的亲身体会。

在《智慧与马克思主义哲学》一文中，我说："关于人的智慧与马克思主义哲学之间的关系问题，近来我在几个场合提到过，但都没有展开谈。在这篇短文里，想更仔细地讲讲我的体会，以求教于同志们。

"先要说说自己的一个朴素感受：我在国外从事教学和研究工作期间，没有好的机会学马克思主义哲学，只是在工作中，从经验和教训中得出了几条治学应该注意的东西：如看问题应找什么角度，碰了钉子又如何办等。当时还自以为这是我的心得。回到社会主义祖国后，有可能认真学点马克思列宁主义、毛泽东思想的著作了，才发现我几条治学心得，比起马克思主义哲学来，就好比大海中漂着几个小水泡，算不了什么！

"因为有这个感受，所以我常常向中青年科学技术工作者宣传学习并运用马克思主义哲学的重要性。"①

1987 年 3 月我出访英国，在伦敦与中国留学生交谈，对他们说："我觉得用正确的哲学来指导科学技术工作非常重要。你是唯心论，还是唯物论？是机械唯物论，还是辩证唯物论？这个关系重大。这方面我有亲身体会。我从前在美国没有机会学马克思主义哲学，只是在发现自己不大对头时，赶快改，改得愈快愈好，愈有利。愈固执己见愈糟糕。这也算是钱学森研究工作的心得吧。当时自己觉得还不错，我还有其他几条心得呢。可是后来回到祖国以后，有条件真正学习马克思主义哲学了，才恍然大悟，我那一些所谓的心得没有啥，马克思、恩格斯、列宁早就讲过了，我的心得也就如大海当中的几个小水泡。真正的大海是马克思主义哲学。"②

在一个科技管理研究班上，我去讲课，有人提问，什么是马克思主义哲学？我回答："马克思主义哲学是科学的哲学"，"科学的哲学就是马克思主义的哲学"，"它是科学技术最高的概括，也就是人类社会实践、人类认识客观世界的最高的概括"，"是人类智慧的最高产物，必须用它来指导科学技术的发展"。

---

① 钱学森：《智慧与马克思主义哲学》，《哲学研究》1987 年第 2 期，第 4—6 页。

② 《建国百年之际 中国必然强盛——1987 年 3 月 22 日钱学森在伦敦对部分中国留学生的讲话摘要》，《神州学人》1987 年第 2 期。

而“现在有一些青年说:什么马克思主义哲学！是教条!”对此,我只能告诉他们,“青年同志说教条,那就也可以说教条,就是不容许随便更动,这是科学的定理。但是,它不是空洞的教条,它不是人们强加于谁的教条,而是客观世界的要求”①。

最后,我鼓励大家,努力掌握马克思主义哲学,“我们就能够站得高,看得远。……我们的科学技术工作者,特别是我们40多岁的现在接我们班的科学技术工作者,能够真正地学会了应用马克思主义哲学这个锐利的工具,我想他们一下子就可以成为科学的伟人”②。

记者:您把马克思主义哲学看得很高。您不止一次地说过:“马克思主义哲学是对人类知识、理论的最高概括”③。同时,“马克思主义哲学也是人类一切实践经验的最高概括。”④“只有马克思主义哲学才是智慧的泉源。”⑤“马克思主义哲学是人类智慧的结晶,是法宝,是尚方宝剑。”⑥您还指出:“懂马克思主义哲学的人才是真正思想解放的人。”⑦

而对于运用马克思主义哲学,您看得比学习更重要。

(四)应用马克思主义哲学来指导我们的工作

钱学森:毛主席说“对于马克思主义的理论,要能够精通它,应用它,精通的目的全在于应用”。我始终是这个态度。1989年8月7日在给于景元(著名系统科学家、数学家、国务院学位委员)的信中,我坦露:“我近三十年来一直在学习马克思主义哲学,并总是试着用马克思主义哲学指导我的工作。”⑧

---

①② 钱学森:《1981年6月1日在第二期科技管理研究班上的讲话》,《第二期科技管理研究班资料(22)》。

③ 钱学森讲、吴义生编:《社会主义现代建设的科学与系统工程》,中共中央党校出版社1987年版。

④ 钱学敏:《钱学森科学思想研究》,西安交通大学出版社2010年版。

⑤ 《钱学森书信(第3卷)》,国防工业出版社2008年版。

⑥ 魏根发、杜莉:《两弹一星功勋科学家钱学森》,河北少年儿童出版社2001年版。

⑦ 《钱学森书信》(第2卷),国防工业出版社2008年版。

⑧ 《钱学森书信》(第5卷),国防工业出版社2008年版。

1957 年 5 月，山东工学院院刊编辑部来信，请我谈谈“先专后红”的看法。首先我不同意这种说法，随后我讲了我回国后学习马克思主义哲学的感想，对他们说：“这就使我感到：马克思列宁主义不但是社会科学里不可一日没有的指南针，而且也是研究自然科学最好的指导。我不免私下想：如果我能早一些学一点马克思列宁主义，我也许能在科学工作中做出更多些成绩。

“因为有了这一点体会，我认为马克思列宁主义是我们必须早早学习的，即使不能深入掌握，只能了解其中比较浅显的一部分，那也对我们钻研自然科学有莫大的好处。其实，为什么社会主义国家里的科学能从落后于先进资本主义国家做到超越它们，其中道理就在这一点，就因为我们有了这一良好的工具。当然，马克思列宁主义是不太容易学的，死背教条不会有用，一定要深入体会，能掌握，能运用。……所以我以为做红色专家的捷径绝不是‘先专后红’，而是‘专红并进’。”①

你看，我是很愿意和人谈我学习马克思主义哲学的心得和益处的。

1991 年 12 月 11 日，这一天正好是我 80 岁生日，在中国系统工程学会和有关院所联合召开的讨论会上，我坦诚地对与会者说：“我们搞科学技术也一定要用马克思主义哲学，就是辩证唯物主义，绝不能够搞机械唯物论，也绝不能够搞唯心论，要辩证唯物主义，那么后来自己觉得不行，所以学一点哲学的书，马克思主义哲学的书，越学越感到马克思列宁主义、毛泽东思想确实是指导我们科学技术工作所必需的，我这信念越来越强。”②

记者：您一直以自己作为例子，宣传学习马克思主义哲学的重要性和指导作用。您说过：“马克思主义的哲学既然是人类社会实践的最高的概括，它就应该对自然科学、社会科学、技术科学、数学和工程技术的发展有指导作用。必须承认这个指导作用。”③“我们必须以马克思主义哲学来指导我们系统科

---

① 钱学森：《谈对“先专后红”问题的看法》，载于《钱学森文集（卷一）》，国防工业出版社 2012 年版。

② 钱学森：《用马克思主义哲学来指导系统科学的工作》，《系统工程理论与实践》1992 年第 5 期，第 2 页。

③ 钱学森讲、吴义生编：《社会主义现代建设的科学与系统工程》，中共中央党校出版社 1987 年版。

学的工作,用马克思主义哲学来指导所有的科学工作。……这因为任何一门科学没有哲学的指导是不行的。"①

钱学森:的确是这样。我对用马克思主义哲学指导我们的工作的重要性讲得很多,在许多会议和场合上,在一些文章和书信中,我都要谈这个问题。

在总结"两弹一星"的经验时,我说:"老一代革命家周恩来总理,在气魄、风度方面给我们留下了深刻的印象。要向老一代革命家周恩来同志,向直接领导我们工作的聂荣臻同志学习,提高我们的管理水平和能力。我认为,这个问题并不是虚无缥缈的。说到底是一个掌握和运用马克思主义哲学的问题,会用辩证唯物主义、历史唯物主义来分析、处理问题。外国人有些东西,我们要学习,但也不要把外国人捧到天上去了,至少在掌握马克思主义这一条上,他们不如我们。从我回到祖国之后,就有这个体会,现在越想越觉得对。新一代的中国科学技术带头人是发展第一生产力的带头人,不但要有丰富广博的现代科学技术知识,而且要会运用马克思列宁主义毛泽东思想的观点和方法,并通晓世界形势,运筹帷幄,决胜千里!"②

我强调:"应用马克思主义哲学指导我们的工作,这在我国是得天独厚的。从我个人的经历中,我的确深有体会:马克思主义哲学确实是一件宝贝,是一件锐利的武器。我们在搞科学研究时(当然包括交叉学科),如若丢弃这件宝贝不用,实在是太傻瓜了!"③"所有的科学技术工作,自然科学、社会科学、技术科学、数学、工程技术,不用马克思主义的哲学来指导,或者不重视马克思主义的哲学对于科学研究的指导作用,是危险的。"④"在科学技术工作中,每一个工作者的世界观有重要作用,所以要提倡运用辩证唯物主义的哲学。"⑤

---

① 钱学森:《创建系统学(新世纪版)》,上海交通大学出版社2007年版。

② 科学时报社编:《请历史记住他们——中国科学家与"两弹一星"》,暨南大学出版社1999年版。

③ 中国科学技术培训中心编:《迎接交叉科学的时代》,光明日报出版社1986年版。

④ 钱学森讲、吴义生编:《社会主义现代建设的科学与系统工程》,中共中央党校出版社1987年版。

⑤ 《钱学森书信选》(下卷),国防工业出版社2008年版。

记者:我听戴汝为教授(中国科学院院士、中国自动化学会理事长)说过,1996 年 8 月他曾将成中英教授(美籍华人、世界著名哲学家、现代新儒家代表人物)的一篇文章《论中国哲学的综合创造与创造综合》转送给您阅示。您给戴院士回信,指出文中的缺陷,戴院士印象很深刻。

钱学森:这封回信我记得,当时我对戴汝为说:“您 8 月 8 日来信、附页及成中英先生文都收到。我想成先生不讲马克思主义哲学、辩证唯物主义,也不提毛主席的《实践论》,当然说不清问题。人对世界的认识也限于当时的方法:古代没有现代科学手段,只能通过宏观观察,所以是整体观方法。现代科学家能做细部观察研究,又成了各搞各的,忘记宏观系统了。马克思主义哲学、辩证唯物主义解决了这个缺点,我们认识世界要辩证地把细部观察研究与整体考察结合起来,既自下而上也自上而下。我们的从定性到定量综合集成法不就是如此吗？成中英先生在美国夏威夷大学,当然不会这么讲;这篇《论中国哲学的综合创造与创造综合》是在中国印发的吗？我们一定要记住马克思主义哲学、辩证唯物主义!”①

记者:您说得很中肯。您总是强调:“看问题总要用马克思主义哲学这个武器!”②

钱学森:“我个人认为,一是要正确对待祖国历史文化传统,一是要认真学习马克思主义哲学。这应该成为我们国家‘立国之本’。”③“在社会主义中国办事,一定要用马克思主义哲学来指导,注意避免犯唯心主义的错误,也注意避免犯机械唯物论的错误。”④

记者:您不时地指出:“我们的科学技术要以辩证唯物主义为指导,不能搞机械唯物论,当然也不能搞唯心主义。”⑤

钱学森:什么是辩证唯物主义,辩证唯物主义是马克思主义哲学的核心。1986 年,我与《文艺研究》编辑部人员的谈话中说:“世界上的一切理论都是一层一层地概括的,到了最高层次就是哲学,就是人认识客观世界、改造客观世

---

①⑤《钱学森书信选》(下卷),国防工业出版社 2008 年版。
② 《钱学森书信》(第 3 卷),国防工业出版社 2008 年版。
③ 魏根发、杜莉:《两弹一星功勋科学家钱学森》,河北少年儿童出版社 2001 年版。
④ 《钱学森书信选(上卷)》,国防工业出版社 2008 年版。

界总结出来的最高的原理、最有普遍性的原理。这种最有普遍性的原理就是马克思主义哲学的核心,就是辩证唯物主义。”①

对于“搞科学研究,特别是对复杂而又新奇现象的研究,一定要注意思路,即立场、观点、方法。我认为我们必须用马克思主义哲学(即辩证唯物主义),马克思列宁主义毛泽东思想的立场、观点、方法,丢了这个唯一正确的立场、观点和方法就会陷入困境”②。“马克思列宁主义、毛泽东思想是指导我们一切工作的,在政治领域当然重要;但在学术研究一样重要。”③“我们应该用马克思主义哲学,指导我国的科学技术工作,这是我们的优势。”④

总之,“一要团结,二要以马克思主义哲学为指导,这样,我们才能在这一尖端科学技术项目上,出头露面于世界舞台!”⑤

记者:您曾任中国科协主席,对于科协的工作和研究,您要求也要用马克思主义哲学来指导。

钱学森:是的。我是 1986 年 6 月 27 日在中国科协第三次代表大会上当选科协主席的。在当年 9 月 2 日中国科协常委会上,我就提出:做好科协工作也是学问,“中国科协的学问,或者说是‘中国科协学’”⑥。在以后的几次中国科协的工作会议上,我都谈到要开展中国科协学的研究。我指出:“我们要把中国科协的工作搞好,我们只能够根据马克思主义的原则,在马克思主义哲学思想的指导下,用马克思列宁主义、毛泽东思想的立场观点来总结自己的经验。……我说外国的东西可以参考,但是要用马克思主义的原则来分析。我觉得应该用这样一个思路去考虑问题,研究我们中国科协到底应怎么办。我从前有一个建议,我说理论联系实际嘛。要干工作必须有理论的指导,用理论来指导我们的工作,用工作经验再来提高理论,不要糊里糊涂地干。我们中国科协也应有个理论,有门学问,这门学问不是基础学问,而是一门应用学问,我

① 顾孟潮编:《钱学森论建筑科学》,中国建筑工业出版社 2010 年版。

②⑤ 《钱学森书信选(上卷)》,国防工业出版社 2008 年版。

③ 《钱学森书信(第 6 卷)》,国防工业出版社 2008 年版。

④ 《钱学森书信选(下卷)》,国防工业出版社 2008 年版。

⑥ 钱学森:《在中国科协三届二次常委会上的讲话(1986 年 9 月 2 日)》,《科协通讯》1986 年第 2 期。

把它叫作‘中国科协学’，也就是办好中国科协的学问。怎么搞？总结经验，要运用马列主义、毛泽东思想的立场、观点、方法来总结。”[①]1987 年 7 月，中国科协还专门召开了一次“中国科协学研讨会”。在开幕式上我做了系统发言，一开头我就讲：“什么是中国科协学，我设想的中国科协学，就是我们中国科学技术协会做工作的理论根据，也就是说中国科协学要指导中国科协的工作。……中国科协学是实用的学科，……是社会科学中的实用学科，是社会科学。……研究中国科协学用系统工程的方法，要考虑一种结构，它的内部关系，它的协同，怎么做好？”其中我特别强调“我们中国科协学，是要以马克思主义哲学来做指导的”[②]。

记者：据说，自您倡导开展中国科协学的研究以后，各地科协积极响应，努力创新科协理论并联系工作实践，对科协的工作和改革起到了很大的引导和推动作用。

钱学森：理论联系实践很重要。毛主席说过：理论和实践的统一是马列主义的基本原则。“我自己回顾，我一生工作的中心就是理论联系实际。”[③]在我回国的第二年，在科学方法论讨论中，我阐述的观点就是：“灵活地结合理论与实际也就是辩证唯物主义的真髓。”[④]

1991 年 11 月，刘请珺等 15 位工程力学博士给我来信，要我对他们的工作、学习和思想提出建议。我考虑了一下，“我想工程力学是必须理论联系实际的”，“怎样做到理论联系实际？”我对他们说：“必须深入实际。但到了现场，实际就在眼前，你也可能抓不到问题的要害。原因何在？缺少分析洞察问题的能力！怎样培养分析洞察问题的能力？我认为最好的办法就是学习并掌握马克思主义哲学。”[⑤]

记者：对于基础科学应不应该接受马克思主义哲学的指导，您的态度也很

---

① 钱学森：《谈谈中国科协的工作．1987 年在中国科协机关和直属单位职工大会上的讲话》，《科协通讯（增刊）》1987 年第 2 期，第 3—4 页。

② 钱学森：《1987 年 7 月 9 日在中国科协学研讨会开幕式上的讲话》，高潮主编：《中国科协学》，中国科学技术出版社 1992 年版。

③ 《钱学森书信选（下卷）》，国防工业出版社 2008 年版。

④ 钱学森：《技术科学中的方法论问题》，《自然辩证法通讯》1957 年第 1 期。

⑤ 《钱学森书信选（上卷）》，国防工业出版社 2008 年版。

明确。

钱学森:我在《基础科学研究应该接受马克思主义哲学的指导》一文中指出:“近代科学技术经过约400年的发展,已经成为一个以马克思主义哲学为最高概括的体系,它的演化是有规律的,因此基础科学研究绝不是像早年那样没有指导思想的摸索,而是在马克思主义哲学指导下的探索,所以途径和路牌是有的。”①我运用马克思主义哲学的基本观点和方法,在“决定论与非决定论”“渺观、微观、宏观、宇观、涨观”和“开放的复杂巨系统的研究与方法论”等三个重要方面阐述了自己的意见。“我之所以能提出这些看法,是从马克思主义哲学中得到启发的。这也就是我说的马克思主义哲学是智慧的泉源。所以基础科学研究应该接受马克思主义哲学指导:基础科学也是一条向前不断流去的长河,是有方向的,不是不可知的。”②

1991年12月,我在给钱学敏(钱学森的堂妹,中国人民大学教授)的信中说道:“社会主义中国要对基础研究给以必要的重视。这见我在《求是》杂志1989年第5期(附上一册)第5页文(在该册您也可以见到宋健同志及周光召同志的文章)。那里我已经提出基础研究要以马克思主义为指导,而不是爱怎干就怎干。现在我再深化一步,请您看对不对?

基础研究是人认识客观世界的探索研究,应是有组织地进行,也就是按科学技术的体系来考虑。它也有体系,即

① 钱学森:《基础科学研究应该接受马克思主义哲学的指导》,《哲学研究》1989年第10期,第3页。

② 钱学森:《基础科学研究应该接受马克思主义哲学的指导》,《哲学研究》1989年第10期,第8页。

马克思主义哲学{
- 自然辩证法——自然科学基础研究
- 研究唯物主义——社会科学基础研究
- 数学哲学——数学科学基础研究
- 系统论——系统科学基础研究
- 认识论——思维科学基础研究
- 美学——文艺理论基础研究
- 人天观——人体科学基础研究
- 军事哲学——军事科学基础研究
- 社会论——行为科学基础研究
- 地理哲学——地理科学基础研究

整个基础研究体系要统筹考虑，不能分散、分块处理，像目前那样干！这必须有国家领导，是中国社会主义建设事业！”①

记者：上面您讲了方方面面都要用马克思主义哲学做指导，才能少犯错误，多出成绩。

钱学森：“我想不论一个人做什么工作，最根本的一条就是懂得并会用马克思主义哲学。”②

记者：过去和现在都有一种舆论，即马克思主义哲学已经过时。您怎么看？

钱学森：恰恰相反，“我在自己工作中深感马克思主义哲学一点也没有过时，完全可以用来指导科学技术工作；而不用马克思主义哲学指导自己工作的科技人员是自己放下最锐利的武器。问题在哪里？第一是思想上被资本主义国家科技成就迷住了，看不透他们的缺点错误。第二是没学好马克思主义哲学，只会死记硬背，不会灵活运用”③。

我也说过：“从工作的开展、所使用的技术、取得的成绩来看，美国等发达国家比我们确实先进得多。那么，我们当然要学他们好的东西，但是也必须说清楚，就是在学他们所长的时候，千万不要把他们的所短，把他们的错误也都

---

① 《钱学森书信选（上卷）》，国防工业出版社 2008 年版。

② 《钱学森书信（第 7 卷）》，国防工业出版社 2007 年版。

③ 《钱学森书信（第 2 卷）》，国防工业出版社 2008 年版。

学来了。我们做这些工作的时候,脑子里要有条弦,是马克思列宁主义、毛泽东思想,就是马克思主义哲学,就是辩证唯物主义和历史唯物主义,不然的话,我们可能会好心办错事。”①

“现在,不少理、工、农、医高等院校的同学们对马列主义认识不清的不在少数,总以为学不学马列主义无所谓,理由是资本主义国家大学生不学马列主义不是干得很出色吗?对此,我们要抓紧思想政治工作,加强共产主义的思想教育,使他们深刻认识到社会主义制度的无比优越性。而另一方面要使同学们懂得现代科学技术的体系结构,看到不学马列主义,不会用马克思主义哲学是把我们所特有的最锐利的武器丢了,是傻事。学懂马列主义,会用马克思主义哲学,将使同学们如虎添翼啊!”②

总而言之,“我们无论如何也不能丢掉马克思主义哲学的指导,这是非常非常重要的”③。

(五)资本主义国家许多有名的科学家,有的得了诺贝尔奖,实际上是用了马克思主义哲学的

记者:在科技人员中间,有一部分人认为国外很多科学家并没有学习和运用马克思主义哲学、辩证唯物主义,不是也取得了很大的科研成就,甚至获得了诺贝尔奖吗?

钱学森:确实,“有的人心里想资本主义国家没有马克思主义哲学,科学技术不是也搞得很好吗?这个也可以说是事实,没有错。但我还有一句:你为什么不试一试?你真是要能活学活用马克思主义哲学的话,那就会使你如虎添翼。你不是本事很大吗?再长上两个翅膀,不更好吗?另外,有意思的是,资本主义国家许多有名的科学家,有的得了诺贝尔奖奖金,在他的工作中,实际

① 钱学森:《不能好心办错事》,《陕西情报工作》1983 年第 4 期,刊头。
② 陈华新:《集大成 得智慧 钱学森谈教育》,上海交通大学出版社 2007 年版。
③ 钱学森:《论人体科学和现代科技》,上海交通大学出版社 1998 年版。

上是用了马克思主义哲学的，不过他自己还不知道就是了”①。

我在给江苏省南京市江浦县中医院邹伟俊大夫的信中，也说过：“在西方国家，有巨大成就的科学技术人员，实际上都或多或少地用了点辩证唯物主义，只不过他们不自觉而已。”②

“我还可以举出许许多多例证，就是在资本主义国家的伟大科学家，他们的成就都在于他们不自觉地、或多或少地运用了马克思主义哲学的原理。我也可以举出许许多多例证，当这些科学家和学者碰壁闹笑话的时候，也就在于他们违背了马克思主义哲学的原理。在我们国家过去和今天也有同志讲错话，做错事，其中不少也是因为他们离开了马克思主义哲学的原理。”③

例如，“现在国外有的天文工作者，忽视这些物质结构的无穷层次，他们用爱因斯坦的广义相对论推导出所谓宇宙膨胀理论，说现在我们整个的宇宙在膨胀，遥远的星系在离我们向外走，而且越远的星系走得越快。这种理论令人着急的是，居然算出来膨胀的起点大概在一百多亿年以前。如果要问一百多亿年以前怎么样？回答不出来了。我认为这样的理论是不符合马克思主义哲学的。一个是时间有了起点了，这不是笑话嘛，再一个，认为物质的层次只限于星系，上面再没有物质的层次了，都是均匀的了，这也不合理。”④

请大家注意，不是所有的宇宙学专家都是赞同‘大爆炸理论’的，有一些“外国宇宙学专家认为时间有起点是不合常理的，所以近八九年来提出了‘膨胀宇宙论’(inflationary universe theory)代替‘大爆炸理论’，而且对我们所在的这个宇宙起始膨胀的机制提出了设想，也指出我们所在的这个宇宙不过是大宇宙中数不清的宇宙中的一个”⑤。“所以说，自然科学的研究如果撇开了马克思主义哲学的指导是危险的。”⑥

---

① 《建国百年之际 中国必然强盛——1987 年 3 月 22 日钱学森在伦敦对部分中国留学生的讲话摘要》，《神州学人》1987 年第 2 期，第 10 页。

② 《钱学森书信(第 9 卷)》，国防工业出版社 2008 年版。

③ 钱学森：《智慧与马克思主义哲学》，《哲学研究》1987 年第 2 期，第 5 页。

④ 钱学森：《钱学森讲谈录——哲学、科学、艺术》，九州出版社 2009 年版。

⑤ 钱学森：《马克思主义哲学与科学技术》，《钱学森文集(卷三)》，国防工业出版社 2012 年版；钱学森：《创建系统学》(新世纪版)，上海交通大学出版社 2007 年版。

⑥③④ 钱学森：《钱学森讲谈录——哲学、科学、艺术》，九州出版社 2009 年版。

“在物理方面这类事情就更多了。大家都知道,物理学家曾经认为原子是到了头了,不能再分了。后来发现原子也是可分的,有一个原子核,原子核外面还有电子。有人又说,原子核和电子不能再分了。过了一阵子,原子核也是可分的,里面有中子和质子。这时候又有人说中子、质子不能再分了,中子、质子、电子这些就叫基本粒子。但是,事隔不久,又发现质子、中子也是可分的,基本粒子不基本,也是可分的。物理学家每到一个阶段都想停下来,说是物质不能再分了。从马克思主义哲学的观点来看,物质的无限可分性本来是常识,列宁早在七十年前就说过,电子也是不可穷尽的。” “可是现在我们的物理里学家才看到了这一点,才意识到电子也是可分的。”③

在这个问题上,毛泽东也比一些科学家高明。前面我已讲到:“记得毛主席在 1956 年的一个会议上曾对我说:你们科学家相信什么基本粒子,在我们来看,基本粒子不会是基本的,也是要分的。毛主席在二十年前就预见到了今天高能物理的发展,充分证明了辩证唯物主义的无穷威力。”④

我再讲一个很有意思的事情。“前几年我看到一位外国科学家,曾获得诺贝尔奖金,是搞脑科学的,名字是斯佩里(R. Sperry),80 多岁了,在脑科学上很有成就。他在一篇文章中一开始就声明:‘我反对马克思主义。’其实他讲的许多道理都符合马克思主义原理。他说,脑的作用、思维的作用是有不同层次的,不要把低层次与高层次搅在一起。人的意识的作用是脑功能的最高层次。这话讲得很好,是真正符合马克思主义的。他在科学上有成就,不用正确的哲学思想指导是不行的。他恰恰是运用了马克思主义的一些哲学原理,可是他却反对马克思主义,真是滑稽。他自觉地说他反对他在不自觉地运用的道理,你说可笑不可笑?”①

“因此,我以为世界上第一流的技术科学家们都是自发的辩证唯物论者,他们的研究方法是值得总结的,而有了辩证唯物论我们也可以把它用到技术科学的研究上去.提高研究的效率,少走弯路!”②

其实,恩格斯早就说过:“不管自然科学家采取什么样的态度,他们还是得

① 颐孟潮编:《钱学森论建筑科学》,中国建筑工业出版社 2010 年版。

② 钱学森:《技术科学中的方法论问题》,《自然辩证法通讯》1957 年第 1 期,第 3 页。

受哲学的支配。问题只在于:他们是愿意受某种坏的时髦哲学的支配,还是愿意受一种建立在通晓思维的历史和成就的基础上的理论思维的支配。""蔑视辩证法是不能不受惩罚的。"①

(六)创立现代科学技术体系学

记者:按照过去传统的说法,科学分为自然科学和社会科学两大门类,或者再加上哲学。对于他们之间的联系和相互作用过去讲的很少,造成三科分家,这三方面的科研专家和队伍,不能自觉地、积极地相互促进补充和团结协作,影响了科研能量的聚集和释放,不能全面系统完善地解决一些国家建设上的重大问题,降低了工作效率。为此,您殚精竭虑究其原因,认为对于现代科学技术日新月异的成就和世界的社会发展实际,在当代没有进行系统地探究整合,形成一套理论,致使人们对现代科学技术没有整体深刻的认识,各干各的,互不交融。您用超常的思考,独特的视角,提出现代科学技术体系学,这是前所未有的创举。您是怎么一步步创建的?

钱学森:我在 1994 年 5 月 17 日给钱学敏的信中说道:"从我个人思想发展过程来说,我在大约 10 年前,因为看到新学科群起,老的自然科学、社会科学、哲学三大件是不够用了。所以,从系统思想概念提出现代科学技术体系的想法。"②其实,早在我回国后不久,就思索这个问题了。1957 年 7 月我在《科学通报》第 4 期上发表的《论技术科学》,和 1963 年 11 月在《红旗》第 22 期上发表的《科学技术的组织管理工作》的两篇论文,就含有建立现代科学技术体系思想的萌芽了。

"文化大革命"结束后,1979 年我开始比较系统地研究这个课题,我在《科学学、现代科学技术体系、马克思主义哲学》一文中写道:"如何把人从社会的生产斗争、阶级斗争和科学实验这三项实践所总结出来的学问,包括自然科学、社会科学和工程技术,按照马克思列宁主义和毛泽东思想的立场、观点和

① 恩格斯:《自然辩证法》,人民出版社 1971 年版。

② 《钱学森书信选(下卷)》,国防工业出版社 2008 年版。

方法,组织成为一个科学的、完整的体系的问题。”①随后我提出:“我们当前的任务是如何把恩格斯提出的‘伟大的整体的联系的科学’完整起来,它要包括自然科学、科学的社会科学和工程技术,也就是建立科学技术体系学,研究其组成部分的相互联系和关系,学科的产生、发展和消亡,体系的运动和变化。”②

起初,我只提出“现代科学技术体系,包括自然科学、科学的社会科学、技术科学、工程技术四大部分和数学”③。后来,我不断地进行阐述和深化,形成现代科学技术体系六大门类、四个层次(哲学、基础科学、技术科学、工程技术)的核心思想。我“对现代科学结构的看法,自然科学、社会科学、数学科学、系统科学、思维科学和人体科学六大部门都各自认识整个客观世界,只不过从各自的着眼点或角度去考察:自然科学从物质运动,社会科学从人类社会发展运动,数学科学从量和质的对立统一、量和质的互变,系统科学从系统观,思维科学从认识论,人体科学从人天观,最后由各自的桥梁汇总到马克思主义哲学这一人类认识的最高概括。所以只有马克思主义哲学才是科学的哲学:它当然要指导科学技术研究。现代科学也就这样形成一个紧密、坚实的统一体系,现代科学技术的体系”④。

记者:您预见,这个体系的几大部门不可能一成不变,大部门之间也有交叉,您说过:“现代科学技术体系不能看成是不可变动的,事物是发展的,人的认识也是发展的。”⑤在此后的十几年时间里,您不辞辛苦地陆续去完善这一理论体系。

钱学森:我从最初的四大部门到六大部门,又到八大部门、九大部门再到十大部门。1995 年 11 月 29 日,我给中国社会科学院哲学研究所的信中说:“我认为总结现代科学技术和文学艺术的发展,并为迎接 21 世纪,我们可以建

① 钱学森:《科学学、现代科学技术体系、马克思主义哲学》,《哲学研究》1979 年第 1 期,第 20 页。

② 同上,第 24 页。

③ 同上,第 25 页。

④ 钱学森:《现代科学的结构——再论科学技术体系学》,《哲学研究》1982 年第 4 期,第 21 页。

⑤ 钱学森:《谈行为科学的体系》,《哲学研究》1985 年第 8 期,第 11 页。

立起现代科学技术的体系。这个体系包括所有通过人类实践认知的学问，分十大部门和从每个部门概括出来并通向全体系最高概括的马克思主义哲学——辩证唯物主义的桥梁，它们是：

(1)自然科学、自然辩证法；

(2)社会科学、历史唯物主义；

(3)数学科学、数学哲学；

(4)系统科学、系统论；

(5)思维科学、认识论；

(6)人体科学、人天观；

(7)文艺理论、美学；

(8)军事科学、军事哲学；

(9)行为科学、人学；

(10)地理科学、地理哲学。

"随着事物的发展，将来还会出现新的部门和部门概括；在本世纪初人们不是认为科学只有自然科学和社会科学两大部门吗？

"在这个现代科学技术体系的外围还有大量一时还不能纳入体系中的人们的认识，以及点滴实践经验。

"所以我说的这个现代科学体系是有明确组织的，但它是随着人们的实践：而不断发展的——是人们实践与认识的历史长河，永无止境。因此作为体系概括的马克思主义哲学也是不断发展并深化的。"①

到1996年，我又把建筑科学增补进去，"现代科学技术体系中再加一个新的大部门，第十一个大部门：建筑科学"②。这样就完成了有十一大部门组成的现代科学技术体系整体构想。钱学敏在《钱学森论科学思维与艺术思维》一文中，透露了我最后的构想。③

记者：继这十一大部门之后，您有没有再增补过？

钱学森：没有。不过，这个现代科学技术体系，是一个开放的、动态的系

---

① 《钱学森书信选(下卷)》，国防工业出版社2008年版。

② 顾孟潮：《建筑哲学概论(本体论)》，中国建筑工业出版社1999年版。

③ 钱学敏：《钱学森论科学思维与艺术思维》，《人民日报》1996年11月6日。

统,它将随着科学的发展、社会的进步、认识的深化、智能的提高,不断地丰富、完善和发展。我多次说明:构建这个现代科学技术体系"是人类认识和改造世界的伟大成绩。当然历史不会停留在这个点上,将来的科学技术还要发展,会出现新的部门和新的层次"①。

记者:我在一些文章和图书中,见到了您构想的现代科学技术体系的几种图示,如图 2-1:

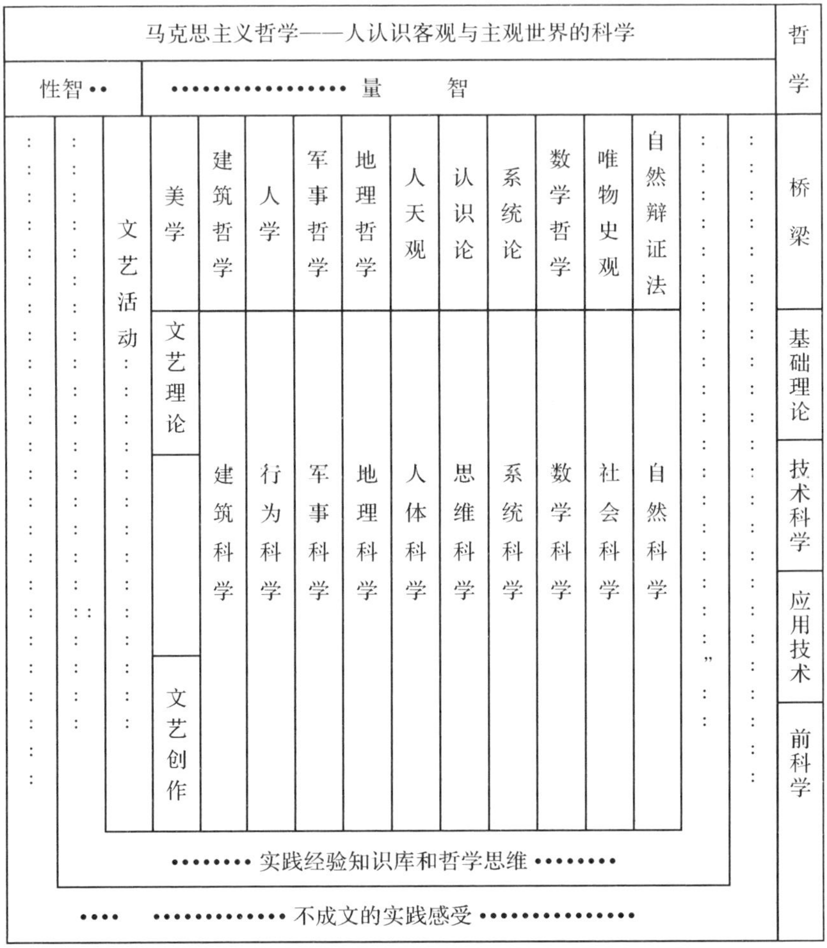

① 钱学森:《社会主义现代化建设的科学系统工程》,中央党校出版社 1987 年版。

图 2-1　钱学森现代科学技术体系构想图①

钱学森:这是我 1996 年 6 月 4 日最后绘制的现代科学技术体系构想图,是在 1993 年 7 月我绘制的体系图的基础上,几经修改增补而成的。

记者:太不容易了。对于这张图,我的理解是:这个体系的构想和框架是一个开放的矩阵式纵横交错的系统。整个体系从纵向看,分为三个层次:最高层次是马克思主义哲学,最下层次是现代科学技术十一大部门,中间通过十一架"桥梁"把马克思主义哲学与十一大科学技术部门连在一起。其中每一个科学技术部门又划分为基础科学、技术科学、应用技术三个层次,与十一大科学技术部门相对应。十一个部门通过各自的桥梁学科,与马克思主义哲学沟通起来,辩证唯物主义通过这十一架桥梁指导着十一个科学技术部门,十一个部门又通过这十一架桥梁,用自己的发展成果,去丰富和发展马克思主义哲学。

钱学森:概括地说,现代科学技术体系是一个核心,十一座桥梁,十一大部门,三个层次。也可以"从毛泽东《实践论》的观点,用感性认识、理性认识的概念来说明:1. 这个科学技术体系是有机的、整体构造;2. 这个科学技术有一个核心、马克思主义哲学;3. 它是不断发展与深化的"②。

1992 年 7 月 6 日,我在给庞元正(教授,曾任中共中央党校哲学部主任、中国辩证唯物主义研究会副会长兼秘书长)的信中指出:"到了今天,既不会有马克思主义哲学之外的科学技术,也不会有科学技术之外的马克思主义哲学。科学技术要靠马克思主义哲学来指导,而马克思主义哲学是建立在科学技术之上,靠科学技术的发展来深化的。两者的桥梁即自然辩证法。所以我说科学技术十大部门(编者注:后增加为十一大部门),通过十架哲学概括的"桥梁"汇集到最高概括的马克思主义哲学,即辩证唯物主义。这一认识来源于恩格斯论'自然哲学'(见《马恩选集》第 4 卷第 242 页)。"③

记者:您讲到了"桥梁",关于"桥梁"一说您是怎么考虑的?

钱学森:"马克思恩格斯的时代只有自然科学,而且只有基础科学这个层

---

① 赵少奎:《现代科学技术体系总体框架的探索》,《钱学森科学思想研究丛书》,科学出版社 2011 年版。

② 《钱学森书信选(上卷)》,国防工业出版社 2008 年版。

③ 《钱学森书信选(下卷)》,国防工业出版社 2008 年版。

次,没有直接应用这个层次。到了 19 世纪末,工科高等院校一下子发展起来,工程技术成为自然科学系统的一个组成部分,即用自然科学直接改造客观世界的部分。到了 20 世纪二三十年代,又出现另一种现象:在基础科学和直接改造客观世界的工程技术之间又出现了一个技术科学或叫应用科学的层次。总之,自然科学领域比较发达,历史较长。在自然科学系统中,首先是基础科学,如物理、化学、生物学、天文学等;其次是技术科学,如电子、力学等;然后是各式各样的工程技术,如机械工程、航空工程、航海工程等。这是个纵向门类的划分。后来,我想,这些门类还要概括,与上面的马克思主义哲学挂起钩来。就是说,要有个桥梁。"[①]例如:"从马克思主义哲学到自然科学之间好像有个桥梁,这个桥梁就是自然辩证法。这样一来,好像从马克思主义哲学到社会科学这个桥梁也是清楚了,这就是历史唯物主义。……这个桥梁说有没有道理?还可以研究。"[②]

具体地说:所谓"桥梁"有两层意思。一方面是现代科学技术大部门要在马克思主义哲学的指导下,也就是要用科学的世界观和方法论去认识世界、改造世界,并在实践中来检验我们理论的正确性,从实际出发,实事求是地发展现代科学技术的大部门。另一方面,马克思主义哲学是"人认识客观和主观世界的科学",它是"人类一切实践经验的最高概括"。马克思主义不是无源之水、无本之木,它是扎根于科学技术中的,是以人的社会实践为基础的,它是要随着人类的社会实践和科学技术的发展而不断发展的。所以,各个科学技术大部门的发展,也会通过这些哲学桥梁的总结、提升,丰富发展马克思主义哲学。

记者:1994 年 5 月 4 日,由中国科协学会部、中国马克思主义哲学史学会和浙江工学院等 10 个单位,在北京联合举办了"钱学森现代科学技术体系研讨会",这个会议的召开标志着您构建的现代科学技术体系得到中国学术界广泛的认同和推崇。《人民日报》还专门对这个会议进行了报道,第一次公开使

---

① 钱学森:《关于马克思主义哲学和文艺学美学方法论的几个问题——与〈文艺研究〉编辑部人员谈话整理》,《文艺研究》1986 年第 1 期,第 5 页。

② 钱学森:《1981 年 6 月 1 日在第二期科技管理研究班上的讲话》,《第二期科技管理研究班资料(22)》。

用了“钱学森现代科学技术体系”这一范畴。①

钱学森：“这个现代科学技术体系是我们经过实践经验的积累，用马克思主义哲学作指导总结出来的，是毛主席《实践论》的结果。”②这是我和我的同行们共同研究的结果，“是我钱学森＋大家”。③ 今后还需要学术界大力协同，继续攻坚。1992 年 9 月，我在给黄枬森教授（北京大学哲学系主任、著名哲学家、中国马克思主义哲学史学会会长）的信中说：“我写给您的前一封信是从中国社会主义建设的需要角度上，讲创立以马克思主义哲学为最高层次的科学技术体系的必要性。这也是树立马克思主义哲学为一门科学。在这封信里我想讲一讲，马克思主义哲学作为一门科学是时代发展的必然要求。……由于马克思、恩格斯、列宁、毛泽东的先锋示范，我们已有了一部科学的哲学，即马克思主义哲学，那我们还有什么顾虑吗？不把科学技术体系建立并充实完善，我们对得起时代对我们的呼唤吗？‘第四次伟大尝试’，现代中国人的历史责任呵！

“要进行这项工作，不靠哲学家当然不行，这是他们的本行嘛。但只靠哲学家恐怕也不行，要整个科学技术界的同志大力协同，共同奋斗。所以是一件大规模的科学技术工作，如同 50 年代后期开始的原子弹、导弹、人造卫星研制工作一样，要由党和国家来领导和组织才行。”④

记者：什么是“第四次伟大尝试”？

钱学森：1992 年 1 月，我和黄枬森交流关于开展马克思主义哲学史研究的问题，在给他的信中我写道：“以下再报告我现在的一个想法：王东同志（黄枬森的学生）的书中说，把唯物辩证法理论系统化做第一次伟大尝试的是马克思、恩格斯；做第二次尝试的是狄慈根；做第三次伟大尝试的是列宁。所以我告诉王东同志，现在该是我们中国人搞第四次伟大尝试了，而且我们要力求成功。我们是可以成功的，因为毛泽东同志早在 50 年前就开始了。

“您能不能挂帅，组织一个班子，包括自然科学、工程技术、社会科学哲学、

---

① 钱学森科学思想研究小组等编：《钱学森科学思想研讨会文集（杭州）》，2011 年 12 月。

② 《钱学森书信（第 7 卷）》，国防工业出版社 2007 年版。

③ 钱学森：《创建系统学（新世纪版）》，上海交通大学出版社 2007 年版。

④②《钱学森书信选（下卷）》，国防工业出版社 2008 年版。

文艺理论美学等方面的有志者,攻这个关?

"这第四次伟大尝试的一项工作就是建立科学技术的体系。这正如您来信中讲的,非常重要;附上赵红州同志文章复制件也讲到这件事。近年来我已对此做了点事,见附上拙文稿,当然还远未完成。

"第四次伟大尝试还应包括一项工作,即把中国古代哲学思想的精华提炼出来,纳入马克思主义哲学。此事毛泽东同志已经开了头。"②

记者:噢,"第四次伟大尝试"是指建立科学技术体系。创建和运用这个体系确实具有重要意义。1991 年 10 月 16 日,在党和国家授予您"国家杰出贡献科学家"荣誉称号的仪式上,您有一个精辟的讲话,讲到了现代科学技术体系的重要作用。

钱学森:授奖仪式很隆重,我对这个科学技术体系的应用期望值很高。我说:"今天科学技术不仅仅是自然科学的工程技术,而且是人类认识客观世界、改造客观世界的整个知识体系,而这个知识体系的最高概括是马克思主义哲学,我们完全可以建立一个科学技术体系,而且运用这个科学体系去解决中国社会主义建设中的问题,……假设我们把这个科学技术体系建立起来了,就跟放卫星一样,完全可以用来成功地建设社会主义。" 我表示:"我在今后的余生中就想促进一下这件事情。"①

记者:会上江泽民总书记讲话,给予您很高的评价,说您"几十年来坚持用马克思主义指导自己的研究工作和社会活动,无论在何种政治风浪下,始终忠于党、忠于人民、忠于祖国的科技事业和社会主义事业。完全可以说,钱学森同志是我国爱国知识分子的典范,他的经历体现了当代中国知识分子追求进步的正确道路"。

钱学森:"一切成就归于伟大的党、伟大的祖国、伟大的人民! 我只是一粒小芝麻、沧海之一粟。"②"我作为一名中国的科技工作者,活着的目的就是为人民服务。如果人民最后对我的一生所做的各种工作表示满意的话,那才是

① 浙江省科学技术协会编:《钱学森》,杭州,1991 年,第 19 页。

② 钱学敏:《钱学森科学思想研究》,西安交通大学出版社 2010 年版。

最高的奖赏。”①

记者:您总是这样谦恭虚己,逊志时敏。您创立这个科学技术体系意义重大,第一次提出了马克思主义哲学也有其层次结构,而且对马克思主义哲学的对象是什么,这个在学术界一直争论不休、至今没有完全解决的难题,给予了科学的令人信服的回答。您确立的科学技术体系“把马克思主义哲学放在科学技术体系的最高层次,也说明了马克思主义哲学的实质:它绝不是独立于现代科学技术之外,它是和现代科学技术紧密相连的。也可以说,马克思主义哲学就是全部科学技术的科学,马克思主义哲学的对象就是全部科学技术”②。

钱学森:是的,“我把马克思主义哲学和全部科学技术组织在一起,也可以解决当前哲学界在议论的一个问题:什么是马克思主义哲学的对象? ……100年前恩格斯在《路德维希·费尔巴哈和德国古典哲学的终结》中说过,由于自然科学的兴起,‘自然哲学就最终被清除了’。我现在又进了一步,由于科学技术体系的形成,只有同全部科学技术相结合的哲学才是马克思主义哲学。其他的所谓‘哲学’也将‘最终被清除了’。这不是彻底解决了马克思主义哲学的对象问题吗?”③

(七)创立大成智慧学

记者:与科学技术体系学交相辉映的是您提出的大成智慧学,您能谈谈什么是大成智慧学,您是如何建立起来的吗?

钱学森:为了处理开放的复杂巨系统,从 20 世纪 80 年代中期到 90 年代初,我和一些专家学者共同研究总结出一套基本方法。大致经历了从“定性到定量相结合的系统工程方法”到“定性到定量相结合的综合集成法”,再到“从定性到定量综合集成法”三个阶段。这个“从定性到定量综合集成法,实质上

① 上海交通大学编:《民族之魂　人民科学家钱学森的精神风采》,上海交通大学出版社 2009 年版。

② 钱学森:《论系统工程(新世纪版)》,湖南人民出版社 2007 年版。

③ 钱学森:《关于马克思主义哲学和文艺学美学方法论的几个问题——与〈文艺研究〉编辑部人员谈话整理》,《文艺研究》1986 年第 1 期。

体现了辩证思维,是应用知识工程及信息技术来完成陈云同志提出的‘不唯上、不唯书、只唯实,交换、比较、反复’”的思想,是“用马克思主义哲学为指导,我们在学习领会毛泽东同志和老一辈无产阶级革命家的言论后,结合现代科学,提出从定性到定量综合集成法”①。“我们的从定性到定量综合集成法是建筑在《实践论》的基础上的。”“是以《矛盾论》为指导思想的。”②

但“从定性到定量综合集成法”这个“名称太长,也不好译成英文,按照中国文化的习惯,我给它取了个名字,叫大成智慧工程。中国有‘集大成’之说,就是说,把一个非常复杂的事物的各个方面综合起来,集其大成嘛!……这是我们按照毛泽东的认识论,结合现代的系统工程和大家的实践经验发展起来的,这可是方法论上的一个大飞跃、大发展。这个方法将使人比过去聪明得多。实际上,我们是把马克思主义的认识论与现代系统工程的方法结合起来了,这是件了不起的事”③。

后来,我们“将这一工程进一步发展,在理论上提炼成一门学问,就是‘大成智慧学’。它实际上是马克思主义哲学的发展与深化,或者说,是马克思主义哲学发展到一个新的阶段,我们为它取个朴素名字,叫大成智慧学”②。

记者:看来,大成智慧学是科学化了的整体观,是一条创新求索之路,将使人的认识步入更高的层次。

钱学森:大成智慧学是建立在现代科学技术体系基础上,要求我们具有广博的知识并能触类旁通。“大成智慧学教我们总揽全局洞察关系,所以能促使我们突破障碍,从而做到大跨度地触类旁通,完成创新。”③

我借鉴哲学家熊十力“性智”和“量智”的理论来充实大成智慧学。熊十力“他认为人的智慧有两个方面:文化、艺术方面的智慧叫‘性智’,科学方面的智慧叫‘量智’。这样看来,我过去说,要发展、深化马克思主义哲学,需要引入中国古代哲学的精华。……从前我只从科学技术方面来讲人的智慧是不够的,还要看到智慧的另一个来源,即传统文化艺术。所以,我过去讲的科学技术体

---

① 王寿云、于景元、戴汝为等:《开放的复杂巨系统》,浙江科学技术出版社 1986 年版。

② 《钱学森书信(第 6 卷)》,国防工业出版社 2008 年版。

③② 钱学森:《关于大成智慧的谈话》,《钱学森文集(卷六)》,国防工业出版社 2012 年版。

③ 上海交通大学编:《集大成 得智慧:钱学森谈教育》,上海交通大学出版社 2007 年版。

系的概念还要再扩大，变成智慧的体系，这就是我和黄枬森教授以及他的学生王东同志讲的，哲学发展史上的第四次伟大尝试。”

记者：您把熊十力从中国传统文化中提炼出的“性智”和“量智”的概念，做了辩证唯物主义的阐释，放入到了您的现代科学技术体系中。

钱学森：我在回忆半个世纪以来，自己创新求索的过程时说过：“在 30 年代中期到 40 年代初，当我碰到疑难问题时，苦思不得其解，总是靠形象（直感）思维，甚至是灵感（顿悟）思维解决问题，这是说我头脑中框框太多，不能从理论上触类旁通，得靠形象，甚至靠梦境。这种困境，后来逐渐缓解，不用做梦了，推敲一阵子就能看出问题所在。但真正做到触类旁通，是在懂得了科学技术以及知识体系之后。……因此，马克思主义哲学居于现代科学技术以及知识体系之首，才是触类旁通的钥匙。”④“所以我们在做的工作是有十分重要意义的，以马克思主义哲学为指导核心的知识体系论，大成智慧学是革命的锐利武器！”⑤“我相信，我们中国科学家从系统工程、系统科学出发，进而开创大成智慧工程和大成智慧学在 21 世纪一定会成功，因为我们有马克思主义哲学作为指导。”⑥

记者：大成智慧学是您亲身经验的总结，全部智慧的精华，是人类科学方法论历史上的革命性变革。它和现代科学技术体系学一样，是对马克思主义哲学的升华，是人类思想史上的奇葩，是对马克思主义哲学理论的重大发展。

（八）马克思主义哲学本身是要发展的

钱学森：“马克思主义哲学本身是要发展的。它要随着人类社会会实践的积累而发展。发展了的自然科学、社会科学、数学、技术科学、工程技术，又影响马克思主义哲学的发展。”⑦“我一直认为，马克思主义哲学（即辩证唯物主义），要指导包括系统科学在内的整个科学技术研究，但科学技术的实践，也必

---

⑥　钱学森：《创建系统学（新世纪版）》，上海交通大学出版社 2007 年版。

⑦　北京大学现代科学与哲学研究中心编：《钱学森与现代科学技术》，人民出版社 2001 年版。

然反过来丰富和深化马克思主义哲学。有来有往,才是辩证法!”[①]“我们应该常常想着毛泽东同志的一句话:‘马克思列宁主义并没有结束真理,而是在实践中不断地开辟认识真理的道路。’”[②]“我们千万不能把马克思主义的哲学看成是僵化的,一成不变的东西。马克思主义的哲学也就是人类社会实践的最概括的理论,随着人的社会实践的不断发展,新事物的出现,当然要不断地充实、发展马克思主义的哲学。”[④]

我不止一次地申明:“我们今天要深化并发展马克思主义哲学、建立马克思主义哲学体系,一定要联系现代科学技术的实际,要从中抓住时代精神。”[⑤]“现代科学技术,包括社会科学,都必须以马克思主义哲学为指导;反过来科学技术的新成果又应总结提高,用以丰富发展,并深化马克思主义哲学。”[⑥]“我一直认为马克思主义哲学是人类智慧的结晶,因此一方面科学技术研究要接受马克思主义哲学的指导,另一方面科学技术的发展又必然用来充实并深化马克思主义哲学。这里二者的桥梁即自然辩证法。”[⑦]

应该看到,科学技术的新发明、新发现、新成果对哲学的发展是起着很大的推动作用的,而一些哲学家不以为然。“历史上哲学的发展中,哲学家们以被动方式接受新发展的居多数,所以每次科学技术的重大进展都对哲学引起强烈的冲击。”[⑦]“马克思、恩格斯、列宁以后的一些自称为马克思主义哲学家,并没有把科学技术的新成果用来丰富和深化马克思主义哲学,往往反而错误地去批判这些新理论,说是反马克思主义的。例如,摩尔根遗传学和基因的发现,化学键理论的共振论,控制论,人工智能,电子计算机代替人的一部分脑力劳动等等都曾受到过某些批判。这些批判都被事实证明是错误的。”[⑧]所以,我说:“总结近一百年来的历史教训,我们认为马克思主义哲学是有其崇高的位置的,但是,哲学作为科学技术的最高概括,它是扎根于科学技术中的,是以

---

① 《钱学森书信选(上卷)》,国防工业出版社 2008 年版。

②④ 钱学森:《钱学森讲谈录——哲学、科学、艺术》,九州出版社 2009 年版。

⑤ 《钱学森书信(第 5 卷)》,国防工业出版社 2008 年版。

⑥⑦ 《钱学森书信选(下卷)》,国防工业出版社 2008 年版。

⑦ 钱学森:《科学学、科学技术体系学、马克思主义哲学》,《哲学研究》1979 年第 1 期,第 25—26 页。

⑧ 钱学森:《自然辩证法、思维科学和人的潜力》,《哲学研究》1980 年第 4 期,第 8 页。

人的社会实践为基础的；哲学不能反对、也不能否定科学技术的发展，只能因科学技术的发展而发展，不然岂不僵化了吗？哲学家们要看到今天自然科学、科学的社会科学正处于重大突破的前夕，正酝酿着一系列技术革命，所以要力求主动，不断吸取新科学、新技术的成就作为发展马克思主义哲学的素材。”①

因此，“把现代科学技术同马克思主义哲学组成一个严密的体系，也阐明了两点思想：一是马克思主义哲学作为科学技术的最高概括一定要指导一切科学技术工作，这是从原则到具体的指导；二是马克思主义哲学又是从科学技术，即人类实践概括出来的，科学技术的进步，人类实践的发展，也必然会丰富并深化马克思主义哲学。这两点认识是重要的，说明马克思主义哲学是原则，必须坚持。但又不是教条”②。

（九）离经不叛道

记者：怎么做到既要坚持马克思主义哲学原则，又不是教条；既要发展马克思主义哲学，又不能违背马克思主义哲学原则？

钱学森：在“中国的社会科学、哲学工作者中，有两种人我是不赞成的：一种人死抱书本，教条主义；还有一种人盲目崇拜西方，崇洋媚外。这都不对。对于社会科学工作者死抱书本，我有亲身体会。二十多年前，有一次我们请国防科委政治部的同志讲恩格斯的自然辩证法，讲到科学技术内容，他完全照本宣科。我实在憋不住了，就告诉他现在的科学技术早已不是那么回事了，他却说书上就是这么讲的。学习马克思主义，不抓住马克思主义本质东西，搞形而上学是不行的。要用马列主义、毛泽东思想的哲学指导我们工作，这一点我是坚定不移的。但是，同时也要考虑到马克思主义哲学是发展的，不是固定的、一成不变的，会随着人们的经验和社会实践不断深化而发展，所以不能机械地死抠书本”③。

---

① 同①，第 26 页。

② 上海交通大学编：《集大成 得智慧：钱学森谈教育》，上海交通大学出版社 2007 年版。

③ 《钱学森会见鲍世行、顾孟潮、吴小亚时讲的一些意见》，《华中建筑》1996 年第 9 期，第 17 页。

历史在前进,认识在深化,马克思主义哲学必须发展,与时俱进,有所创新。“我们要继续前进,肯定是要‘离经’的,我们不能抓住经典著作不放,一字一句照着做。马克思和恩格斯在100多年以前,没有看到今天社会主义的新中国,我们怎么可以一切老靠着经典著作呢?所以,我们要发展,就要有新东西。有新东西,就离开了经典著作,但离经却不能叛道。我们对马克思主义的基本原理是不能离开的。我认为,马克思主义是指导我们一切工作的。这就是‘离经不叛道’。”①经与道是中国传统文化的一对基本范畴。经是道的载体,道是经的灵魂。道是内在的、根本的,经是外在的、表观的。有所离经,才能固道。

1984年11月1日,我与《文艺研究》编辑部人员座谈中谈到过这个问题,我说:“马克思主义者主张理论联系实际,理论和实践的统一。我们应该有中国自己的马克思主义的美学和文艺理论。十二届三中全会,小平同志讲了一句话,很启发人,他说:我们这个《决定》是马克思主义的普遍原理跟中国实际相结合的政治经济学。这讲得很好。我们不能靠《资本论》那个本本来吃饭,马克思没有看到我们现在的中国建设具有中国特色的社会主义,要靠我们自己的实践。当然不是说《资本论》的原理可以背离了,原理是真理,背离了不行,问题是要结合我们的实际。现在我们处在80年代,有新技术革命。要看到2000年,还要看到未来的21世纪。我们不仅要有马克思列宁主义普遍真理与中国社会主义建设实践相结合的政治经济学,我们还希望有马克思列宁主义普遍真理与中国社会主义实践相结合的美学和文艺理论。”②

后来,我说过:“我这个人:‘离经’这个罪名是免不了的了,因为讲了些经典著作上没有的东西,但我不承认是‘叛道’,我是坚决拥护马克思主义的‘道’的,可是我不迷信书本上讲的东西。”③

记者:“离经不叛道”,讲得太好了。在这世纪之交有一股强劲的否定辩证

① 王英:《钱学森研究》,上海交通大学出版社2006年版。

② 《钱学森同志与本刊编辑部座谈科学、思维与文艺问题》,《文艺研究》1985年第1期,第5页。

③ 钱学森:《关于马克思主义哲学和文艺学美学方法论的几个问题——与〈文艺研究〉编辑部人员谈话整理》,《文艺研究》1986年第1期,第6页。

唯物主义世界观的思潮，他们说：辩证唯物主义不是马克思主义哲学；马克思主义哲学已远远落后于时代的发展；哲学不是知识，不可能成为科学，等等，以上的观点还竟出自一些自诩马克思主义者之口。您怎么看待这些现象？

（十）想推翻马克思主义哲学，我坚决不能同意

钱学森：马克思主义哲学是在斗争中产生的，在争论中发展的。改革开放以来，在贯彻“双百方针”开展学术研究的过程中，出现这样的现象应该是正常的。但是不能容忍的是马克思主义哲学界与反马克思主义观点旗帜鲜明地进行论争的太少，有强大说服力的工作尤其少。

那段时期，我在与鲍世行（中国城市科学研究会首席专家，《城市发展研究》常务副总编）等人谈话中严肃指出：“现在的情况是有的人在坚持马列主义，而有些人则走偏了路，反对马列主义哲学，这就更不对了。”①“现在诚然是哲学的贫困，胡说八道的东西太多了。”“现在许多人名为议论‘方法’，实是反对马克思主义的立场和观点，想推翻马克思主义哲学。对此我坚决不能同意。”对于二元论的喧嚣，我明确表示：二元论是危险的，决不能搞二元论，只能是马克思列宁主义、毛泽东思想的一元论！

有些搞哲学的人认为，马克思主义哲学的一些内容需要丢掉。我则针锋相对地说：“我直到现在，以为马克思主义哲学中并没有什么要丢掉的东西，马克思主义哲学并没有失去昔日光彩的东西。当然马克思、恩格斯、列宁、毛泽东都是人，不是神，他们都不可能看到今天的世界；所以马克思主义哲学需要深化与发展，但不是急于先去改造马克思主义哲学，像所谓‘西方马克思主义者’那样！”②

面对这些明潮暗流，我不能置之不理，认为自己有必要“进入哲学领域”，要为捍卫马克思主义哲学而战斗了。

“我记得列宁写过一篇文章，叫‘战斗的唯物主义’，错的就要战斗嘛，……

---

① 《钱学森会见鲍世行、顾孟潮、吴小亚时讲的一些意见》，《中华建筑》1996 年第 3 期。

② 《钱学森书信》（第 3 卷），国防工业出版社 2008 年版。

对的,我们就吸收,不对的,我们就要舍去,要批判。批判,就是清理我们自己的头脑。这样干,这就是列宁说的,战斗的唯物主义。”①

我总是不厌其烦地提醒我的学生和合作者“请注意运用马克思主义哲学”,有时要责备他们“提到哲学,怎么不提马克思主义哲学?”②

李德华(人工智能专家)是我的弟子,第一次见面,我就询问他:“你现在还读马列和毛主席著作吗?”我告诫他:“我们要站在马克思主义哲学的高度,一个人哲学思想的框架的好坏是决定性的。”⑤1993年,我回他的一封信,在谈论学术问题之后,我诚恳地说:“您拥护马克思主义哲学是诚心的,但未能用马克思主义哲学武装自己去与机械唯物论战斗,去与唯心论战斗!所以还不是真正的马克思主义者!我衷心祝愿您跨过这一步,成为一位中国中年的战斗的马克思主义者!”③我总认为“捍卫马克思主义可是件了不得的事情,是关系到人类命运的事情”④。

记者:您既是科学斗士,也是哲学斗士。在世人纷纷以“走出马克思”“走出毛泽东”,极力贬低伟人为时髦的氛围中,您反其道而行之,不怕非议,旗帜鲜明、义无反顾地坚决捍卫和大力宣传马克思主义哲学和毛泽东思想,傲雪凌霜,正气凛然,令人肃然起敬。

钱学森:“为了真理,一个共产党员是无所畏惧的。”⑤我从不隐晦自己的观点。我曾写下在我一生中,给予我深刻影响的17位导师,其中,归国后的三位:毛泽东、周恩来、聂荣臻。以毛泽东、周恩来为代表的老一辈革命家是一个大成智慧者群体,为中华民族以至整个人类留下极为丰富深邃的精神财富。这个群体的产生和历史功绩是中国乃至人类文化史上十分罕见的事件,值得深入研究。尽管有人极力贬低他们,但他们的丰功伟业和思想品质是不朽的,将会被未来学术界反复解读,从中吸取智慧。

---

① 钱学森:《创建系统学》(新世纪版),上海交通大学出版社2007年版。

②⑤ 赵少奎:《现代科学技术体系总体框架的探索》,《钱学森科学思想研究丛书》,科学出版社2011年版。

③ 李德华:《牢记钱老谆谆教导,继承钱老未竟事业》,《今日科苑》2010年第1—3期合刊。

④ 钱学森:《论人体科学和现代科技》,上海交通大学出版社1998年版。

⑤ 中央文献研究室《文献与研究》编辑部编:《科学家论语》,贵州人民出版社2011年版。

我不忘:“毛主席多次亲自教诲我,每一次都给我指明了继续前进的方向,每一次都给我增添了登攀高峰的力量。我之所以有今天,都是毛主席、共产党给的。”①

我坦言:“我崇拜的是我们老一代革命领导人,我经常读他们的文章和文选,每次有所悟。我要好好学习呀!”②

我常说:“中国革命所取得的这样一个巨大的成绩确实是了不起的。我们这些经验,经过老一辈革命家的总结,集中成为毛泽东思想,这就是我们最宝贵的财富。”③

我尊崇:“今天中国的真正国宝是毛泽东思想和用马克思列宁主义毛泽东思想武装起来的中国共产党。”④

记者:难怪著名哲学家黄枬森深情地说:在与错误观点争论的过程中,“我对钱学森的哲学思想,特别是他对辩证唯物主义的态度和观点,有所了解。他的思想使我受到极大的鼓舞和启发。他并没有参与哲学界的争论,没有全面回答和分析那些否定辩证唯物主义世界观的观点,但他的思想确实对那些否定辩证唯物主义世界观的观点,特别是对辩证唯物主义过时论,从科学技术革命的角度,树立了一堵难以超越的铜墙铁壁”⑤。黄枬森疾呼:“哲学家们,尤其是马克思主义哲学家们,听一听科学家们的声音吧!”⑥

钱学森:我只做了我应该做的事。“我认为马克思主义哲学是有道理的,是经过实践考验的,是最科学的。”⑦我坚信马克思主义、共产主义是真理:“不管今天有些人怎么怀疑马克思主义,不管今天有些人怎样批判科学共产主义的学说,马克思、恩格斯提出的人类共产主义文明更高阶段的理想,是真善美

---

① 钱学森:《终身不忘毛主席的亲切教诲》,《人民日报》1976 年 9 月 16 日。

② 钱学森:《创建系统学(新世纪版)》,上海交通大学出版社 2007 年版。

③ 钱学森:《创建系统学(新世纪版)》,上海交通大学出版社 2007 年版。

④ 《钱学森书信(第 6 卷)》,国防工业出版社 2008 年版。

⑤ 上海交通大学编:《民族之魂——人民科学家钱学森的精神风采》,上海交通大学出版社 2009 年版。

⑥ 上海交通大学编:《民族之魂——人民科学家钱学森的精神风采》,上海交通大学出版社 2009 年版。

⑦ 钱学森等:《论地理科学》,浙江教育出版社 1994 年版。

的统一,是真正合乎人性的,是真正人道主义的,它确实是人类社会文明的理想境界。这就是为什么一百多年来它吸引了千千万万人的原因,无数的志士仁人为此奋斗、献身的原因。不管今天现实社会主义国家中还有多少不尽如人意、不文明的现象存在,它仍不能掩盖共产主义文明的光辉。这种共产主义的最高文明形态仍是任何一个真正追求人类解放,特别是任何一个真正的共产党人所应该追求的崇高理想。”①

记者:非常感谢您,给我们上了一堂意义深刻的马克思主义哲学教育课。

(浙江省技术经济和管理现代化研究会顾问　王光明)

① 钱学森:《社会主义文明的协调发展需要社会主义政治文明建设》,《政治学研究》1989年第5期,第6页。

人民科学家钱学森为我国的“两弹一星”事业做出了巨大的贡献，他的科学思想更是高识远见，博大精深，反映了时代精神的精华，对我国现代科学技术的发展及政治、经济、军事、教育、文化等领域都产生了深远的影响，其贡献不亚于“两弹一星”。

钱学森的科学思想，内容极其丰富，治学严谨深邃。他的科学观与方法论；他的现代科学技术体系观；他的系统工程理论；他的关于建立科学技术业的构想，他的科技革命与社会革命纵论；他的大成智慧学；他的关于教育改革的设想；他的科学与艺术的论述；他的大农业观主张；他的关于建筑科学和山水城市的思考；他提出的思维科学和人体科学；他倡导的科协学等理论思想，高瞻远瞩、独特超群，涉猎人类知识体系的各个领域，是自然科学与社会科学等众多学科知识的综合集成。

如此庞大的钱学森科学思想宝库，它的核心是什么？基础又是什么？这就是“钱学森科学思想的核心与基础”所要探求的。从一系列的事实中，可以看出钱学森的科学思想里面充满了辩证唯物主义，处处浸透着马克思主义哲学。可以这么说，钱学森几乎所有的论著都是科学与哲学的交融体。

二　钱学森科学思想的核心与基础

钱学森科学思想是一个庞大的宝库,它的核心是什么? 基础又是什么? 这就是本文要探求的。

(一) 什么是钱学森科学思想的核心

要回答这个问题,让我们先共同来看看钱学森在科学生涯中所取得的一些杰出成就。

1939 年,钱学森在他的导师冯·卡门的指导下,研究提出了突破飞机高速飞行"音障""热障"的理论,这为以后超音速飞机的发展奠定了理论基础。他还改变传统的计算方法,采用来流状态处的切线近似计算法,得出了著名的"卡门一钱近似"公式。这是空气动力学历史上的重大成果,这个公式在电子计算机出现之前,被广泛应用在超声速飞机设计与制造中。

1936 年,钱学森加入美国最早开展火箭技术研究的、自发成立的团体——加州理工学院火箭小组,在小组中他担当着理论家的角色。1944 年,钱学森担任美国喷气推进实验室研究分析组组长,他与其他中外科学家,设计制造成功了美国最早的探空火箭"女兵"和军用导弹"下士"。他独创的科学理念为实验成功起到了关键性的作用。美国军方和学术界一致肯定与赞扬钱学森在"二战"时期的科学成就及贡献。冯·卡门评价钱学森:"作为加州理工学院火箭小组的元老,曾在二次大战期间对美国火箭研究做出重大贡献。"他的研究成果为美国航空工业和火箭技术提供了"强大的发展原动力"。

1953 年,钱学森经过多年的探索和总结,正式提出物理力学的概念。他改变了过去只靠实验测定力学性质的方法,主张从物质的微观规律确定其宏观力学特性，开拓了高压流体力学的新领域。他编写的《物理力学讲义》，是这门学科的开山之作。

1955 年，钱学森归国后，以他为技术总负责，我国成功发射了第一枚自主设计和制造的导弹和第一颗人造卫星，以及“两弹结合”的核导弹。他吸取和总结“两弹一星”的成功经验，提出建立“总体设计部”的设想，把它作为国家、军队、地方及重大工程、大型企业等领导部门决策的咨询参谋机构。

20 世纪 80 年代初，钱学森走出发射场，退居二线，他开始了对学术理论的思索，至死没有停止运转。他先后对现代科学技术体系、系统科学、科技革命、产业革命和社会革命、思维科学、人体科学、建筑科学、大农业观、大成智慧学、教育改革、科学与艺术等领域进行了大跨度、多层次的独特探索，思想超越时代，意义深远非凡。

从以上一些事例中，可以感受到钱学森科学思想中最强烈最精湛的东西，是非同一般的超前的永进的创新思维，这就是钱学森科学思想的核心，这个灵魂贯穿并主导着钱学森的全部科学思想。

钱学森说过：“科学精神最重要的就是创新。”创新是钱学森科学生涯的生命，是创新使他的思想永葆青春，散发光芒。下面我们回过头来再看看钱学森一生中，非同一般的超前创新思维的一些闪光点。

1. 用火箭征服宇宙

1935 年，钱学森才 24 岁，在他的大脑中就闪现了一般人想都不敢想，想也想不到的，用火箭征服宇宙的火光，他雄心勃勃：

“我们必须征服宇宙！

“我们有办法吗？

“有的，火箭！

火箭？火箭不是我们在新年玩的一种焰火吗？不是一个苇秆头上有一像火炮样的东西吗？当你把药线点着的时候，就是一道火花向下喷出，同时火箭也就上升，直升到火药烧完，没有火花喷出了，才慢慢地落下。但是，这个小玩意就是征服空间，征服宇宙的开端呢！”①

① 钱学森：《火箭》，《钱江青年》1935 年第 1 卷第 9 期。

26 年后,1961 年苏联宇航员加加林,乘坐用火箭载送的宇宙飞船,遨遊太空,揭开了人类征服宇宙的新纪元。

2. 洲际火箭客机

1949 年,钱学森在美国火箭学会的学术会议上描绘了洲际火箭客机的蓝图。他说将来可以设计出一种飞机,它的形状像是一只削尖的铅笔,长约 80 英尺,直径约 9 英尺,自纽约垂直起飞后,飞行 4000 多公里,到达洛杉矶的时间将不到 1 小时。这个畅想使与会者吃惊不小。后来,钱学森还做了更大胆的科学预测,他说:“在 30 年内,人类将可以登上月球,而这趟月球之旅,可以在一个星期内完成!”

20 年后,1969 年美国的阿波罗 11 号宇宙飞船,首次把地球人送上了月球,来回只用了 8 天。

3.《工程控制论》领先科技界

1954 年,钱学森在美国出版了他苦心钻研的《工程控制论》著作,开辟了自动控制发展的新方向,被世界公认为是工程控制理论的奠基石。他的这一前瞻性的学术思想,在国际上超前领先了多年,直到三四年后才被世界科技界读懂,逐步引用他的理念,应用起来。

1960 年 9 月第一届国际自动控制联合会代表大会在莫斯科召开,全世界的控制论科学家咸集于此。钱学森因故未去,但大会代表相互吟诵《工程控制论》序言中史诗般的名句,来表达对钱学森的崇敬。

4. 提出“五观世界”

1984 年 11 月 8 日,钱学森在给国防科技大学谭暑生教授的信中首次提出“渺观”和“胀观”两个全新的命名,从而把人们对客观世界的认识由原来的微观、宏观、宇观三个层次拓展为渺观、微观、宏观、宇观和胀观五个层次。以后钱学森对“五观世界”进行不断的深入研究和表述,使“五观世界”的理论构架逐步形成和基本成熟。这一思想为人们认识客观世界的本质、本原和改造客观世界,提供了全新的理论和实践指南。

他还首创“航天”一词,把人类在大气层之外的飞行活动称为“航天”,并提出了“航宇”观念,意即“星际航行”。

5. 超前的产业革命理论

钱学森对人类经历的产业革命进行了新的划分，并论述了今后新技术革命的趋势。1984 年信息网络技术刚刚兴起，钱学森就提出第五次产业革命即信息技术革命的理论，并积极呼吁国家重视信息技术。8 年后，2002 年 11 月党的十六大报告正式提出了“以信息化带动工业化，以工业化促进信息化”的发展方针。1984 年，钱学森还预见性地论述，以生物科学技术为核心的第六次产业革命将在 21 世纪显露，那时将首先改造现在的农业，树立起大农业观，创建知识密集型的农、林、草、沙、海等产业。其中沙、草产业对改善和提高我国西部干旱、半干旱农村地区的物质文化生活，保护生态环境，实现生态效益、经济效益、社会效益的统一，具有十分重要的价值。为此，他把获得的何梁何利优秀奖 100 万港币，都捐献给了西部的治沙事业。

24 年后，2008 年 1 月 9 日，胡锦涛到钱学森家中看望他，胡锦涛告诉 97 岁高龄的钱学森：“前不久，我到内蒙古自治区鄂尔多斯市考察，看到那里沙产业发展得很好，沙生植物加工搞起来了，生态正在得到恢复，人民生活水平也有了明显提高。钱老，您的设想正在变成现实。”

6. 综合集成法写上中央文件

1989 年，钱学森在“系统学讨论班”上，提出和介绍了他多年研究的“从定性到定量综合集成法”（简称综合集成法），并于 1990 年在《自然》杂志上正式公开发表。综合集成法是认识和处理各种开放的复杂巨系统的，高度智能化人—机结合的方法，这是钱学森在系统科学领域中取得的重大创新成果，被称为中国系统科学发展史上的第二个里程碑。随着我国改革开放的进展和需要，这一综合集成法逐步在社会各界得到认同和应用，并受到中央的重视。

14 年后，2003 年 8 月，中央军委将综合集成法作为加强我军信息化建设，推进新军事变革的重要手段。同年 10 月，党的十六届三中全会通过的《中共中央关于完善社会主义市场经济体制若干问题的决定》，将综合集成法列为推进市场经济体制改革的重要方法，以促进国民经济宏观决策的科学化，实现经济社会的科学发展。

7. “政治文明”提法被中央采纳

钱学森的科学思想不但反映在科学技术上，还融入探索建立社会主义现代化建设的理论和实践中。他从系统科学的全新视角,提出并积极探讨政治文明建设。1980年初,钱学森就提出“政治文明”的概念。在党的十二大召开期间,他写信给中央,建议要用三个文明的提法。他指出“文明有三个方面,经济的社会形态表现为物质文明,政治的社会形态表现为政治文明(又称民主与法制),意识的社会形态表现为精神文明”。他说:“我们建议鲜明地提出社会主义三个文明建设的口号,将比两个文明建设的提法更为完整和全面。”他还建议深入社会主义三个文明建设的理论探讨,使之形成系统的、完整的、科学理论体系,以作为我国四化建设和改革开放的一个理论基础。

22年之后,钱学森“政治文明”的提法和阐述,被党中央采纳,写入了党的十六大报告中。2002年11月8日,江泽民在党的十六大报告中第一次提出:“发展社会主义民主政治,建设社会主义政治文明,是全面建设小康社会的重要目标”,“不断促进社会主义物质文明、政治文明和精神文明的协调发展,推进中华民族的伟大复兴”。至此,“政治文明”这一陌生而又令人神往的新概念全面地进入中国政界和学界的话语体系。

8.中国应该建山水城市

钱学森的超前的创新思维还表现在城市建设方面。进入21世纪以来,中国大地的城市建设轰轰烈烈,高楼大厦四起,车水马龙横行,很多城市成了钢筋水泥堆积、汽车到处堵路的城堡。而不少乡镇毫无城建规划,拆一点,建一点,房挤房,路堵路。在令人烦躁的忧虑中,君不知,早在20世纪80年代,钱学森似乎就料到了将来我国城市建设中的一些弊端,他卓有远见地提出“中国应该建山水城市”“构建园林式的城市”。他说:“如果说现代高度集中的工作和生活要求高楼大厦,那就只有‘方盒子’一条出路吗?为什么不能把中国历代园林建筑的手法借鉴过来,让高楼也有台阶,中间布置些高层露天树木花卉?不要让高楼中人向外一望,只见一片灰黄。楼群也应该参差有致,其中有楼上绿地园林。”“这是把古代帝王所享受的建筑、园林,让现代中国的居民也享受到。”

1984年11月21日,钱学森写信给《新建筑》编辑部,他说:“为了2000年,我想到两件事……都是关系到2000年我国建筑事业的,关系到21世纪我国建筑事业的,但我想我们现在就动手,不然就晚了,会误事。”这两件事中的第二件事就是创建“园林城市”的问题。

他极力主张要搞屋顶绿化、阳台绿化、墙面垂直绿化、宅旁空间绿化。他还倡导建立“城市学”，把避开“轿车文明”作为“城市学”的一件大事进行研究。

20 多年后，人们开始反思了，注意了，改进了，一些城市和乡镇正在建设成如钱学森所描绘和倡导的，美丽的山水城市、园林城市。

9. 科普事业是伟大的

钱学森对科普工作非常重视，他说：“科普事业是伟大的，是社会主义文化的重要组成部分。”20 世纪 80 年代初，科协刚刚从“文革”砸烂中恢复组织，开展活动，各方面都很困难，科协工作不为人们所了解和重视，开展科普工作尤为艰难。此时，钱学森用超人的远见，一再告诉人们：“科普工作是中国科协的光荣职责”，“一定要把科普当成一项伟大的战略任务来抓”。他很有信心地说：“根据党的十二大精神，我相信在适当时机，中央会对科普工作做出决定：就如经济体制改革那样，也如科技体制那样。”

果然，10 年之后，1994 年 12 月 5 日，中共中央发布了《关于加强科学技术普及工作的若干意见》，这是中华人民共和国成立 45 年来，党中央、国务院共同发布的第一个全面论述科普工作的纲领性文件，也是我国历史上第一个公之于众的指导科普工作的官方文件。

继而 2002 年 6 月 29 日，国务院颁布了《中华人民共和国科学技术普及法》，这是我国第一部科普法律，从此科普工作有了法律的保障，纳入法制化的轨道。

再就是 2006 年 2 月 6 日，由国务院正式颁布的《全民科学素质行动计划纲要(2006—2010—2020 年)》，这是中华人民共和国成立以来第一个提高全民科学素质纲领性的文件和重大举措。

在此期间中央又召开了几次“全国科学技术普及工作会议”，使全国科普工作的大环境大大改善，科普事业大大地发展了。

10. 思想超越一般人

钱学森还常常以前瞻性的眼光来看待科技新成果，指出新科技对人类社会可能产生的影响。他不是计算机、信息网络专家，但在 20 世纪 80 年代初他就指出，计算机、通信(当时尚未出现网络)这一套信息技术将对人类社会的发展产生深远影响,其意义就像当年瓦特发明蒸汽机,将引起一次新的产业革命。他还进一步说,200 多年来,机器的出现大大扩展了人的体力劳动能力,而在 21 世纪,计算机信息网络技术将大大扩展人的脑力劳动能力。以后人的生活、工作、教育、娱乐等都离不开计算机网络,人将和计算机网络组成一个新的人—机系统,那将是 21 世纪的“新人类”。这些话在人人皆知的今天看来一点也不新鲜,但钱学森却是在 30 年前信息网络技术刚萌芽的时候说的,可见他的思维是多么的高识远见。系统工程专家许国志院士曾说,钱学森的科学思想至少超前我们一般人 10 年。

以上,虽然只是钱学森创新思维大海中的几朵浪花,但这已经足够看出钱学森科学思想的核心和灵魂,是何等的鲜明又精深。

(二)什么是钱学森科学思想的基础

寻求这个问题的答案并不难,只要稍微用心阅读钱学森的一些科学著作、论文和讲话,特别是他晚年的论著,就可以发现,**钱学森的科学思想里面充满了辩证唯物主义,处处浸透着马克思主义哲学,这就是钱学森科学思想的基础。可以这么说,钱学森几乎所有的论著都是科学技术与哲学的交融体。**

这里不妨摘录钱学森几段浸润辩证唯物主义思想的精辟论述。

关于理论和实际相结合。钱学森说:“在技术科学的研究中,我们把理论和实际要灵活地相结合,不能刻板行事,我想这个灵活地结合理论与实际,也就是辩证唯物主义的真髓了。”

关于科学与技术。钱学森说:“客观世界是不以人的意志为转移而存在的,人首先要认识客观世界,才能进而改造客观世界。从这一基本观点出发,认识客观世界的学问就是科学,改造客观世界的学问就是技术。”

关于客观规律的决定性和非决定性。钱学森说:“决定性和非决定性是辩证统一的,这就是混沌与有序的相互关系。”“是低层次的混沌产生高一个层次的有序。”

关于定性和定量。钱学森说:“人的定性认识是初步的,或称感性认识;许许多多定性认识经过综合集成,去粗取精,去伪存真,最后上升(即哲学上的

‘扬弃’）为定量认识。这个定量认识比原始材料的定性认识要高一个层次，或者说到了理性认识。等到一个方面事物的许许多多实例的定量认识累积得多了，人又会悟到这一方面事物整体的一点定性认识，这又高一个层次了。人对客观世界的认识，就是由定性跃到定量，又跃到定性，再跃到定量……永无止境地发展深化下去。”

关于政治文明。钱学森说：“政治不文明是我们决策失误和工作失误的一个重要原因，而且许多腐败现象本身就是政治不文明的产物。”“社会主义的政治文明要高于资本主义，虽然我们过去有过许多政治不民主的现象，但那不是社会主义，而正是违背社会主义造成的。”

关于科学技术和文学艺术。钱学森说：“科学技术的发展推动与促进文学艺术新形式的产生，科学技术的发展为文艺的表达提供了各式各样的工具。”他还说：“我觉得科学和艺术是相通的……因此我提倡搞科学的人不要死心眼儿，要懂点艺术，它可以防止科学家犯机械唯物论。”

关于“超脱”。钱学森说：“我想中国古代说的超脱，今天能否做到？我认为可以做到，这就是要能用马克思主义哲学来看世界，并用马克思主义哲学来看自己。这才是真正的超脱。古人的那一套是想超脱而实质上超脱不了，只好念‘阿弥陀佛’！”

可见，钱学森是一位杰出的科学家，同时又是一位坚定的马克思主义者，他坚信马克思主义哲学，坚持用辩证唯物主义指导科学研究，用历史唯物主义看待和分析问题。他说：“我近 30 年来一直在学习马克思主义哲学，并总是试图用马克思主义哲学指导我的工作。马克思主义哲学是智慧的源泉！”他不止一次地强调：“马克思主义哲学作为科学技术的最高理论，就必须用来指导科学技术的进一步发展。”“所有的科学技术工作，自然科学、社会科学、技术科学、数学、工程技术，不用马克思主义哲学来指导，或者不重视马克思主义的哲学对于科学研究的指导作用，是危险的。”

他身体力行，自觉地运用马克思主义哲学来指导科学研究和观察分析一切事物，探赜索隐，钻坚研微。

1. 构建现代科学技术体系

20 世纪 70 年代后期，在马克思、恩格斯特别是毛泽东哲学思想的影响指导下,钱学森运用辩证唯物主义和系统科学的观点、方法,研究与分析世界科学技术发展的历史、成果和趋势,经过二十多年的思索,逐步形成现代科学技术体系的构想,并不断完善构想的框架。

这个体系的构想和框架是一个开放的矩阵式纵横交错的系统。整个体系从纵向看,分为三个层次:最高层次是马克思主义哲学,最下层次是现代科学技术十一大部门,中间通过十一架“桥梁”把马克思主义哲学与十一大科学技术部门连在一起。从横向看,这十一大科学技术部门是:自然科学、社会科学、数学科学、系统科学、思维科学、人体科学、行为科学、军事科学、地理科学、建筑科学和文艺理论。其中每一个科学技术部门又划分为基础科学、技术科学、应用技术三个层次。与十一大科学技术部门相对应,过渡到马克思主义哲学的“桥梁”是:自然辩证法、唯物史观、数学哲学、系统论、认识论、人天观、社会论、军事哲学、地理哲学、建筑哲学和美学。

对于以上的构架体系,钱学森明确地指出:“把马克思主义哲学放在科学技术体系的最高层次,也说明了马克思主义哲学的实质:它绝不是独立于现代科学技术之外,它是和现代科学技术紧密相连的。也可以说,马克思主义哲学就是全部科学技术的科学,马克思主义哲学的对象就是全部科学技术。”因此可见,钱学森创立这个科学体系实际上也是创立了马克思主义哲学新体系,这是对马克思主义哲学的升华,是人类思想史上的奇葩,是对马克思主义哲学理论的重大发展。

钱学森表示,这个现代科学技术体系,是一个开放的、动态的系统,它将随着科学的发展、社会的进步、认识的深化、智能的提高,不断地丰富、完善和发展。他多次说明:构建这个现代科学技术体系“是人类认识和改造世界的伟大成绩。当然历史不会停留在这个点上,将来的科学技术还要发展,会出现新的部门和新的层次”。

2. 哲学融入系统科学

系统科学是 20 世纪 30 年代以后逐渐兴起的一门新兴的综合性学科。钱学森自 1950 年涉足火箭控制问题后,就与系统科学结下了终身情缘,开始了系统科学探索研究的生涯。系统科学是钱学森着力最多、贡献与影响最大的领域。特别是归国以后,他把马克思主义哲学、毛泽东思想融入系统科学、系统工程的研究和应用之中，犹如行云流水一般，得心应手，无论在制定我国第一个和第二个科学发展规划还是“两弹一星”的研制等工作中，都获得了卓绝的功绩。

粉碎“四人帮”以后，正逢国家拨乱反正、百废俱兴，迎来改革开放新时代之时，钱学森等人在 1978 年 9 月 27 日的《文汇报》上，发表了一篇留史之作《组织管理的技术——系统工程》，这是钱学森大力宣传推广系统科学和系统工程的开端。这篇文章被我国系统科学界誉为“具有里程碑意义”的大作，在科学界产生了深远的影响。如今，钱学森关于系统工程的思想与成果已逐步被社会吸收，并已发展应用到国民经济、科技教育、国防建设、环境工程以至社会管理等众多领域，产生了巨大的效益。“系统工程”已成为社会上出现频率非常高的关键词，诸如“经济系统工程”“组织系统工程”“人才系统工程”“军事系统工程”“党建系统工程”“社会系统工程”等。

3. **政治文明和物质文明、精神文明的辩证关系**

钱学森提出政治文明，无论在政界，还是学术界在我国都是较早的，然而最初他却是从系统论的视角提出的，他在《社会主义文明的协调发展需要社会主义政治文明建设》一文中说：“今天，一个国家应该看作是开放的特殊复杂的巨系统，……从宏观角度看，这样复杂的社会系统，其形态，即社会形态最基本的侧面有三个，这就是经济的社会形态，政治的社会形态和意识的社会形态。”“因此，社会的发展，社会文明的建设也有三个方面，经济建设，即物质文明建设；政治建设，即政治文明建设；思想文明建设，即精神文明建设。”文中还论述了正确处理社会主义三个文明建设的关系，钱学森说：“社会形态的三个侧面是互相联系、互相制约、互相适应的，社会三个文明建设也是互相联系、互相制约的。其中物质文明建设是基础，它决定、制约着政治文明、精神文明的建设，同时政治文明、精神文明建设又对物质文明建设产生巨大的反作用，它既可以起推动作用，也可以起阻碍、破坏作用，它们是物质文明建设的精神动力和决定物质文明建设方向的政治保证。如果三个文明建设协调发展，那么社会的建设发展和发展就会顺利、快。如果不协调发展，那么社会的建设和发展就会受到阻碍，造成巨大损失。”

4. 混沌和有序的辩证法

对于在二十世纪八九十年代大理论物理学中的前沿学科,即所谓决定性与非决定性,混沌与有序问题,钱学森认为这都是辩证统一的。他说:这些前沿科学“本来是从物理学、力学的研究得到的,即从自然科学认识到的。可一旦升到自然辩证法这架桥梁,而且过桥到了马克思主义哲学殿堂,就成为指导其他部门的理论了。如社会主义市场经济中的混乱现象,其实就是市场中的‘混沌’,即市场的活跃,是大好事。因为它引出整个社会主义经济的合理资源配给,是有序,即健康发展”。随后,他又进一步说:“没有混沌就死水一潭,不会出现有结构的有序化,也就没有‘生命’。连一块石头都有原子、电子层次的混沌,而石头有晶体结构,这是有序。但这个结构是活的,原子、电子进进出出,是混沌! 因此,生与死的界限是相对的,不是绝对的。”这真是把复杂深奥问题做最高境界的概括了。

5. 第六次产业革命的伟大意义

钱学森站在历史唯物主义的高度,总结科学技术发展的历史并展望前景。他认为在人类历史上已发生了五次产业革命,而第六次产业革命将出现在 21 世纪,这次产业革命主要“以太阳光为能源,利用生物(包括植物、动物及菌类)和水与大气,通过农、林、草、畜、禽、菌、药、渔、工、贸的知识密集型产业的革命”。由此他导出“大农业观”,这是一种新型的集约农业的思想,它包括农产业、林产业、草产业、海产业和沙产业等。

其中对于沙产业,钱学森情有独钟,特别关心。在奋战“两弹一星”的年代里,他常去戈壁滩,戈壁沙漠条件之恶劣,边疆人生活之艰辛,给他留下了深刻的印象,并不时在他的脑海中浮现。他从科研一线的领导岗位退下来以后,有了时间和精力来思考沙漠的改造问题。他认为沙漠不是死亡之海,不是不能改造的,只要下功夫,找规律,不断改造,沙漠可以变宝地。他辩证地分析:“我国沙漠和戈壁很多,和农田面积一样大。沙漠戈壁并不是什么也不长,极干旱不长植物的只是极少数,大部分还是有些降水,有植物生长,有的还长多年生小植物,也有少部分干旱地沙漠化了,可以考虑引水灌溉。目前人们从沙漠和戈壁获取的只限于特产的药材,但也只采不种。沙漠和戈壁的潜力远远没有发挥出来。”他满怀信心地说:“是用现代生物科学的成就,再加水利工程、材料技术、计算机自动控制等前沿高新技术，一定能够在沙壁开发出新的、历史上从未有过的大农业，即农工贸一体化的生产基地。在外国，以色列已经走在前面，我们要用从前搞‘两弹一星’的精神赶上去，超过他们！再次用行动证明我们中国人是了不起的！”

钱学森还论述了第六次产业革命的伟大意义，他说，由于这次产业革命的“主战场不是在比较富裕的大城市，而是在比较贫困的田野、山林、草原、海疆和沙漠，”因而，“其社会后果是消灭工业与农业的差别、消灭城乡差别。”他还预言：“社会主义中国的21世纪，第五次产业革命、第六次产业革命和第七次产业革命结合起来，将引发一次社会革命，新的一次社会革命。”

以上举的一些事例，只是钱学森科学思想中闪耀马克思主义哲学光芒的很小一部分，实际上，钱学森很早就把马克思主义哲学的普遍原理同自己的科研实践结合起来。20世纪50年代，他回到祖国后开始认真系统地学习马克思列宁主义、毛泽东思想等著作，写出了《技术科学中的方法论问题》《技术科学的研究能脱离马克思列宁主义哲学吗》《科学学、技术体系学、马克思主义哲学》《智慧与马克思主义哲学》《自然辩证法、思维科学和人的潜力》等一系列马克思主义哲学与现代科学技术的专论文章。他从一个自发朴素的唯物主义者转变为自觉坚定的辩证唯物主义者，始终把马克思主义哲学作为指路明灯，指导自己的科技活动和创新思维，成为科学巨擘，一代宗师。

钱学森是伟大的科学家，又是卓有见地的思想家、哲学家，他虽然不是科班出身的哲学家，也不现身在哲学界，但他对我国的哲学界却有着重大的影响。中国马克思主义哲学史学会名誉会长、北京大学哲学系资深教授黄枬森这样评价钱学森：“他并没有参与哲学界的争论，没有全面回答和分析那些否定辩证唯物主义世界观的观点，但他的思想确实对那些否定辩证唯物主义世界观的观点，特别是对辩证唯物主义过时论，从科学技术革命的角度，树立了一堵难以超越的铜墙铁壁。”

钱学森为什么对马克思主义哲学这么崇尚笃信，这么自觉应用，这么运用自如，最后，我们一起来听听钱学森自己是怎么说的。1991年12月11日钱学森八十诞辰，在中国系统工程学会等单位联合举办的“钱学森系统科学与系统工程学术思想讨论会”上，他动情地说：“我们必须以马克思主义哲学来指导我们系统科学的工作,用马克思主义哲学来指导所有的科学工作。这一点我从心里头感受就是这样,我这个人是很诚恳的,因为我在美国的时候也没有很好的机会来学习马克思主义哲学,回到祖国后,那个时候毛主席提倡要学马克思主义哲学。我真是下功夫学了,学了后感触很深,从前我在国外,在自己工作实践中也有点儿心得、做学问的窍门,那时候还满自鸣得意的,后来一学马克思主义哲学,咳,我那点是什么玩意儿,那是马克思主义哲学都讲了的,比我高明得多!我是从这么个体会、自己朴素的感受,认为我们搞科学技术也一定要用马克思主义哲学,就是辩证唯物主义,绝不能搞机械唯物论,也绝不能搞唯心论,要辩证唯物主义,那么后来自己觉得不行,所以学了一点哲学的书,马克思主义哲学的书,越学越感到马克思列宁主义、毛泽东思想确实是指导我们科学技术工作所必需的,我这信念越来越强。”

（浙江省技术经济和管理现代化研究会顾问　王光明）

主要参考文献

[1] 钱学森.创建系统学[M].上海:上海交通大学出版社,2007.
[2] 钱学森.论系统工程[M].上海:上海交通大学出版社,2007.
[3] 钱学森.工程控制论(新世纪版)[M].上海:上海交通大学出版社,2007.
[4] 钱学森.钱学森讲谈录——哲学·科学·艺术[M].北京:九州出版社,2009.
[5]《钱学森书信选》编辑部.钱学森书信选[M].北京:国防工业出版社,2008.
[6] 钱学森.钱学森科学思想研究(第二版)[M].西安:西安交通大学出版社,2008.
[7] 潘敏.钱学森研究(2006)[M].上海:上海交通大学出版社,2007.
[8] 叶永烈.钱学森[M].上海:上海交通大学出版社,2010.

钱学森回国后自觉学习马列主义，他带头对资本主义和社会主义进行“再认识”，力图依据世界的新情况、新事实引出新结论。他把世界社会视为特殊的复杂巨系统，把世界秩序调整视为复杂性研究的重大课题，提出诸多新观点，有的颇有预见性。如，1989 年年初，钱学森由思考 21 世纪世界大势而指出：“20 世纪末 21 世纪初我们注意南面是对的。这个地方不稳定，力量参差不齐，谁都想沾一点。中国南海要特别注意。今后几十年，中国的南海是矛盾的焦点。”在 1990 年，他指出：“从东亚西太平洋到欧洲大陆桥的问题恐怕就提上来了。……我们应该考虑如何建设这个大陆桥。”今天我们来看南海之争以及“一带一路”的巨大影响，不得不钦佩钱学森的远见。下文的论述，就可以看到钱学森对复杂巨系统的研究和探索是多么深刻。

三　世界秩序演变与复杂性研究中国路径的开拓

——钱学森开放复杂巨系统原理的一个应用

现代世界是一个非线性动力学系统,形成以来的一百多年中,其整体秩序发生过多次重大变化,极大地影响了中国社会的变革,是中国社会变革特殊复杂性的外部根源。而中国作为世界社会的一个重要分系统,逐渐成为世界秩序调整的重要参与者。目前世界秩序迎来了一次新的更重大的调整,霸权主导的世界秩序过时了,去霸权主义的历史行程已经开始。中国处于这一浪潮的锋面上,负有重大历史责任,也给中国社会的复杂性带来诸多新特点,要求学界深入关注。

本章探讨世界秩序演变与复杂性研究中国路径开拓、发展的关系,讲 7 个问题。

(一)世界秩序的演变

原本以非系统方式存在于地球上的人类,因新兴资本主义国家开拓殖民地而启动了系统化的历史进程。工业革命成功为这一进程的不可逆转奠定了物质基础,垄断资本主义的出现为它提供了制度保障。从鸦片战争起,世界系统化进入完成期,到 19 世纪末基本完成:农业文明地区沦为列强的殖民地,其中最具实力的中国沦为半殖民地,世界从此成为资本主义主宰的统一体。以 S 记世界系统,S_1 记以几个帝国主义强国为核心的资本主义世界,S_2 记所有殖民地、半殖民地,S_1 支配 S_2 成为系统 S 的主结构。这也就是马克思、恩格斯讲的三个“从属于”结构:“使未开化和半开化的国家从属于文明的国家,使农民的民族从属于资产阶级的民族,使东方从属于西方。"简言之,S_2 从属于 S_1。

世界秩序就是世界作为系统的整体运行结构,亦即世界各国、各种次全球性力量互动互应的模式和规则,既包括彼此间利益、权力、责任的分配模式和互动规则,也包括如何管控相互间分歧、矛盾、冲突的模式和规则。最初的世界秩序是在帝国主义争夺殖民地过程中形成的,蕴含着大量历史积怨、利益冲突,系统的有序性、稳定性、鲁棒性极差,一直处于演变中,有量变,有小的部分质变,也有大的部分质变。世界系统作为一种特殊的社会,有经济的世界秩序、政治的世界秩序、军事的世界秩序、文化的世界秩序,它们综合集成的结果就是整体的世界秩序。

作为强非线性动力学系统,S 的结构由殖民统治、阶级压迫所维系,极不公正,矛盾重重。世界秩序演变的动力来自它的基本矛盾:列强之间的矛盾,工人阶级与资产阶级的矛盾,S_1 与 S_2 的矛盾,S_2 中不同国家的矛盾,S_2 中各国的内部矛盾,十月革命后又出现两种社会制度的矛盾。整体上看,世界秩序演变主要是世界系统的自发自组织运动,历史至今尚未产生出一种能够对整个世界进行顶层设计,并负责实施的社会力量。对立统一规律告诉我们,自组织不可能仅仅依靠自身而直接展开,它需要逻辑地发挥其对立面——他组织的作用。自组织和他组织互为存在条件,既相互否定,又相互规定,通过对立面来确立自身、展开自身、改变自身。在系统演化中,自组织和他组织都须通过对立面为自己开辟道路。世界秩序的演变即如此。协同学揭示,巨系统由于组分巨量,量变导致质变,形成微观与宏观的层次划分,内部必定存在诸多不同的集体运动模式,即不同的次系统力量,彼此既合作又竞争,都在争当能够支配其他模式,进而支配整个系统的序参量。这种集体运动模式就是巨系统内在的局部他组织力量,系统整体的自组织需要也只能通过它们的竞争与合作来为自己开辟道路。这些次系统力量也都是非线性动力学系统,各有自己的局域吸引子(目的态),根据各自掌握的局部信息而行动,就系统整体的吸引子(目的态)看,它们必定表现出自发性、盲目性,造成系统整体的无序性。在整体环境的约束下,各种局部他组织力量被不以自己主观意志为转移的系统整体动力学规律所整合,就形成系统整体的自组织运动。如"一战"前的世界秩序是通过欧洲列强这种局部他组织力量争夺殖民地而形成的,"一战"后的世界秩序是通过协约国与同盟国两大局部他组织力量争夺世界主导权的斗争而形成的,等等。

世界秩序是历史地演变着的,经济是基础,经济的世界秩序演变一般走在前面,具有强烈的自发性、盲目性,也就是自组织性。资本主义社会尤其如此。作为经济之集中表现的政治则有强烈的自觉性,也就是他组织性,会有意识地干预经济的、社会的进程。经济自组织的自发性、盲目性发展到一定程度,社会系统既有的整体秩序被破坏,就需要通过政治的他组织来重建秩序。在霸权主义横行的历史条件下,以政治手段进行的调整迟早要遇到无法跨越的障碍,不得不以战争手段扫除这种障碍,再由胜者做出战后政治安排,形成新的世界秩序。由于20世纪的世界已经系统化,经济、政治、军事活动都具有世界规模,当世界性矛盾发展到无法用政治手段解决时,便转而以世界性战争为手段扫除障碍。故世界规模的战争成为迄今世界秩序演变的关节点,在时间维上划分出不同的世界秩序,形成了一部曲折的世界秩序演变史。

(二)世界复杂性探索的两条路径

世界上既有的社会系统,无论国家,还是民族,抑或宗教,都是钱学森所说的特殊复杂巨系统。把它们整合在一起,就形成了一个史无前例的特殊复杂巨系统——世界系统。它仍然是社会系统,应称为世界社会。在一定程度上说,世界社会的复杂性集中体现为世界秩序及其演变的复杂性。它必然要获得观念形态的反映,要求用科学方法研究之,阐明世界秩序的本质特征和演变规律。复杂性研究由此而兴起。

欧美复杂性研究萌发于19世纪后期,受两次世界大战的强力推动,于“二战”后初步形成规模,出现一批新学科。这些学科经过整合和发展,20世纪70年代形成所谓复杂性科学。它们本着西方人文文化的价值观,以文艺复兴以降发展起来的科学文化为起点,以服务于资本主义经济、政治、军事、文化、社会的持存和发展为宗旨,以突破还原论、张扬整体论为方法论,初步建立起一套新的知识体系——复杂性科学。其研究既有推动世界历史前进的成分,又有服务于维护资本主义制度、争夺世界霸权的成分,这种两重性规定了西方复杂性研究的独特性，中国无法简单跟进和照搬。

复杂性研究的中国路径是在世界系统自我演化的历史大背景下，为应对世界秩序演变、把握中国社会变革的复杂性，通过中国与世界长期互动互应，由几代人流血流汗、付出诸多失败的代价、集全民族力量和智慧而开拓出来的。中国作为世界系统的重要分系统，面对的是西方未曾面对的问题，感受到的是西方人（包括马恩列斯）未曾感受过的现象，精神上依托的是中国文化，通过对系统内部的和外部的、历史的和现实的、物质的和精神的多方面因素综合集成而开拓的复杂性研究，呈现出鲜明的中国特色。引导这一综合集成过程在实践上走向成功、在观念形态上提升到科学水平的，是中国社会中由共产党代表的集体运动模式，帅旗下站着的则是毛泽东。

在新民主主义革命起点上，毛泽东已形成明确的全球观（世界系统观），提出"改造中国与世界"的命题，断言"中国问题本来是世界的问题；然从事中国改造不着眼及于世界改造，则所改造必为狭义，必妨碍世界"。从那时起，他坚持把中国问题放在世界系统中考察，探寻对策，做理论概括，奠定了中国复杂性研究的基础，把中国社会引上一条独特的现代化道路。以系统演化理论看中国近200年的变迁，考察它与世界秩序演变的关系，有助于了解毛泽东如何在前人探索的基础上开拓前进，钱学森如何承续和发展毛泽东的复杂性研究，今人如何应对目前正在如火如荼展开的世界秩序新调整及其复杂性。

（三）形成中的世界秩序与毛泽东先驱者的复杂性探索

人类创造历史是一种试错过程，历史具有排错机制，它告诉后人哪些道路乍看上去前途光明，实际上行不通，必须另辟蹊径。近代中华民族应对世界系统化、探索救亡图存的过程即如此，涌现出一批先驱者。当然，他们的活动还谈不上自觉的复杂性探索，而且最终大都失败了。但无论正面的经验，还是犯错误的教训，都对开拓复杂性研究中国路径有贡献。就是说，毛泽东的复杂性探索并非从零开始，几代先驱人物为他提供了出发点。

清王朝后期的中国社会封闭保守，不思进取，已沦落为一个典型的"热平衡"系统。协同学的不稳定性原理指出，热平衡系统只有失去稳定性，并远离平衡态,才能向有序的耗散结构演化。鸦片战争标志着中国社会开始失稳,S_1诸强多次后续入侵使它越来越远离平衡态,随着19世纪逝去而面临历史性的分叉选择:要么亡国灭种,要么奋起变革。在这种强劲的外部他组织作用下,中华民族被迫走上适应性变革——救亡、维新的道路。那时求进步的中国人意识到:"要救国,只有维新,要维新,只有学外国。"随着各种西方思想传入中国,并同中华文化碰撞,中国社会出现了各种宏观的集体运动模式,各阶层提出各自的救亡图存方案,相互间展开为争当序参量的竞争,经受着历史的检验。

最先兴起的是以李鸿章为代表的洋务运动,一时似乎有可能成为中国社会这个巨系统的序参量。甲午战争宣告它彻底失败,却也不可全盘否定。从实践层面看,洋务运动把现代工业生产、资本主义商品经济引入国内,催生了中国的无产阶级和资产阶级,中国社会开始具有资本主义文明的成分。这是一大进步,使西方世界的新思潮,包括马克思主义,在中国传播有了最起码的社会基础。从思想层面看,它提供了极具正面意义的历史教训:西方以巨大代价建立起 S_1 支配 S_2 的结构,目的决非让 S_2 效仿他们发展资本主义,尤其不允许中国这个大块头通过工业化建成资本主义,必须开辟新的道路。

洋务运动失败的强烈刺激首先让士大夫阶层觉醒,引出康梁变法,试图仿效日本搞君主立宪,从政体改革上找出路。由于得到光绪帝支持,似乎能够成长为系统的序参量。但它迅速失败了,证明这也是一条看似光明,但中国已经走不通的路。日本明治维新的成功根本原因在于它是自身主动变革、举措得当,这是当时的中国不可比拟的。但也得益于必要的外部环境条件:中国吸引了 S_1 的全部注意力,无暇顾及日本。这样的历史机遇历史地无缘于中国。19世纪末以后,无论西方列强,还是新兴帝国日本,都不允许中国通过君主立宪跃升为 S_1 的一员,分享它们的殖民红利。就国内而论,清王朝统治集团已腐朽透顶,奉行"宁赠友邦,勿与家奴"的准则,不允许国内其他力量分享其经济政治权利。内外两种他组织的合力,注定了此路不通。

这期间发生的太平天国运动、义和团运动等,其浩大声势表明中国广大农民中蕴藏着巨大的革命力量。毛泽东的说法是"中国农民有很大的潜伏力",中国社会的变革必须充分发动、有效组织这支力量。它们的失败则表明,在资本帝国主义支配的世界系统中，农民阶级提不出自己的社会变革思想，形不成独立的集体运动模式，不能作为一支独立社会力量参与中国社会的变革进程，更不能充当领导力量。欲发挥农民阶级的革命主力军作用，需要全新的思想理念和组织方式，中国传统文化无法提供，西方文化，包括马列主义亦无现成答案。科学地分析中国国情，提出一套动员广大农民参与革命的思想理论，创造一套组织农民参与革命的模式和方法，是革命年代中国复杂性研究必须完成的中心任务，且只能由中国人自己开创。这规定了 20 世纪上半叶中国复杂性研究的主题，解决这个问题即可开拓出复杂性研究的中国路径。

洋务运动、戊戌维新、义和团运动接连失败，八国联军入侵，清政府完全沦落为帝国主义代理人，国人至此终于认识到封建帝制在中国已彻底腐朽，一切对其进行改良的方案都行不通，以共和取代帝制才是出路。孙中山举起这面大旗，发动辛亥革命推翻帝制，实现了一次历史性变革。这在 S_2 各国中是首屈一指的，作为一种政治文化，共和制观念从此成为现代中国文化的重要组成成分。但仅仅取消帝制，不触动封建宗法制度，中国依然是半殖民地国家，表明在 S_1 中曾经屡建奇功的旧民主主义革命之路，在 20 世纪的中国也已经行不通。究其原因，一方面由于中国民族资产阶级具有软弱性，无力充当民族民主革命的领导阶级；一方面是由帝国主义和封建势力相勾结而培育出来的地方军阀，特别是北洋军阀已经坐大，攫取了国家政权，内外勾结，迅速演变为一类维护半殖民地半封建制度的集体运动模式。在这两种模式的竞争中，力求走资本主义道路的民族资产阶级敌不过各路军阀，更敌不过站在军阀背后的 S_1。

这就是 19 世纪 40 年代之后近 80 年间中国人向西方学习、寻找救国路径的主要路段，其曲折复杂和代价巨大，使中华民族在思想上深陷困惑。“帝国主义的侵略打破了中国人学西方的迷梦”，国人由此发出“为什么先生老是侵略学生”的历史诘问。究其认识根源，都与思维方式简单化密切相关，不懂得中国民族民主革命的特殊复杂性，寄希望于简单照搬西方资产阶级的做法。好在世界历史已进入新时代，“十月革命帮助了全世界的也帮助了中国的先进分子，用无产阶级的宇宙观作为观察国家命运的工具，重新考虑自己的问题，走俄国人的路——这就是结论”。1921 年中国共产党的建立标志着一种全新的集体运动模式出现在华夏大地,并通过艰苦卓绝的奋斗,最终成长为中国社会这个复杂巨系统走向有序化的序参量。

毛泽东之前几代先驱者救亡图存的奋斗,是以形成中的世界秩序为大背景而展开的,几种方案接连失败,宣告他们的道路行不通。但历史的车轮在疾速前进,以“一战”后形成的新世界秩序为背景,中华民族的复杂性探索进入新阶段。

(四)“一战”后的世界秩序与毛泽东的复杂性探索

毛泽东正式登上历史舞台时,面对的是“一战”后形成的世界秩序。它同一战前的世界秩序一样,稳定性、有序性极差,一形成就处于激烈的变动中,迅速积累着使它解体的种种要素。“一战”后的世界秩序跟中国社会变革紧密关联的有三点。其一,出现两种社会制度对立,苏联的存在和发展代表20世纪世界系统整体演化的一种独特的集体运动模式,强烈影响着中国变革,“走俄国的路”成为时代呼声。其二,随着资本主义世界新旧霸主的转换,S_1 在华利益格局发生变化,美国影响日渐增强,亲美势力逐渐壮大,随着蒋介石上台而越来越强劲地影响中国的政经大局。其三,日本帝国主义野心不断膨胀,图谋把中国变为其独家殖民地,在中国和 S_1 的矛盾中,中日矛盾日渐突出,“一战”后世界秩序首先在东亚进入瓦解过程,开始探索新模式,“九一八”事变即标志。它们构成中国社会变革的三种外在他组织力,中国社会的各种集体运动模式都是围绕如何应对这三者而形成和演变的,复杂性研究的中国路径则是在回应这些变化中开拓出来的。

这里需要特别说说晚年孙中山。由于他的领导,S_2 范围内的民族民主革命在中国打响第一枪,这也是中国独特性的表现。十月革命成功,马列主义传入中国,鼓舞了与时俱进的孙中山,明确提出联俄、联共、扶助农工三大政策。他的新三民主义已经超越了资产阶级民主主义革命范畴,带上社会主义成分,这在 S_2 中也是独一无二的。所以,毛泽东对他“把旧三民主义发展为新三民主义的丰功伟绩”赞赏有加。毋庸置疑,对于毛泽东开拓复杂性研究的中国路径,孙中山做了有益的铺垫。反过来说,这也注定孙中山晚年思想必定被国民党抛弃。半殖民地半封建国家性质铸就的软弱性和动摇性，使中国民族资产阶级无力挑起领导新民主主义革命的重担；而内有官僚买办阶级和封建地主阶级的存在，外有帝国主义的威胁利诱，两者必然要在国民党内部寻找代理人，蒋介石便脱颖而出。随着孙中山仙逝，国民党迅速演变为“三座大山”的政治代表，在一段时间内成为中国社会的一种力量最强大的集体运动模式，成为执掌中国经济、政治、军事大权近 20 年的序参量。

第一次国内革命战争是在“一战”后的世界秩序大背景下，中华民族为变革中国社会、摆脱半殖民地身份而发动的。它的失败立即使中国进步势力陷入迷惘中。失败的根源何在？如何认识中国国情？如何推翻“三座大山”？中国革命的成功之路在何方？如此这般的复杂性问题，都是西方和苏联没有遇到的，只能靠中国人自己来解决。从理论上把握中国社会特有的复杂性，从实践上解决这些复杂性问题，必然开拓出复杂性研究的中国路径。

以“一战”后世界秩序为时代大背景展开的中国新民主主义革命，始终遭遇到三种社会变革模式的抵制和反对。第一种是全盘西化派，第二种是保守的国粹派，第三种是马克思主义队伍中的教条主义者，生搬硬套俄国革命经验。毛泽东关于复杂性研究中国路径的探索，就是在同这三种模式的矛盾斗争中展开的，并战而胜之。他所代表的集体运动模式用无产阶级宇宙观作为观察国家命运的工具，考察世界与中国之间复杂的互动互应，思索和回答中国社会变革产生的问题，从而开拓出复杂性研究的中国路径。这一历史行程起步于第一次国内革命战争，理论成果初创于第二次国内革命战争，主要完成于抗日战争，第三次国内革命战争全面收获了它的实践成果，建立了中华人民共和国。这条路径的理论形态，就是毛泽东思想，简略归纳为五方面。(1)在实证科学层面上，系统地提出正确把握中国民族民主革命复杂性的理论、路线、方针、政策，要点如：走农村包围城市的道路，创建农村革命根据地，建立人民军队，开展人民战争，坚持统一战线，共产党的建党理论等。(2)在系统引进马克思主义哲学的基础上，基于中国社会的历史特点，概括中国革命的独特经验，吸收中国传统文化的精髓，建立以《实践论》和《矛盾论》为代表的中国化马克思主义哲学体系。(3)西方科学方法论变革主要发生于科学技术领域，中心是解构还原论，以系统方法克服还原分析方法的局限性。毛泽东没有还原论的概念,缺乏关于科学技术中还原方法局限性的经验基础,而是基于变革中国社会这种特殊复杂巨系统的实践经验,制定出相应的方法论。要点有:中国问题要靠中国人来认识和解决,马克思主义普遍真理必须同中国革命的具体实践相结合,实事求是,调查研究,心中有数,等等。毛泽东奠定了复杂性研究的最高方法论原则:实事求是,按照复杂事物的本来面目认识事物,切忌简单化。(4)自觉运用系统观点考察思维对象,规范思维活动,重在把握和发挥系统的整体涌现性,这种思维方式就是系统思维。毛泽东的系统观点,无论具体运用,还是学理阐释,都是出类拔萃的,世界系统科学大家中鲜有人能够与他相提并论。其系统观的要点有:全球观,全要素观,整体观(全局观,大局观),全过程观,环境观,结构观,有序观,动态观,非线性观,博弈观,确定性与不确定性辩证统一观,自组织与他组织辩证统一观(集中体现在人民战争和根据地建设中),等等,相当全面、系统,而且接地气。(5)重要的还在于毛泽东为中国的现代组织文化奠定了基础。组织文化即组织人们社会生活的理念、模式、规则、方法等的总和,它随着文明形态的历史演变而演变,不同文明形态有不同的组织文化。中国近代受西方欺辱,被推向亡国灭种的深渊,组织文化极端落后是原因之一。中国传统的组织文化建立在小农经济基础上,基层社会生活主要靠宗法制度来组织,国家层面靠皇权来组织。西方现代组织文化建立在资本主义市场经济基础上,通过开拓殖民地的长期战争,以及垄断资本主义的社会化大生产,形成强大的现代组织文化。两者的高低、优劣、强弱,差距极大。加上清末政治日趋腐朽,人民大众如一盘散沙,在侵略者面前任人宰割,组织力等于零。毛泽东从青年时期提出民众大联合主张起,一生致力于在中国建立现代的组织文化,坚持用中国化的马克思主义宣传群众、动员群众、组织群众,通过各种形式的群众运动和根据地建设,特别是人民战争,极大地提高了中国的组织文化,为民族民主革命胜利提供了重要保障。没有这种组织文化,邓小平主导的改革开放绝无成功的可能。

(五)冷战时期毛泽东对社会主义复杂性的探索

"二战"后出现了所谓冷战结构的世界秩序,国内工作重点从战争转向建设，毛泽东的复杂性研究也随之向新领域、深层次推进。前两次国内革命战争和抗日战争的伟大实践，加上战后国际关系的新动向，使毛泽东形成这样一个命题：世界是复杂的，中国是复杂的，我们的思想也要复杂点（《关于重庆谈判》）。前两句是复杂性研究的唯物主义认识论基本点，从实证层面看就是复杂性科学的基本科学假设；后一句讲的是复杂性研究的科学思维方式，西方人称之为复杂性思维。毛泽东独立于西方科学界形成自己的复杂性概念，提出复杂性研究的总命题。这同韦弗在西方明确提出复杂性和复杂性研究的概念处属于同一时期，而且还早两年。韦弗从对西方现代科学发生发展的总体把握出发，把复杂性作为现代科学概念体系的新成员，把复杂性研究作为科学发展的新领域，因而成为西方复杂性研究史的重要节点。

新中国建设是在冷战大背景下起步的，无论国内事务，还是国际事变，都同这种世界秩序紧密联系着。中华人民共和国成立后毛泽东的复杂性探索跟认识、适应到抗衡、解构冷战秩序密切相关。中美从朝鲜战场兵戎相见到尼克松访华，中苏从结盟到珍宝岛战斗，这些关乎冷战结构形成、演变，最终解体的大事，显示出世界秩序演变空前的剧烈性、复杂性，有时称得上戏剧性。中国作为一支重要力量参与了这种世界秩序的建构、演变、解构，总的来说成功地驾驭了世界秩序风云变幻的复杂性，也有深刻教训值得汲取。

历时约 45 年的冷战可大略划分为前、中、后三个时期，毛泽东的复杂性探索发生在前期和中期，中心课题是探索社会主义事业的复杂性，包括对苏联社会内外政策的正负面及其前途的反思。冷战前期大体即“二战”后的头 15 年，苏联内外政策的基本面还是正确的，但须依据中国自己的经验加以分析。在对外政策上，面对 S_1 组建北约等军事集团，社会主义国家结盟对抗帝国主义阵营，在当时的世界大势下属于不得不为之的应对行为，有其历史的合理性和必要性，却也埋下祸根，造成后来社会主义如何退出冷战结构、世界如何结束冷战这一世纪性难题。社会主义的本质是维护和平，反对战争，结盟对抗终于演变为同西方打冷战，而热衷于冷战将导致社会主义建设倒退，甚至变质。冷战是以不利于社会主义的方式结束的，此乃国际社会主义运动不成熟、走弯路的表现。这种不成熟表现在国内建设上，就是国际马克思主义队伍对社会主义时期的复杂性认识严重不足，其根源至少要追溯到列宁。列宁认为共产主义就是苏维埃政权加电气化,这句名言定下苏共把社会主义建设简单化的基调。由于历史的局限性,全世界马克思主义者都对社会主义建设的长期性、复杂性、曲折性认识严重不足,不讲社会主义制度的改革和模式创新,苏联更是轻率地宣布已经建成社会主义。

毛泽东也无法摆脱这种历史局限性,中华人民共和国成立初期他对社会主义建设的复杂性也缺乏深刻认识,过分乐观,“大跃进”中的失误与此有关。但毛泽东与时俱进,坚持一分为二地看待苏联经验,反对生搬硬套,力求用中国的直接经验去检验苏联经验,并给以理论总结,思想上走在世界社会主义的前面。他创立两类矛盾学说,提出社会主义国家改革的理念,阐释社会主义建设中自组织与他组织的辩证统一(如主张地方要向中央要权,指出群众闹事的二重性,提出鞍钢宪法),提出“所谓复杂,就是对立统一”这个辩证唯物主义的复杂性定义,等等,都是对社会主义社会复杂性的重大新认识。

苏联 70 年的历史大体分为前后两个时期,1956 年的苏共二十大是分界线。前期的苏联尽管有这样那样的错误,总体上是推动世界历史前进的巨大力量。后期的苏联逐步滑向错误的泥潭,越来越背离社会主义基本原则,成为阻碍历史前进的力量。毛泽东最先意识到苏联后期犯了根本性、方向性错误,着手解构僵化了的苏联模式,也注意到中国社会暴露出来的严重问题,认识到社会主义是一个很长的历史阶段,极具复杂性、曲折性,他从理论到实践都采取了一些重大行动,既有重要斩获,也有严重失误,留下了深刻教训。

必须看到毛泽东对冷战解体的贡献,如毛泽东发动对苏联的批判,提出三个世界理论、中国退出苏联集团、中美改善关系、中国庄严承诺不称霸等等,都有力地推动了冷战秩序的解体。没有中国的努力,冷战结构不会在 20 世纪解体。西方把冷战结束之功完全记在自己的名下,十分不客观。美国一极世界迅速解体,这是其重要的认识根源。

总的来说,冷战结束乃世界历史前进的需要。就国际社会主义运动的整体而言,如果后期的苏联迷途知返,主动放弃冷战,着手进行体制改革,这是最理想的,今天的世界社会主义局面将有质的不同。但是,不论苏联自身通过改革而主动放弃与美国争霸,还是像戈尔巴乔夫那样被迫宣布解散苏联,结束冷战都是世界社会主义事业长远发展的需要,是一种历史性进步。追求霸权,与资本帝国主义打冷战，必然败坏社会主义的名声，无法达到团结 S_2 国家的广大人民、分化 S_1、削弱霸权势力的目的。世界马克思主义批判苏联霸权主义，推动冷战解体，属于国际社会主义运动自我纠错的行为，改正错误才能健康地前进。设想，若戈尔巴乔夫集团主导的苏联打赢冷战，必定更大规模地推行社会帝国主义，很可能对中国施行"核手术"，世界将出现怎样的局面，难以预料，必定把世界社会主义推向灾难的深渊。

（六）冷战后期到后冷战前期钱学森的复杂性探索

钱学森有关复杂性的系统探索，起点为 1978 年在《文汇报》上发表的文章，收官之作为 2001 年答《文汇报》记者问，历时约 24 年，大体又分为两个时期，前半期到 1987 年，1988 年以降为后半期，恰巧以不同的世界秩序为背景。

1. 冷战后期钱学森的复杂性探索

钱学森系统地探索复杂性起步之时，冷战已进入后期，苏联在美苏对峙中开始呈现出劣势。中苏决裂，中美关系改善，中国向世界敞开大门，启动体制改革，都是关系到世界秩序演变的大事。这必然激发已经成为社会主义思想家的钱学森形成独到的见解，或隐或显地反映在他的著述中。一个重大问题是分析批判苏联晚期的所作所为。例如，1985 年他在论述三种社会形态时指出苏联的两面性："苏联的政治的社会形态是社会主义的。"但侵略阿富汗表明"它的社会形态又不完全是社会主义的"，走上社会帝国主义的邪路。在批判美国以科技发展支撑世界霸权时指出："苏联也走到以科技争霸于世界这条道路上来了。"冷战后期的世界态势构成钱学森复杂性研究的历史大背景，许多重要新想法由此而产生，带有以苏为鉴的考量，显然是对晚年毛泽东解构苏联模式的承续和深化。

这个时期世界秩序的演变还在深处酝酿，尚未呈现急剧变化的迹象。钱学森提倡研究世界，但并未提及世界秩序的演变，他的学术活动主要以中国改革开放为背景，总结中华人民共和国前 30 年的经验教训，从科学技术上推动改革开放。他提出为改革开放而研究世界，"今天我们国家所处的世界是怎样一个世界，到下个世纪世界又是怎样一个世界，这是必须考虑的问题"，中国必须适应演变着的世界形势。其主要学术贡献有:(1)从理论上总结中国航天系统工程实践,考察论证了十多种部门系统工程,提出社会工程概念;(2)走出系统工程,在更大范围考察,建立系统科学的体系框架,掀起"三论"热;(3)探索建立系统学,指导系统学讨论班;(4)探讨人体科学、思维科学,指导相应的两个讨论班;(5)构筑现代科学技术体系;(6)探索社会主义建设的科学技术,提出建立社会主义国家学;(7)提出重新认识资本主义,如对垄断资本主义一分为二;(8)探索国家治理的科学化。

这些都属于复杂性研究,"复杂""复杂的"等字眼大量出现在他的著述中。如第一篇文章反复提及复杂的研制对象、复杂的工程活动、复杂的总体协调、复杂的经营管理等,甚至把复杂一词作为系统概念的定义项。就学理而论,此时钱翁从事复杂性研究的自觉意识还不够,著述中极少出现"复杂性"一词,尚未把复杂性作为一个科学概念,对国际学术界关于复杂性科学的提法没有表明态度(很可能尚未注意到)。1984 年年底在人体科学讨论班上首次发出"什么叫复杂"的诘问,1986 年开始关注圣塔菲的复杂性研究。与此同时,冷战结构的深层次矛盾也在人们不知不觉中走向激化,必然刺激着钱学森的思维。

2. 后冷战前期钱学森的复杂性探索

(1)1988 年以后钱学森的复杂性研究进入后半期。学理上最突出的标志是 1987 年年底明确把复杂性作为科学前沿的新概念,提出开放复杂巨系统这一"整个系统科学的核心概念",给出系统的一种完备分类,制定定性定量相结合综合集成法这一处理开放复杂巨系统问题的方法论。他的复杂性研究由此从不甚自觉走到完全自觉,把建立开放复杂巨系统理论作为科研主攻方向。

(2)有了开放复杂巨系统和综合集成法两个概念,钱学森在前半期提出的新观点在后半期得到深化和细化。仅举两例。(i)判定现代科学技术体系是把握复杂性科学的必要工具,因为复杂巨系统问题不能靠单一学科门类、单一知识层次来解决,必须打通不同部门、不同层次。(ii)把复杂性研究同改革开放联系起来,指出"要看到改革的复杂性",用复杂性科学阐释改革开放中的问题,公开批评改革开放中出现的种种负面现象。

(3)阐释开放复杂巨系统和综合集成法这两个概念,考察几类具体的开放复杂巨系统,给出开放复杂巨系统理论的粗框,初步形成复杂性科学的中国学派。

(4)仅仅以国内社会变革为背景,仅仅着眼于学术研究,不能全面、准确、深刻地把握钱学森复杂性探索的后半期。需要强调指出,1988 年的世界秩序正在逼近又一次变革的临界点,此后不久发生的东欧剧变都是影响世界秩序的大地震,其电闪雷鸣必有一个孕育过程。作为非线性动力学大家,此时的钱学森已经“于无声处听惊雷”,认识走在常人前面,开始发表一些涉及世界秩序新变革的复杂性及中国如何应对的看法。他以鲜明的战斗唯物主义姿态出现在世人面前,激烈批评国内外敌对势力,并把问题提到学理上来评析。今天回头看,从 1989 年起钱翁思想认识和学术活动发生了一系列显著变化,鲜明地反映了世界秩序的大调整。钱翁把世界社会视为特殊的复杂巨系统,把世界秩序调整视为复杂性研究的重大课题,提出诸多新观点,要点如下。

①钱学森回国后自觉学习马列主义,但从不讲发展马列主义。1989 年以后则明确提出要“研究如何发展马克思列宁主义”,判断“马克思列宁主义正面临一个新时代,但研究这一新发展……涉及整个世界”。他带头对资本主义和社会主义进行“再认识”,力图依据世界的新情况、新事实引出新结论。钱翁从世界社会主义历史发展的全过程着眼,认为在相继写出《资本论》《帝国主义论》和《新民主主义论》之后,马克思主义理论发展已进入新阶段,历史需要写出一本《社会主义论》,期望当代中国学者承担这一重任。

②曾经申言自己不是哲学家、不敢进哲学殿堂的钱学森,从 1989 年起改变初衷,不但发表讨论哲学前沿问题的论文,构筑以现代科学技术体系为基础的马克思主义哲学框架(他的提法是殿堂加 11 架桥梁——哲学分论),而且组织人力“搞第四次伟大尝试”[①],力求用现代科学技术成果发展马克思主义哲学,使之体系化。改革开放以来,哲学界出现诸多背离马克思主义哲学的思想混乱。如以实践唯物主义取代辩证唯物主义,借张扬主体性之名,把实践作为本体论范畴,拒绝承认尚未进入人类实践的客观存在,滑向唯心论。又如以批判斗争哲学为名,行批判《矛盾论》之实,以差异协同律取代对立统一规律。这些都受到钱学森旗帜鲜明的批评,表明其马克思主义者的原则立场。

---

① 《钱学森书信集》第 5 卷,国防工业出版社 2008 年版,第 353 页。

③晚年钱学森力主研究世界系统的新变化,努力勾画新的“世界图景”,强调中国人对“这个世界图景一定要深刻认识”①。钱翁研究世界秩序演变有两大目的,一是发展马列主义,二是为解决中国现实问题服务。他的思考涉及中国的经济、政治、军事、文化、科技、地理环境各方面,颇有预见性。这里提及两例。1989 年年初,他由思考 21 世纪世界大势而指出:“20 世纪末 21 世纪初我们注意南面是对的。这个地方不稳定,力量参差不齐,谁都想沾一点。中国南海要特别注意。今后几十年,中国的南海是矛盾的焦点。” 1990 年指出:“从东亚西太平洋到欧洲大陆桥的问题恐怕就提上来了……我们应该考虑如何建设这个大陆桥”②。25 年后的今天重读这些文字,钱翁的预见力令人钦佩。

④钱学森认为:“世界已经逐渐形成一个大社会了……这是过渡到人类大同的共产主义世界的必经阶段。”③由此而得出“以世界社会形态培育世界大同”的论断,断言这是历史唯物主义的新篇章④。资本主义的本性是消灭社会主义、阻止共产主义;但与其主观愿望相反,客观上它又在培育着自己的对立面,这就是历史的辩证法。当然,这种培育有正负两种效应,极具复杂性,亟须从理论上研究,实践中要严肃谨慎。

⑤落实到科学技术上,提出建立世界学和世界系统工程。

(5)钱学森复杂性探索两个时期的不同,也表现在对毛泽东的态度上。钱学森对毛泽东思想的尊奉是一贯的,1978 年以来的文章谈话都在自觉运用毛泽东思想。如应用《实践论》《矛盾论》,强调实事求是,坚持民主集中制,推崇技术革命概念,等等。但前期的钱学森仅仅把自己作为毛泽东的学生,没有宏观整体地评价毛泽东,没有把毛泽东思想与复杂性研究明确联系起来。后期的他自觉以阐释、评价、捍卫毛泽东思想的面貌出现,如何整体地、历史地评价毛泽东,如何传承毛泽东思想,如何认识毛泽东晚年失误,成为晚年钱学森思考的重要问题。国内歪曲、贬低甚至否定毛泽东的思潮激起钱学森的强烈反感,给他提供了捍卫毛泽东、重新宣传毛泽东思想的动力,这在当时的学术界

① 《钱学森书信集》第 5 卷,国防工业出版社 2008 年版,第 38 页。

② 同上书,第 182 页。

③ 同上书,第 80 页。

④ 同上书,第 466 页。

十分显眼。钱学森的观点可以归结为这样一句话：毛泽东思想“是人民中国的真正国宝”①。我们主要从复杂性研究角度考察钱学森的有关评述。

钱学森在著文论述复杂性研究的方法论时指出：“毛泽东思想的核心部分就是从整体上来认识问题，把握住他的要害……而这样一个哲学思想恰恰正是指导我们研究复杂性问题所必需的。”②他还提出一个理论问题：革命年代毛泽东“做正确决策靠什么？”回答是：“靠指导思想。所以当时特别强调，实践——理论——再实践。一项政策，一个理论，在实践中发现有不对的地方，立即改正。”由此而得出结论：“这些指导思想，对于我们研究开放的复杂巨系统是非常重要的。”③

毛泽东思想何以能够指导复杂性研究？钱学森给出多方面的回答。(1)客观世界固有的复杂性，产生作为其正确的理论反映的复杂性理论。“中国革命远比苏联十月革命要复杂得多，中国革命形成的毛泽东思想，处理许多错综复杂问题确有独到之处。”(2)“毛泽东思想的核心部分就是这些内容，即抓问题的本质，矛盾的主要方面，注意情况的变化，等等。这就教导我们怎样看一个复杂问题，怎样看一个复杂巨系统。”④(3)从定性到定量综合集成法是钱学森晚年最得意的创新，他强调这是“在现代科学技术条件下，《实践论》的具体化”⑤，而且“从定性到定量综合集成法的工作过程是以《矛盾论》为指导思想的”⑥。故钱学森一再要求他的合作者学习两论。

20 世纪 80 年代，复杂性科学在世界科学发展前沿迅速走红，必然会被引进中国。如果没有钱学森，我们很可能又是完全跟着人家走。由于钱学森的努力，我们认识到毛泽东实际上开拓出复杂性研究的中国路径。钱学森自觉地承续这条路径，把它同世界复杂性研究联系起来，自觉挖掘毛泽东著作中能够指导复杂性研究的东西，初步创立复杂性科学的中国学派。或者说，有了钱

---

① 《钱学森书信集》第 6 卷，国防工业出版社 2008 年版，第 201 页。
② 同上书，第 184 页。
③ 同上书，第 226 页。
④ 同上书，第 225 页。
⑤ 同上书，第 420 页。
⑥ 同上书，第 421 页。

学森,毛泽东开拓的复杂性研究中国路径不仅没有被淹没和中断,而且得到扩展。还有,钱学森从复杂性研究的角度考察毛泽东,对他有了全新的认识,找到正面评价毛泽东思想的新视角,能够把毛泽东研究引向深入。

(七)“凉战”结构与中国复杂性研究的新阶段

迄今为止,近代世界秩序的整体演化已历经四个阶段:“一战”前协约国与同盟国争霸的世界秩序,约 20 年;“一战”后协约国独霸的世界秩序,约 25 年;“二战”后美苏争霸的冷战世界秩序,约 45 年;美国一极独霸的后冷战世界秩序,约 20 年。四种不同世界秩序具有共同点:同属于霸权主导的世界秩序,S_1 支配 S_2 格局不断变动,却未根本改变,改变的主要是霸主和称霸方式。此乃世界秩序演变史上一个正在成为过去的大阶段,新的大阶段开始了。

后冷战秩序何时结束?有人说 2008 年,有人说 2014 年,都有道理,又都不全面。跟前几次演变不同,后冷战秩序解体没有精确时间点,属于模糊分界问题。粗略地说,后冷战秩序始于 1990 年,止于 2010 年。若类比于物理系统,则前三次为临界相变,后冷战解体为非临界相变,反映了世界系统的新特点,未来的世界秩序转变将不再是临界现象。

后冷战秩序解体的原因,一是它阻碍世界历史的前进,二是世界系统整体的自组织演化使然。后冷战结构把霸权主导的世界秩序推向极点,美国成为大帝国,自以为从此世界一切由它说了算,想打谁就打谁,想制裁谁就制裁谁。但盛极而衰,仅仅 20 年霸主美国就显露出明显的衰落趋势,继续称霸心有余而力不足,表明 S_1 支配 S_2 格局发生了重大改变。其一,S_1 至今未走出金融危机,暴露它作为系统的持存能力明显下降,世界范围的经济秩序处于新的大调整中,美国模式开始失效,世界在寻找替代模式。其二,世界社会主义在苏联解体的巨大冲击中经受了历史的考验,初步站稳脚跟,取得了极为深刻的经验教训,正在探索新的模式。其三,在美苏争霸(先)和美国独霸(后)的大格局下,广大 S_2 国家在霸主们的视野之外自组织地悄然演变,经济、政治、文化都有长足发展,霸权主导的世界秩序日益受到它的强劲挑战。特别是后冷战秩序的后期产生了不受 S_1 操控的上海合作组织、金砖国家组织等新的次全球性力量，由 S_1 与 S_2 重要成员组成的二十国集团日益抢占七国集团的风头，S_2 开始强力参与世界交往规则的制定，S_1 支配 S_2 的结构明显失稳。诚如习近平最近所说，“国际力量对比发生深刻变化，新兴市场国家和一大批发展中国家快速发展，国际影响力不断增强，是近代以来国际力量对比中最具革命性的变化”，致使“全球治理体制变革正处在历史转折点上”。亚投行的问世就颇具象征意义。

其实，冷战结构解体已经反映出人类历史对霸权秩序的拒斥，一切霸权都已不合历史潮流，首要的是将社会主义国家与霸权体制切割开来。西方精英却把它归结为 S_1 的完胜，即新自由主义经济、美式民主的完胜，力图将 S_1 支配 S_2 格局永久化。后冷战秩序的短命进一步表明，通过改变霸主而维持霸权主导的世界秩序模式已经决定性地过时了，在世界范围去霸权主义、建立无霸权的世界秩序的历史进程开始了。积极参与并主导这一历史趋势，乃世界社会主义事业复兴的必由之路。

让我们依据非线性动力学的吸引子理论对世界系统未来演化做点总体考察。吸引子即动力学系统的目的态，具有三个基本质性：(1)对系统的其他状态有吸引力，吸引子规定系统演化的方向；(2)系统演化具有趋达目标的必然性，不达吸引子绝不罢休；(3)处在吸引子上的系统有稳定机制，系统具有持存性。社会历史在时间维中存续和展开，而时间具有分形结构，不同尺度观察看到不同图景，部分(阶段)与整体(全过程)具有自相似的嵌套结构。社会历史作为非线性动力学系统，不同尺度有不同的吸引子。小尺度吸引子代表小的质变，大尺度吸引子代表大的质变。一个向大尺度吸引子演化的历史过程，包含多个前后相继的小尺度吸引子，构成多个前行后续的分过程；大尺度看系统不变，小尺度看则有多次显著变化。总体上看，大尺度过程中嵌套着小尺度过程，大曲折中套着小曲折，十分复杂。世界系统一百多年来出现的四种秩序模式，就是世界系统在小尺度上(不到半个世纪)的不同吸引子，都已经或正在成为历史的陈迹，世界系统开始向新的阶段性吸引子演进。欲考察世界秩序的未来演变，以往的观察尺度不够了，需要回到马克思去寻找启发。

由资本主义开拓殖民地而演化成的世界系统是一种特殊的社会系统，即世界社会。凡社会都是复杂巨系统，世界社会更是一个超巨型复杂系统。它就是《共产党宣言》所说的资产阶级“按照自己的面貌为自己创造出一个世界”。马克思在世界系统化进入完成期时考察它,预测资本主义的命运,用的不是几十年的尺度,而是500年的大尺度,所关注的主要是资本主义社会的“暂时性”。在资本主义尚未到达顶峰就考察它的暂时性,预见它必然消亡,而其暂时性的终结处就是世界系统的大尺度吸引子——共产主义社会。从动力学原理看,不论过程多么漫长,还要经历多少曲折,资本主义最终为共产主义取代是必然的。

晚年钱学森坚持用马克思的社会形态概念考察他所处的时代,分析世界秩序的演变,认为世界社会形态是“资本主义社会形态之后、实现共产主义之前的一种过渡的世界社会形态”①;“今后一段历史是以世界社会形态培育世界大同,即共产主义”②。他看问题用的是中等尺度(百年左右),给我们指出一个观察世界系统演化的新视角,极有理论价值,但具体措辞不够准确。按笔者的理解,应该说“世界社会培育世界大同”。系统都有形态,社会系统的形态叫作社会形态,是历史地演变着的。钱学森意识到的不是这个培育过程总的起点,而是一个新阶段的起点。从资本主义主导的世界系统形成之日起,到建成共产主义的大同世界,是世界社会培育世界大同的全过程,也就是新生的世界系统趋达总吸引子的全过程。这是一种非线性动力学过程,有不同的阶段性吸引子,呈现出不同的世界秩序。马克思主义、列宁主义、毛泽东思想诞生,苏联崛起,中华人民共和国建立,都是这种培育的阶段性正面成果;苏联解体则是这种培育最令人震惊的负面后果。20世纪的社会主义者普遍不愿认识这种培育的历史必然性,主观上不接受,误以为承认这种培育就是阶级投降,是修正主义。这是冷战结构形成的重要思想原因,反映出马克思主义者把社会主义战胜资本主义的历史过程简单化了,实践证明这是错误的。邓小平搞改革的最大合理处,就在于纠正这种错误,力求充分利用资本主义主导的世界社会来培育和发展社会主义。

从世界社会培育世界大同的历史全过程看,其大尺度的过程结构框图应

① 《钱学森书信集》第6卷,国防工业出版社2008年版,第298页。

② 同上书,第466页。

该是：

霸权主导的世界秩序→去除霸权的世界秩序→？→大同世界　　(1)

在霸权主导的世界秩序下很难看到世界社会的吸引子是共产主义，故许多人的共产主义信仰发生动摇。进入去霸权的历史过程后，共产主义为世界系统大尺度吸引子的图景将越来越明显。后冷战秩序解体表明，这一全过程已走完第一大阶段，启动了第二大阶段，霸权主义开始走下坡路，人类的历史任务是消除一切霸权。完成去霸权任务绝不意味着进入了大同世界，还应该有第三个大阶段。因为在世界范围消除霸权主义后，如何废除生产资料私有制，如何在世界范围内组织各方面的社会生活，如何使人类社会可持续发展，如何使不同文化相互包容、相互学习，如何培养人们高尚的共产主义情操，等等，还是一个极具复杂性的问题，其复杂性必定具有诸多现在无法预料的新特点。但通过与第一大阶段的比较，已经能够窥见第二大阶段世界秩序的端倪：S_1 与 S_2 的文明势差将逐步消除，S_1 支配 S_2 格局将走向解体，世界范围将逐步建立民主制度。

世界范围去霸权无疑是一个不短的历史过程，充满复杂性、曲折性，大概要到 21 世纪末。它也包含若干小阶段，具体划分现在还无从判断，至少有两个小阶段。这仍然是一个自组织与他组织、可预见性与不可预见性辩证统一的过程，整体的自组织仍然要通过局部的他组织为自己开辟道路。美国仍然是一个强大的局部他组织者，为保持一极独霸格局，正有计划地在世界范围布局，强化既有同盟，挑拨离间 S_2，重点围堵中国。这是一股背离世界系统整体吸引子的历史逆流，必然表现出违背历史规律的盲目性、落后性；虽然不时还有局部的收获，总体上必然一再碰壁，一步步削弱自己的软硬实力。中国也是世界系统的一个局部他组织者，为建立没有霸权的世界秩序而奋斗，符合历史发展大方向；但前路的复杂性、曲折性还远不能尽收眼底，主观不符合客观的事在所难免，将表现为另类盲目性。其他的局部他组织大体亦然，S_2 进一步崛起的重要性、复杂性和曲折性尤其值得重视。这些局部他组织互动互应、合作竞争，被世界系统整体的动力学规律自组织地整合起来，必将为世界秩序的未来演变书写出一部走着曲直道路的历史，但大方向是明确的。

人类历史是连续性与间断性的辩证统一，不同阶段划分反映历史的间断性,前后阶段之间有质的改变;而相邻阶段之间衔接、转换反映历史的连续性,由前一阶段可以预测后一阶段。从世界秩序的演变看,连续性表现在后续秩序的一些要素已经出现在前行秩序中,只是尚不处于主导地位;一旦通过整体自组织演化而上升为主导性要素,就形成新的世界秩序。故相对而言,紧接着后冷战时期、作为去霸权主义大阶段的第一个小阶段,有较大的可预见性。世界秩序的新模式同样需要分别从经济、政治、军事方面去考察,今天较为易于把握的是从战争的角度考察,迄今的不同世界秩序划分就是从战争角度给出的。

笔者认为,不妨采用美国学者费尔德曼的概念,把这种新世界秩序称为“凉战”结构,其历史内涵凝结在“战”与“凉”两字中。“战”字意味着今后半个多世纪的世界还是一个充满战争的社会系统,局部的冷战和热战尚不可避免。因为帝国主义这个战争根源还将存在一个不短的时期,绝不会自动放弃霸权,而且还有相当强的战争实力。事实上,由美国统率的今日 S_1 一直在进行战争,其霸道行为今后还会直接或间接激起另外一些战争。所以,正义的力量还要树立战争意识,要有打赢反侵略战争的勇气和实力。“凉”字则意味着,不仅世界规模的热战可能避免,全面的冷战也可能避免。冷战双方没有利益交集,彼此关系只能是零和博弈,世界历史的进步在于,虽然凉战参与方的利益还有对立,因而要战;但也有无法割舍的利益交集,因而要和;战与和交织在一起,呈现与 20 世纪的热战和冷战不同的另类复杂性。

“凉”字还意味着与冷战相比,战争的热度、烈度、破坏度进一步下降,表明人类向最终消灭战争又前进了一步。而“战”字还意味着战争的广度(普遍度)是空前的,贸易战、人才战、智力战、文化战等,几乎社会生活的方方面面都在争夺,几乎所有国家、所有人员都将参与“作战”,即参与塑造世界秩序的新模式。对于进步人类来说,这将是一场在规模上、深度上、社会属性上都史无前例的人民战争,毛泽东思想将获得新的用武之地。这也预示着,由于世界成为一个系统,而且一体化程度不断提高,它的自组织演化规律决定了,战争这种人类行为将循着如下衰减模式而演化;如果进展顺利,22 世纪将成为一个没有战争的世纪。

热战→冷战→凉战→无战　　(2)

凉战的历史深刻性还在于，其核心是模式竞争，即国家治理模式、社会发展模式之战，甚至还有不同生活方式之争。这个阶段将是发挥世界社会培育世界大同这种历史功能的决战阶段，绝大多数 S_2 国家将摆脱贫穷状态，社会主义将初步创造出一整套优于资本主义的经济模式、政治模式、文化模式，为最终战胜资本主义奠定基础。

欲把握凉战的复杂性，需懂得世界社会是个开放的复杂巨系统，认真把握世界的地缘政治复杂性，详察世界系统的结构复杂性，包括 S_1 的复杂性，S_2 的复杂性，S_1 与 S_2 关系的复杂性，特别是世界社会的各种矛盾复杂性。如去霸权与维持霸权的矛盾，补资本主义课与去资本主义化的矛盾，既合作又竞争的矛盾，等等。如前所说，世界社会培育世界大同是正负两种“培育”效应并存的过程，既可能使社会主义发展壮大，也可能扼杀社会主义，形成一种尖锐复杂的对立统一体。社会主义市场经济就是一种对立统一体，社会主义国家既要放弃跟霸权主义打冷战，主动融入资本主义主导的现今世界，通过市场经济吸收资本主义的有益成分，尽快发展自己；又要用社会主义管住市场经济，防止演变为资本主义市场经济。在资本主义主导的世界社会这一大环境中，不搞市场经济难以摆脱不发达状态；淡忘社会主义方向，不坚持去资本主义化，势必在不知不觉中蜕变为资本主义市场经济。中国社会目前存在种种令人痛心的现象，都与淡忘社会主义方向有关，必须警惕。

凉战到何时为止？美国在今后几十年的努力、尝试中，必将越来越感到力不从心，争霸的收益越来越抵不过争霸付出的代价。存在决定意识。在内外压力下不得不逐步弱化霸主意识，逐步接受与世界各国平等相处对自己有利的理念，开始学习如何与其他国家平等地相处。这估计至少也得历时半个多世纪，新中国百周年之际或许能够看出点眉目。至于使 S_1 达到不愿称霸、耻于争霸的地步，不是第一小阶段的事。总之，新的世界秩序正在形成中，世界社会的复杂性正在呈现出一系列新特点，需要以新的理念和方法去应对。复杂性科学的发展，马克思列宁主义、毛泽东思想的创新，中国的社会主义建设，世界秩序的合理化，都需要大力研究和把握这种复杂性。

（中国人民大学教授　苗东升）

上面苗东升先生在文章中写道:“1980 年代,复杂性科学在世界科学发展前沿迅速走红,必然会被引进中国。如果没有钱学森,我们很可能又是完全跟着人家走。由于钱学森的努力,我们认识到毛泽东实际上开拓出复杂性研究的中国路径。钱学森自觉地承续这条路径,把它同世界复杂性研究联系起来,自觉挖掘毛泽东著作中能够指导复杂性研究的东西,初步创立复杂性科学的中国学派。”所谓学派,是指在学术领域里拥有学术宗主、学术话语体系、学术代表人物群体、学术影响力、学术持续性和学术文献的不同流派。20 世纪 80 年代,有一批专家学者追随钱学森潜心钻研和发展科学技术体系学,逐步形成了“钱学森学派”。

这个学派具有以下六大特征:1. 这个学派的学术宗主是钱学森;2. 这个学派有一个以“科学技术体系”概念为核心的个性化的话语体系;3. 这个学派拥有众多代表人物组成的学术群体;4. 这个学派显示了它强大的学术影响力;5. 这个学派已显示了它强大的学术持续性;6. 这个学派已拥有丰富的学术文献。

范畴体系研究是把握学术流派的基本方法,下文着重对“钱学森学派”提出的科学技术体系、开放复杂巨系统、知识经济、世界社会形态、共享价值体系、综合集成思想、大成智慧学等七个原创性范畴及其内在逻辑进行了探讨。“钱学森学派”的原创性范畴体系为正确认识和处理中国社会发展及人类命运共同体等问题提供了创新的工具。

四　钱学森学派原创性范畴体系研究

（一）范畴体系研究是把握钱学森学派的基本方法

1. 个性化的话语体系是钱学森学派最具标志性的基本特征

所谓学派，是指在学术领域里拥有学术宗主、学术话语体系、学术代表人物群体、学术影响力、学术持续性和学术文献的不同流派。本书所涉及的“钱学森学派”是指在科学技术哲学学术领域里正在崛起的学术流派，它也被称为科学技术体系学。这个学派具有以下六大特征：

第一，这个学派的学术宗主是钱学森。

第二，这个学派有一个以“科学技术体系”概念为核心的个性化的话语体系。

第三，这个学派拥有众多代表人物组成的学术群体。

第四，这个学派显示了它强大的学术影响力。

第五，这个学派已显示了它强大的学术持续性。

第六，这个学派已拥有丰富的学术文献。

在上述六个特征中，最具标志性的是钱学森学派的个性化话语体系，正是这个话语体系赋予钱学森学派学术上的基本特征。

因此，研究钱学森学派的话语体系是把握这个学派的切入点，否则，就不能获得“话语权”。

2. 着力研究钱学森学派话语体系中的基本范畴是把握这个学派的一个抓手

学派话语体系中的概念是认识之网上的纽结，是认识发展到一定阶段的结晶，是认识进一步发展的支撑点。

学派话语体系中的范畴是认识之网上的基本纽结,是认识发展到一定阶段的基本结晶,是认识进一步发展的基本支撑点。

原创性范畴的提出标志着某一学派在学术领域中的重大突破。所谓原创性范畴,是指:第一,最先提出某一范畴并予以界定(下定义);第二,是对已有概念重新予以界定(下定义),并赋予它新的外延和内涵。

因此,为正确把握"钱学森学派",从方法论的角度讲,可以从这个学派个性化的话语体系作为切入点,进而:

(1)考察这个学派使用的概念;

(2)从这个学派使用的大量概念中筛选出少量的基本概念,即范畴;

(3)从这个学派使用的少量的范畴中筛选出更加少量的原创性范畴;

(4)着力考察这些原创性范畴的外延和内涵;

(5)着力考察这些原创性范畴产生和形成的历史,以及相互间的逻辑关系。

3. 钱学森学派原创性范畴体系鸟瞰

依照上述方法,我们筛选出钱学森学派七大原创性范畴:

(1)以现代科学技术革命为考察对象,提出"科学技术体系"范畴,这是钱学森学派的本体论。正是这个原创性范畴的提出,形成了科学技术体系学。

(2)研究现代科学技术革命中崛起的系统科学的最新成就,提出"复杂巨系统"范畴,这是钱学森学派在认识论上的创新,应用这个理论作为思维工具,推进科学技术体系学。

(3)研究现代科学技术革命引起人类经济生活的巨大变革,提出"知识经济"范畴,这是钱学森学派的经济价值论。

(4)研究现代科学技术革命引起人类社会生活的巨大变革,提出"世界社会形态"范畴,这是钱学森学派的社会价值论。

(5)研究现代科学技术革命引起人类社会文化生活的巨大变革,提出"共享价值体系"范畴,这是钱学森学派的文化价值论。

(6)运用现代科学技术体系学的最新成就,正确认识和处理开放复杂巨系统问题,提出"综合集成思想"范畴,这是钱学森学派的方法论和对策论。

(七)将上述"六论"升华,提出"大成智慧学"范畴,这是钱学森学派的哲学论。

（二）科学技术体系

钱学森教授于 1979 年提出“科学技术体系”这一基本范畴，并发表哲学论文予以阐述。钱学森教授于 1982 年再一次在《哲学研究》杂志发表论文，再一次对“科学技术体系”这一基本范畴予以阐述。钱学森教授于 1993 年 7 月 16 日和 18 日在分别给钱学敏、戴汝为的信中，亲自绘制了《现代科学技术体系图》，这标志着钱学森科学技术体系学已经形成。

钱学森经过十余年的艰苦研究，逐渐形成了现代科学技术体系学。钱学森指出，现代科学技术是一个由三个层次、十大部类组成的开放的矩阵式纵横交错的系统。

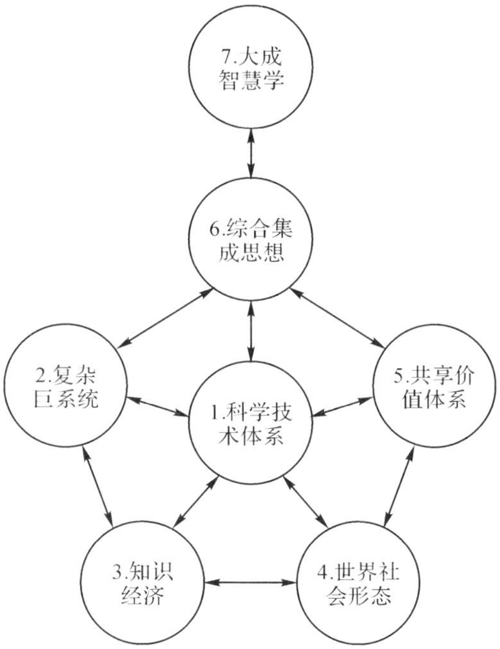

图 2-2　钱学森学派原创性范畴体系示意图（徐德明绘于 2014 年 9 月 14 日）

钱学森教授于 1996 年 6 月提出将建筑科学列入现代科学技术之中，将十大部类改为十一大部类。

苗东升教授把钱学森现代科学技术体系中的一个门类“文艺理论”改称为“文艺科学”,并论述其合理性。苗东升教授认为,十一大部类的划分还不够,要增加经济科学,把它从社会科学中分出来,它是介于社会科学和自然科学之间的一个科学体系;信息科学也应从系统科学和思维科学中划出来,成为另一类横贯科学体系。这样,现代科学技术体系就由十三大部类组成。

苗东升教授还对现代科学技术体系中十三大部类之间的关系进行了论述,提出了现代科学技术体系的柱体模型。他认为自然科学是柱心,社会科学是柱面,人体科学、思维科学、地理科学、建筑科学、经济科学、行为科学、军事科学、文艺科学是心面中介,数学科学、系统科学、信息科学是横贯科学。

在回顾了科学技术体系范畴产生、形成和发展的历程之后,我们可以对这个范畴的基本含义做一个简要的描述:现代科学技术是一个由自然科学、社会科学、经济科学、数学科学、系统科学、思维科学、信息科学、人体科学、地理科学、军事科学、行为科学、建筑科学、文艺科学十三大部类和工程技术、技术科学、基础科学三大层次组成的开放的复杂巨系统。现代科学技术体系的图示如下:

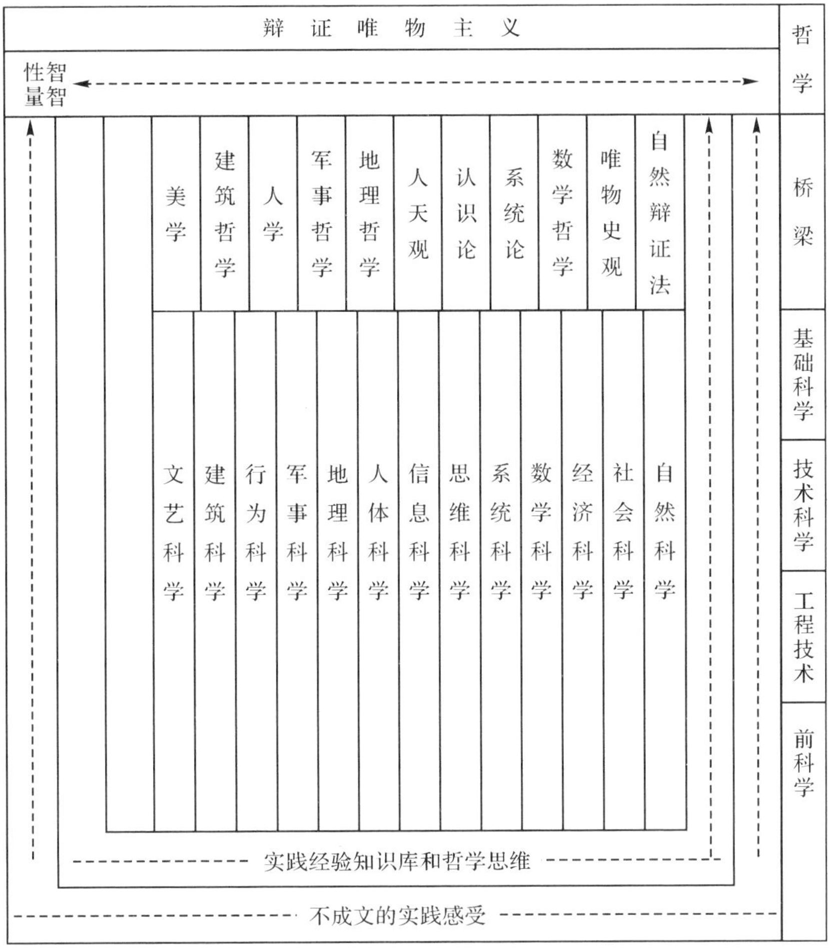

图 2-3　现代科学技术体系图示(钱学森于 1993 年 7 月 8 日绘制,后略有增改)

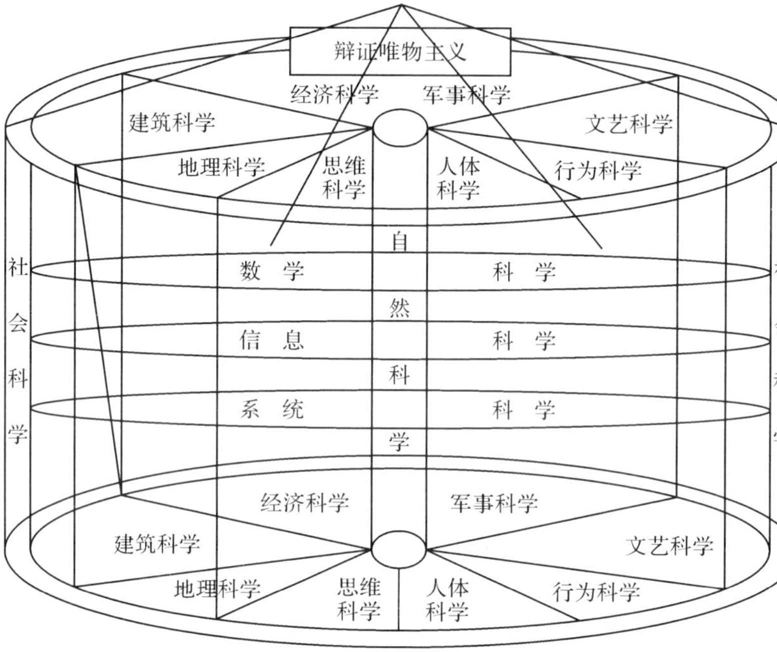

图 2-4 现代科学技术体系的柱体模型(苗东升绘制)

解释 1:关于科学技术部类的划分,钱学森按照人类实践和认识不同的问题和不同的角度,对现代科学技术进行划分。"我个人思想发展过程来说,我在大约 10 年前,因为看到新学科群起,老的自然科学、社会科学、哲学三大件是不够用了。所以,从系统思想概念提出现代科学技术体系的想法。后来又逐步完善,终于形成现在十部门的结构。"钱学森对现代科学技术部类的划分,坚持以实践和认识的问题出发,以此为依据进行划分,这是钱学森科学技术分类方法的一个特点。显然,这个分类方法的哲学依据正是以实践为基础的马克思主义的认识论。人类实践和认识是不断发展的,面对的问题和看待问题的角度也会变化,以此为依据的科学技术部类也会变化和发展。

解释 2:关于科学技术层次的划分,钱学森认为依据实践与理论的关系,现代科学技术体系可以划分为三个基本层次——工程技术、技术科学、基础理论。

工程技术是改造客观世界的学问,是人类改造、控制、利用客观世界,达到自己预想目标的系统知识,包括有价值的感性经验。它要回答的问题是"做什么”“怎么做”“做出什么样”，它具有真实有效性的基本属性。工程技术中要解决的问题，有些是理论上已经解决了的问题，有些是在当下理论上尚未解决的问题，必须依靠经验的积累和在实践中探索。工程技术中要解决的问题，有些不是仅仅依靠科学和技术就能解决的问题，还须综合经济、文化等其他因素才能将可能性转化为现实性。

基础理论是认识客观世界的学问，基础理论要回答的问题是“是什么”“怎么样”，即知其然、知其所以然、知其必然。它通过科学概念、科学原理、理论体系的形式表达出来。它具有客观真理性的本质特征。基础理论和工程技术的区别是显而易见的，基础理论有单一的研究领域，而工程技术总是综合多种学科的成果来进行具体的一项建设和组织管理工作。工程技术里有比较多的原始经验成分，也就是未经严密整理和分析过的经验成分。

技术科学是把认识世界的学问和改造世界的学问结合起来的学问，它是处于工程技术和基础理论之间的一个基本层次。技术科学是在 19 世纪中叶以后至 20 世纪初发展起来的一门学问，它要解决的问题主要是怎样把基础理论准确、便捷地应用到工程技术中去。第二次世界大战以后，各门技术科学迅速发展起来。钱学森对技术科学的崛起非常重视，他本人就是应用力学的代表人物，被称为“普朗特—冯·卡门—钱学森学派”标志性人物之一，他还是工程控制论的创始人。钱学森把技术科学列为现代科学技术三大基本层次中的第二个基本层次，这是他的首创。1957 年，钱学森在《科学通报》第 3 期发表的《论技术科学》一文集中阐述了他的创见。

钱学森指出：“如果我们要把自然科学的理论应用到工程技术上去，那么，这不是一个简单的推演工作，而是一个非常困难，需要有高度创造性的工作。我们常说将科学理论应用到工程技术上去，其实这是不合适的，应该准确地说为科学理论和工程技术的结合。”技术科学是什么呢？钱学森指出：“有科学基础的工程理论就不是自然科学本身，也不是工程技术本身，它是介于自然科学与工程技术之间的，它也是两个不同部门的人们生活经验的总和，有组织的总和，是化合物，不是混合物。”

钱学森对于基础理论、技术科学、工程技术三个层次的关系有非常独到的见解，他指出：“三个层次没有绝对的差别，但是有重要的相对的差别。……工程技术里有比较多的原始经验成分,也就是没有严密整理和分析过的经验成分。这些东西在自然科学里一般是很少见的,就是因为某一问题分析还不够成熟,不可避免地含有经验成分,那也是自然科学家们要努力消除的。但在技术科学里就不同了,它含有不少经验成分,而且因为研究对象的研究要求不同,这些经验成分总是不能避免的,因此这也影响了技术科学的研究方法,它在一定程度上与自然科学的研究方法有所不同。”譬如建立模型的方法就是技术科学的一个独到的方法。

对于基础理论、技术科学、工程技术三个层次的关系,钱学森指出,这三个层次的区别是显而易见的,因此,这三个层次的分工也必须是“我们肯定地要有自然科学家,要有技术科学家,也要有工程师”;这三个层次的界限也是相对的,不是固定不变的,它们是相互影响、相互贯通和交错的,因此,这三个层次要“同时并进、相互影响、相互提携,绝不能有一面偏废”。如果从工作的人的角度来说,一个技术科学家同时也可以是一个工程师,一个物理学家同时也是一个技术科学家。

解释 3:现代科学技术的系统化。现代科学技术的系统化既是一个事实,又是一个趋势。现代科学技术既高度分化又高度综合,而综合化是主要趋势,这表现在:

其一,每一部类内科学技术三大层次——基础理论、技术科学和工程技术之间,呈现系统化趋势。三者相互区别又相互联结、相互推动,基础理论的重大突破必须依靠现代工程技术和技术科学的保障与推动;现代工程技术的重大项目必须依靠基础理论和技术科学的指导与突破。

其二,现代科学技术各部类之间的系统化趋势。现代科学技术某一个部类的突破都直接或间接引起其他部类科学技术的发展,或提供需求动力,或提供理论依据,或提供技术支撑,或提供方法借鉴。

其三,现代科学技术中的数学科学、系统科学、信息科学等横贯科学技术对于其他十大部类科学技术具有贯通作用、方法论作用和工具作用。横贯科学技术的出现及其巨大功能既是现代科学技术革命的基本特征,又使现代科学技术系统化成为必然、成为可能,还使依靠现代科学技术从整体上把握开放复杂巨系统成为可能的强大武器。

其四，现代科学技术系统化的一个有力的证据就是各种科学技术创新成果大量地、不断地涌现。“涌现”是系统化的一个标志性现象，这是人类历史上罕见的现象，是整体大于部分之和，是线性和非线性并存、必然性和偶然性交相辉映的结果，当然，又是现代科学技术成为一个开放的复杂巨系统的结果。

解释 4：现代科学技术是一个开放的复杂巨系统。它的开放性可以从三个方面去理解：其一是它与海量实践经验知识和不成文的实践感受的开放性；其二是与哲学思维的开放性，它通过多门学科的桥梁通向哲学思辨；其三是与人类社会更大的、总的、复杂巨系统的开放性。

（三）复杂巨系统

1954 年，钱学森出版专著《工程控制论》，他创立了一个新的技术科学，这本书由美国麦克劳·希尔图书公司出版，很快被译成德、俄、中等多种语言出版。工程控制论是关于工程技术领域各个系统自动控制和自动调节的理论。钱学森在该书序言中说：“控制论所讨论的主要问题是一个系统的各个不同部分之间相互作用的定性性质，以及整个系统的总的运动状态。”“工程控制论使我们可能有更广阔的眼界用更系统的方法来观察有关的问题，因而往往可以得到解决旧问题的更有效的新方法，而且工程控制论还可能揭示新的以前没有看到过的前景。”

钱学森这里所说的“新的以前没有看到过的前景”就是用系统的眼光、系统的观点、系统的方法去研究有关问题。“在工程系统实践经验的基础上，20 世纪 60 年代兴起的一类新的工程技术，即系统工程，系统工程已从工程系统工程发展到了经济系统工程和社会系统工程（简称“社会工程”）。”钱学森在《工程控制论》修订版序言中如是说。

20 世纪 70 年代末 80 年代初，钱学森致力于研究和总结国内外有关系统研究和系统实践的成就和发展趋势，致力于从系统角度从整体上去研究现代科学技术发展的体系结构，致力于从其他科学技术部类吸取营养来构建系统科学体系。

1978 年，钱学森、许国志、王寿云在上海《文汇报》上发表《组织管理的技术——系统工程》,这是国内第一篇全面介绍系统工程的文章。

20 世纪 80 年代初,钱学森明确指出,系统科学是从事物的整体与部分、局部与全局以及层次关系的角度来研究客观世界的。所谓系统,是指由一些相互关联、相互作用、相互影响的组成部分所构成并具有某些功能的整体。钱学森明确指出:“我们所提倡的系统,既不是整体论,也非还原论,而是整体论和还原论的辩证统一。”

钱学森最早提出要建立一门新兴学科——系统科学体系。1986 年 1 月 7 日,由钱学森组织并亲自参加的“系统学讨论班”开始了学术活动。从 1986 年到 1992 年七年时间里,每次讨论他都参加。1985—1990 年,钱学森亲自组织指导系统论研究小班,1990 年下半年,钱学森又第二次亲自组织指导了由王寿云负责,有于景元、戴汝为、汪成为、钱学敏、涂元季等参加的系统学小讨论班,这六人被钱学森称为“六大将”,小组活动持续至 2009 年钱学森逝世。

20 世纪 80 年代末,钱学森明确界定系统学是研究系统结构与功能(系统演化、协同与控制)一般规律的科学。系统的一个很重要的特点就是它的复杂性,而复杂性是有层次的。系统的复杂性包括子系统的数量和种类的复杂性,子系统之间关系的复杂性(非线性、不确定性、模糊性等),以及系统层次结构的复杂性。

有鉴于此,钱学森将系统分为简单系统、简单巨系统、复杂巨系统和特殊复杂巨系统,这些系统都是开放的。社会系统是最复杂的巨系统,又称为开放的特殊复杂巨系统。

钱学森对复杂性的研究非常重视方法论,他不从复杂性的抽象定义出发,而是从问题出发。20 世纪 90 年代初,钱学森就指出:“凡现在不能用还原论方法处理的问题,或不宜用还原论方法处理的问题,而要用或宜用新的科学方法处理的问题,都是复杂性问题,复杂巨系统就是这类问题。”钱学森“要用、宜用新的科学方法”是什么?这就是他创立的从定性到定量的综合集成方法。

20 世纪 90 年代中期,钱学森又提出了创建系统学的新的思路,即自上而下的思路。他指出,系统学的创建不是走自下而上的路线,即由简单到复杂,由简单系统、大系统和简单巨系统的研究,再上升到复杂巨系统的研究;而要走自上而下、由复杂到简单的路径,先从研究开放的复杂巨系统入手,找到处理这种复杂巨系统的方法论,然后研究出处理简单巨系统、大系统、简单系统等各个分支的方法。这就是高屋建瓴、从总体上研究和解决问题的思想。

这表明,钱学森创建系统科学技术体系的重点是要聚焦于开放复杂巨系统问题上,钱学森提出的开放复杂巨系统范畴和他创立的正确认识处理开放复杂巨系统问题的科学和技术是系统科学技术发展的新阶段。

从工程控制论这门技术科学的创立到系统科学,再到开放复杂巨系统理论的提出,钱学森经历了四十年左右的实践和理论探索。复杂巨系统这个范畴的产生与形成和科学技术体系这个范畴的产生与形成相互交织着。钱学森关于系统科学技术的大量论著和演讲成为他留下的丰富文献中的镇库之宝。

钱学森关于开放的复杂巨系统范畴及其方法论一经发表,立即引起国内外学术界的广泛关注。1990 年,钱学森、于景元、戴汝为联名在国内《自然杂志》上发表《一个科学新领域——开放的复杂巨系统及其方法》一文,1993 年,这篇论文的英译本发表于英文杂志 *Chinese Journal of Systems Engineering and Electronics* 上,该文成为钱学森回国后撰写的论文中在国际上被专家学者引述最多的论文(112 次),在国内的中国知网中显示被引频次高达 1836 次,足见这篇论文在国内外的巨大影响。

钱学森于 1990 年提出的开放复杂巨系统范畴是指:(1)与简单系统、简单巨系统相区别的;(2)子系统数量众多,种类繁多且相互关系错综繁杂的;(3)层次多、结构复杂的;(4)与外部环境物质、能量、信息交换繁杂的;(5)有整体涌现性特征的;(6)不能用或不宜仅仅用还原论方法认识和处理而能够用、适宜用还原论和整体论相结合的方法认识和处理的系统。开放的复杂巨系统是相当普遍的客观实际,也是人类面临的认识和实践问题,所以亦称为开放的复杂巨系统问题。

(四)知识经济

钱学森对于现代科学技术革命在社会经济生活中的巨大能动作用非常关注,他提出的科学技术体系学对于正确认识和处理现代科学技术怎样转化为第一生产力提供了高层次、全方位的思路,对于现代科学技术通过什么样的路径、什么样的机制转化为社会生产力,钱学森科学技术体系学提供了解读的钥匙。钱学森还对许多具有知识密集特点的新兴产业的产生和发展直接提出了前瞻性的创见。

现代科学技术革命对人类社会经济生活的巨大影响一直是中外有识之士关注的焦点之一。中国学术界、思想界对此保持高度的敏感性,其中尤以钱学森学派最具代表性。知识经济范畴的诞生是钱学森学派在理论创新方面的又一重要成果。

钱学森在改革开放初期就致力于引导中国科技界关注世界科学技术发展态势及其对人类经济生活的巨大能动作用。1977 年 6 月 29 日晚,钱学森去北京大学寓所约访周培源教授,就“文革”期间中断活动的中国科协及学会如何恢复活动交换了意见。这次晤谈内容被整理成一份简报,于同年 8 月呈送邓小平,受到邓小平和中共中央的高度重视,由此启动了恢复中国科协组织和活动的工作,中国自然辩证法研究会就是由邓小平亲自批示、最早开展学术活动的科学技术哲学的全国性组织。

中国自然辩证法研究会恢复活动的一个重要特点就是在全国范围内介绍现代科学技术革命的最新动向,普及科学技术新知识,研究科学技术革命对于人类经济生活的巨大推动作用。中国科学的春天与以经济建设为中心的滚滚热潮形成互动的壮观历史画卷,至今还令经历过那个年代的人们神往不已。全国各界人士关注科学技术革命,谈论科学技术革命,在这个大背景下,研究现代科学技术革命与社会经济发展的关系成为当时学术界的兴奋点。中国从事科学技术哲学学习和研究的同仁们就是一批最为活跃的人士。

浙江工业大学的项浙学教授自改革开放初期就一直关注着现代科学技术如何与社会经济发展深度结合的问题,并围绕这个主线展开学术研究和决策咨询工作,卓有成效。1986 年 5 月 17 日,项浙学教授与王光铸、李宝泰联名在《光明日报》理论版发表了题为《论知识劳动的价值观》的学术论文,这是一篇最早提出“知识经济”范畴并下定义的正式发表的学术论文。据吴季松先生和郭强教授各自提出的时间表,我们可以断定,“知识经济”这一风靡全世界的范畴的“原产地”是在中国,第一次将“知识经济”作为科学范畴进行专门论述并下定义予以解说的,是由项浙学领衔的浙江工业大学的三位教师。

第一,“知识经济”这个范畴的提出具有非常明确的针对性。项浙学教授指出:“发展经济当然离不开知识,然而‘文革’后党的路线虽已发生根本转变,但党内‘左’倾错误的流毒依然存在,社会上轻视知识、轻视脑力劳动的现象仍然很普遍。有鉴于此,我便把精力集中在研究知识的价值上。可正当我们国家着力纠正蔑视知识和践踏知识分子政策的错误时,在西方却掀起了一股否定劳动价值论的思潮。被誉为‘能够准确把握时代发展脉搏’的一位著名作者称:‘在信息经济社会里,价值的增长不是通过劳动,而是通过知识,我们必须创造一种知识价值理论来代替劳动价值理论。’并且偏执地断言马克思的劳动价值理论已经过时。这些观点不仅在西方流行,而且给中国学术界和决策层带来影响。”项浙学认为:“显而易见,这是一个应当予以高度重视的问题。唯物史观和剩余价值学说是马克思主义的基石,而这两者都是建立在劳动价值论的基础上,所以否定劳动价值论也就意味着否定马克思主义整个学说。为此,我们选择了知识劳动这个命题,着重探讨了知识与劳动、知识价值与劳动价值、脑力劳动与体力劳动,以及知识性产品与实物性产品的关系,在此基础上,论述了知识劳动将成为整个社会最重要的战略资源,知识经济将成为未来社会的主体。”

第二,《论知识劳动的价值观》一文是经过较长时间的论辩与思考、论证缜密的学术专论。早在 1984 年,项浙学教授就曾参加了国务院多个部门联合召开的新技术革命对策研讨会,会议历时八天,争论激烈,尤其是工业化与信息化的关系问题更是争论的焦点。项教授主张将工业化与信息化结合起来实现互动发展。1985 年,浙江省政府主持召开了一次经济社会战略研讨会,项浙学教授在会上做了题为《科技经济社会必须协调发展》的发言,提出制定经济发展战略应把智力开发作为振兴经济的核心。《论知识劳动的价值观》一文就是在一系列研讨活动的头脑风暴后撰写并不断完善的,其中一些重要观点在许多讲座中进行了宣讲。1986 年 5 月,项浙学教授在中国企业管理协会理事会上宣读了这篇论文,在宣读当晚,《光明日报》《人民日报》等报刊的理论部负责人约他进行访谈,《光明日报》社的马沛文表示,准备在《光明日报》上登载该文,《人民日报》社的同志建议此文可发表在《人民日报》的内参上。项浙学教授根据马沛文同志的意见对文章做了一些压缩,发表在《光明日报》1986 年 5

月 17 日的理论版上。

项浙学教授在论文中指出:“人类发展的经验表明,人的体力发展是缓慢的,但人的智力发展却是极其迅速的。知识劳动在整个社会中的地位将变得愈来愈重要。在未来的社会中,知识经济将成为社会的主体。”项浙学进而明确定义:“所谓知识经济,是指主要依靠知识去生产物质消耗很低而质量很高的产品,并依靠知识实现高效率的管理。其主要特点是:第一,整个社会的多数人将从事各种知识劳动,如文化教育、科学技术以及各种管理工作等。第二,在这个社会中,劳动生产率的提高主要依靠劳动者的知识水平、科学技术的发展水平以及劳动组织的合理性和管理方法的科学性等。第三,在实物性的产品中,物质消耗的部分大幅度地降低,而智力消耗的比重则大幅度地增加。第四,一系列新的智能机器应运而生,并将延伸人脑系统的功能,以减少人们的脑力支出。总之,在这个社会中,知识劳动将成为整个社会最重要的战略资源。”

项浙学教授提出的知识经济范畴与钱学森“科学技术是社会发展的动力”的观点具有内在的逻辑一致性。钱学森指出:“科学是人认识世界的知识体系,技术是人改造世界的知识体系;科学革命是人认识客观世界的飞跃,技术革命是人改造客观世界的飞跃;而科学革命和技术革命又是引起全社会整个物质资料生产体系的变革,即产业革命。”现代科学技术革命必然引起现代产业的巨大变革,知识经济时代必然到来。

(五)世界社会形态

钱学森于 1992 年提出“世界社会形态”范畴。当年 12 月 11 日,钱学森会见王寿云、于景元、戴汝为、汪成为、涂元季、钱学敏时说:“19 世纪末期国家垄断资本主义的出现和第四次产业革命使帝国主义横行全世界,搞殖民主义,但这是一方面。另一方面,世界经济走向一体化,也唤醒了殖民地的人民群众,同时又在比较不发达的地区实现了社会主义国家。因而从 19 世纪末期到 20 世纪中叶是世界经济一体化的过渡时期。经济是社会的基础,所以这个时期又是世界社会的形成时期。”

钱学森指出，社会发展“从分到合，合中又有矛盾，人类历史已出现过多次，从部落到邦国，又从邦国诸侯到统一的国家”。钱学森指出，我们正面临的第五次产业革命使世界经济更紧密地连为一体，“全世界有近 200 个独立的国家和地区，现在已有 184 个独立国家参加了联合国组织。谁也不能完全孤立在这个世界上”，“世界已逐渐形成一个大社会了，哪个国家也不能闭关自守，闭关自守只会落后。世界一体化，经济、文化交往频繁，但这只是事物的一个方面；另一方面，国家政体不同：有资本主义、国家垄断资本主义，还有在资本主义制度以前的国家，还有社会主义的中国等。国家又分为发达国家与发展中国家，即有‘南’与‘北’之分。是世界一体，又多极分割，矛盾斗争激烈。这是过渡到人类大同的共产主义世界的必经阶段”。

1993 年 3 月 4 日，钱学森在致钱学敏的信中又一次谈到世界社会形态，他与钱学敏讨论著述时指出，“第三篇是新的，即《社会形态的新阶段——世界社会形态》，对此您要我多说几句，那就是：1. 世界一体化和各国各地区的相互作用强化，到第一次世界大战即明显化，‘一战’后出现了‘国联’。这一发展到第二次世界大战就更加清楚了，组成了‘联合国’，就是世界的‘国’了。2. 当然世界社会中的国与国、地区与地区矛盾冲突不断。中国古代的春秋战国时代不就如此？但这是秦统一的准备呀。就是到了所谓封建一统的明、清王朝，少数民族地区不还停留在封建农奴制、奴隶制以至原始社会吗？所以当今世界各国各地区政治制度之‘五花八门’并不阻碍世界社会形态的出现，经济一体化要求世界社会形态的出现。历史唯物主义嘛。何况我们已有开放的复杂巨系统理论！3. 当然，现在只是世界社会的第一阶段，就讲和平共处原则。但我们心中有数，再有一百年就是世界社会的第二阶段，最后是世界大同的共产主义世界社会”。

钱学森坚持以唯物史观为指导，以科学技术的发展推动社会生产力的发展，社会生产力的发展推动生产关系的变革，生产关系的变革推动社会形态和社会制度的变革，这一基本的因果关系把世界社会形态的出现看作是一个“自然历史过程”。下面是他 1995 年 4 月 24 日绘制的“科技革命、产业革命、社会革命（第一至第七次产业革命发展略图）”：

次序	科技发展状况	社会生产体系的变革	社会制度的转变
一	大约发生在79万年以前的石器时代,火的发现与使用	人类从以狩猎、采集野果为生,发展到开始从事农业、畜牧业、渔业等(形成第一产业)	原始社会向奴隶社会转变
二	大约公元前1000年至200年的青铜时代以及铁的发现与使用	农、林、畜牧、手工、采矿、冶金业得到发展,产品有了剩余,出现了商品交换	奴隶社会向封建社会转变
三	18世纪下半叶至19世纪初,开始英国的蒸汽机技术革命	以机器为基础的近代工业兴起,如机器制造、纺织工业、建筑业等(形成第二产业)	封建社会向资本主义社会转变
四	19世纪末到20世纪初,物理学革命,电磁理论的建立,电动机的发明	促进电机制造、电讯、交通、航海、运输、国际贸易、金融等的发展(形成第三产业)	资本主义从自由竞争向垄断资本主义发展,生产日趋社会化,与私有制矛盾尖锐
五	“二战”后至今,以相对论、量子力学等科学革命为先导,一大批高新技术(核、激光、航天、生物工程等)为动力的信息技术革命	科技业、咨询业、信息业迅速发展,出现世界一体化的生产体系,体力、脑力劳动差别逐渐缩小(形成第四产业)	开始形成包括各种不同政体、不同经济发展状况、不同意识形态为主导,打破地区界限的各国联合——世界社会形态
六	即将到来,以微生物、酶、细胞基因等科学成果为代表的生物科学与生物工程技术(包括大农业)的飞速发展	以太阳光为能源,利用生物、水、大气,通过农、林、草、畜、禽、菌、药、渔、沙、海业加上工贸科技于一体的生产体系形成。城乡差别逐渐消失(第一产业逐渐变成第二产业,第二、三、四产业相互促进)	形成从资本主义向(社会主义)共产主义过渡的世界社会形态
七	21世纪相继到来,以人体科学(包括医学、生命科学等)为主导,带动各种科学技术飞速发展	人的体质、功能、智能大大提高,加之先进的科学技术与设备促成组织管理革命,必将引发新的产业革命,工业、农业无差别	叩响共产主义大门,开创世界大同的人类新纪元

钱学森提出的世界社会形态范畴与他的社会论高度契合。钱学森重视马克思主义行为科学的研究,他把行为科学作为一个大部类,成为现代科学技术体系中的十一大部类之一。而社会论(或称“行为哲学”)又是行为科学体系的哲学概括。

钱学森认为,“马克思主义的行为科学是研究在社会系统(开放的特殊复杂巨系统)中人的行为及按社会目的控制、调节人的行为的科学。它既不是只研究社会系统运动规律的社会科学,也不是只研究人的人体科学”。

钱学森认为社会论是研究个人与社会相互关系的科学,他认为社会系统可以称为开放的特殊的复杂巨系统,这个系统通过矛盾的不断解决而发展,并在自我调节的基础上发挥整体作用。

钱学森认为人的行为动机主要由人的本质决定的,人区别于其他高等动物的最重要的本质是:人是社会关系的总和。在特定历史阶段的复杂的社会关系综合起来作用于人,铸就了人的本质,正是人的本质决定和影响着人的心理、动机、思想和行为。

钱学森认为社会论要重视研究个人心理、动机、思想和行为与社会发展的辩证关系。个人与家庭、个人与群体、个人与国家、个人与世界之间,既有矛盾又有协同,辩证地发展。

钱学森认为社会学要重视研究个体的自我调节和控制与社会的自我调节和控制的关系。社会的结构和社会的组织必然形成社会规范体系,如道德准则、法律规范、宗教戒律、风俗习惯等,这都是社会自我调节与控制的必要规制,而个人的自我调节和控制与社会的自我调节和控制既有矛盾又有协同,辩证地发展。海量的复杂的个体与群体的矛盾和协同构成社会发展的总趋势。人类命运共同体的形成既是世界社会形态的重要标志,又是世界社会形态的大趋势。

钱学森提出的世界社会形态是人类社会历史发展的新阶段,它具有以下特点:其一,科学技术革命引起的世界经济一体化趋势;其二,世界性经济政治组织的产生吸引了绝大多数经济政治组织参与其中;其三,世界性的规范体系(如道德的、法律的)的产生;其四,人类命运共同体的产生,人由个体的自我调节与控制向氏族、家庭的自我调节与控制再向民族、国家的自我调节与控制,进而发展为全世界人类命运共同体的自我调节与控制。总之,世界社会形态是一个特殊的开放的复杂巨系统,具有整体性特征的价值选择和价值导向既是事实,又是趋势。这一事实和趋势在人类社会生活的经济、政治、文化等各方面已经、正在和将来都明确地显示出来。

(六)共享价值体系

1989—1992 年,浙江省自然辩证法(科学技术哲学)研究会由挂靠浙江工业大学社会科学部转移至学校图书馆,图书馆内科学哲学与文献情报学相结合的学术活动相当活跃。

早在 20 世纪 80 年代初,在图书馆工作的陆近春同志就一直跟踪与钱学森教授有关科学技术体系学的研究活动并搜集相关文献资料。1990 年,由他向时任浙江省自然辩证法(科学技术哲学)研究会秘书长(同时也是学校图书馆馆长)的徐德明建议,并经图书馆领导集体讨论,决定成立以陆近春为组长的"科学体系及情报语言研究组",成员有徐德明、马瑞春、张根彬、刘晓清、赵新龙。与此同时,还组建了由徐德明任组长的"走向 21 世纪的科学技术与伦理道德"专著写作组,成员是詹灶福、宣勇两位青年学者。

在学习和研究钱学森科学思想过程中,大家认为,现代科学技术体系学已经形成,这门学问以科学大师钱学森的名字冠名是合适的,将这个共识形成论文是必要的。因此,就出现了以浙江工学院(浙江工业大学前身)图书馆科学体系及情报语言研究组名义发表在 1992 年《科学学研究》上的论文《钱学森现代科学体系的概貌》,该文最先提出"钱学森科学技术体系学"这一范畴,执笔者为陆近春,这篇论文作者署名为陆近春更为准确。陆近春还向钱学森写信汇报研究情况并请予以指导,钱学森即时回信说,不同意将"钱学森"三个字冠在科学技术体系学的前面,但他说他"找到知音了"。

经图书馆领导同意,陆近春与有关领导和学会联系,发起召开了"钱学森科学技术体系学研讨会"。他向时任国家科委主任宋健写信汇报情况,宋健回信表示支持,并希望与会者层次要高,人数宜少,如果有海外学者与会更好。陆近春又向时任浙江省委书记的李泽民同志汇报研讨会情况,李泽民批转浙江省科协领导,建议予以支持。经陆近春多方联系,获得多方支持,钱学森对在其故乡杭州召开的科学技术体系学研讨会亦予以热情支持。

1993 年 1 月 7 日,82 岁高龄的钱学森在给浙江省科协党组书记、副主席朱长乐教授的信中说:"我现在不出门,少露面,只与几位紧密合作者常常讨论一个大问题:怎样才能把系统科学用于解决中国社会主义建设这一极为复杂的大系统工程。我们颇有进展,今春浙江工学院将召开一次科学体系研讨会,我们合作者中有去参加的,你有时间何不去参加?”

1993年3月4日,钱学森在给钱学敏的信中,在讨论他们写作集体的写作内容时说:“第二篇大作是原来准备去杭州春游时讲的,《大成智慧学》,现在看来是来不急(及)了,但还要写,要写好:包括‘性智’‘量智’。”

1993年10月7日,钱学森在给钱学敏的信中,在讨论他们写作集体的写作内容后说:“杭州的会我是去不了的。”

由此可见,钱学森很关心在浙江工业大学(时称浙江工学院)的科学技术体系研讨会。1993年夏,钱学敏教授受邀专程赴浙江工业大学图书馆举办关于科学技术体系学的学术报告,她在学术报告后与徐德明会见时特别强调钱学森对“大成智慧学”的重视。

“钱学森现代科学技术体系研讨会”于1994年5月4日在北京科学会堂召开,浙江工业大学(刚由浙江工学院更名)虽然未能成为东道主,却是10个举办单位中唯一的非学会组织。这使该校同仁深感责任重大,决心把专题研讨继续进行下去。专题研讨的成果之一就是“共享价值体系”范畴的提出。

1993年7月,吉林人民出版社出版了徐德明、詹灶福、宣勇的专著《真善协同论——走向21世纪的科学技术与伦理道德》,三位作者的专业分别为哲学、历史学和工程技术学,这不仅没有影响到他们的合作,反而有利于思考和解决他们共同关心的问题,即现代科学技术与伦理道德两大社会系统发展中的关系问题。

《真善协同论》论述了科学技术与伦理道德两大社会系统的本质特征、社会功能及其相互关系,论述了现代科学技术在充分显示人类智慧和能力的同时,还使人类深深陷入历史上从未有过的伦理困境,论述了建立进步人类共享价值体系的必要性及其十个方面的内容,并指出,发展教育、提高现代公民的全球意识、追求科学技术与伦理道德协调发展、追求真善美的统一是21世纪的大趋势。

自1993年提出“共享价值体系”范畴、建立进步人类共享价值体系命题以来,该书作者就一直沿着这个价值哲学的研究方向探索下去。研究表明,在企业文化建设、校园文化建设、社区文化建设等领域,具有不同特点的共享价值体系,或作为历史的积淀成为客观的事实,或作为文化建设的目标成为理想的追求。

1996年11月,《人文杂志》第6期"价值研究"专栏刊载了徐德明撰写的长达1万余字的论文《论进步人类共享价值体系》,论文明确提出并阐述了"共生存、共创造、共规范、共受用"是进步人类共享价值体系的基础和表现,指出对进步人类共享价值体系的研究必将成为人文社会科学的重要方向。

2002年8月2日—6日,第46届国际系统学年会在中国上海国际会议中心举行,主办单位是国际系统科学协会、中国系统科学协会,成思危、宋健任大会名誉主席,中国系统科学研究会理事长乌杰和国际系统科学协会主席Michael C. Jackson担任大会主席。徐德明提交了英文版论文并担任"知识科学及其管理"专题分会场主席(原分会场主席张强未能与会),主持了8月4日的两场讨论。会后向大会提交了论文中文版,并与黄会健、陈晓联名在《浙江工业大学学报》2002年第30卷第3期发表题为《构建进步人类共享价值体系——解决当代人类社会复杂难题的系统选择与导向》的论文。在这篇论文中,作者对"共享价值体系"这一范畴第一次予以定义:

"共享价值体系是存在于人类社会中群体内或群体与群体之间的,以共生存、共创造、共规范、共受用为基础的价值选择和价值导向系统。"

第一,共享价值体系的主体是人类社会中的群体。物以类聚,人以群分。古今中外,人类个体由不同的纽带不同程度地联系在一起,形成不同的种群、种族、氏族、部落、国家、民族、阶级、阶层、家庭、社区等群体。无数的群体由不同的纽带不同程度地联系在一起,构成较大的群体;无数较大的群体又由不同的纽带不同程度地联系在一起,构成更大的群体;而最大的群体就是人类命运共同体,作者当时称其为"进步人类"。

第二,群体内或群体与群体之间存在价值选择和价值导向。所谓价值选择,是指个体或群体为了自身的生存和发展而进行的关于要什么、不要什么,爱什么、不爱什么,什么有利、什么不利的判定、选择、决定的活动。这种活动具有针对性、目的性、过程性的特点。所谓价值导向,主要指的是群体内部和群体与群体之间更大范围的群体的为首者对下属施加影响的过程,与价值选择相比,它的自觉性、能动性、程序性更高,它主要通过为首者对下属实施组织、指挥、示范、教育、激励、管理和控制来实现。

第三，以共生存、共创造、共规范、共受用为基础。

所谓以共生存为基础，是指群体内和群体与群体之间的价值选择和价值导向达到这样一种状况：人类赖以生存的自然环境和人文环境是每个成员共同生存的资源；营造良好的自然环境和人文环境既是每个成员的义务，又是每个成员的权利；每个成员在维护自身生存和发展权利的同时，也必须，也应该承认其他成员的生存和发展的权利。

所谓以共创造为基础，是指群体内和群体与群体之间的价值选择和价值导向达到这样一种状况：每个有劳动能力的成员都有劳动创造的义务和权利；每个成员在维护自身劳动创造权利的同时，也必须，也应当承认其他成员劳动创造的权利；营造良好的共同劳动创造体制、机制也是每个成员的权利和义务。这是因为劳动创造是人类区别于其他高等动物的基本特征，是人类社会得以存在和不断进步的动力和源泉。

所谓以共规范为基础，是指群体内和群体与群体之间的价值选择和价值导向达到这样一种状况：对规范的追求、制定、践行成为每个成员的权利和义务。这是维护群体内和群体与群体之间正常交往、交换的强大工具，具有强大的整合功能，因为规范是价值选择和价值导向的体现，规范的失效就意味着群体的解体，群体与群体关系的解除。

所谓以共受用为基础，是指群体内和群体与群体之间的价值选择和价值导向达到这样一种状况：在共同生存的环境中创造的物质的、精神的、制度的文明成果，实现共同的享用。“成果共享”是一个综合性的历史命题，是受与授的结合，在空间上的展开至少包括生态的、经济的、政治的、文化的成果共享，在时间上的延续是继往开来、承上启下的成果共享。

第四，以共生存、共创造、共规范、共受用为基础的价值选择和价值导向具有系统性，即这是一个共享价值体系。共享价值体系与一般的价值、一般的共享价值的不同之处在于：各价值要素、各价值层次之间是一个有机的构成，具有整体的功能，即具有整体涌现性，是群体内和群体与群体之间针对共同的生存和发展问题的挑战而做出的反应，是追求共同的目标而做出的选择和导向，是知、信、行的联动系统。

这篇论文着重论述了当代人类社会面临的三个方面的复杂难题和严峻挑战,这就是:人类与自然的关系面临复杂难题和严峻挑战;人类自身生命发展面临复杂难题和严峻挑战;人类社会群体与群体之间面临复杂难题和严峻挑战。这三个方面的复杂难题和严峻挑战的叠加严重地威胁着人类命运共同体的生存和发展。人类命运共同体的可持续发展问题作为划时代问题被提了出来。

论文论述了面临复杂难题和严峻挑战时进步人类的价值选择和价值导向,这就是构建进步人类的共享价值体系,迎接人类命运共同体面临的复杂难题和严峻挑战,实现可持续发展。

论文作者指出,构建进步人类的共享价值体系必须实现思维方式的变革,即从对立统一的思维方式发展到系统优化的思维方式;必须坚持历史的方法与逻辑的方法相结合;必须提炼出体现时代精神的价值范畴,并将这些价值范畴按照它们的有机联系建构价值体系,使其成为全人类整体性管理的理念;必须依照这些整体性管理理念建构全人类整体管理的体制和机制。

论文作者指出,全人类整体管理的特点是:人类整体自觉,整体自学,整体自律,是一个全人类自组织过程。它的灵魂是:实现进步人类共生存、共创造、共规范、共受用的价值选择和价值导向。

(七)综合集成思想

钱学森于 1994 年 11 月 10 日说:“我和于景元、戴汝为同志在 1990 年初提出了开放的复杂巨系统的概念,它是再大的计算机和计算机网络也处理不了的问题,需要有新的思想和方法。我们把处理开放的复杂巨系统的方法定名为从定性到定量的综合集成法,把运用这个方法的集体称为总体设计部。”钱学森明确指出,从定性到定量的综合集成法是处理开放的复杂巨系统(钱学森也称之为开放的复杂巨系统问题)的根本方法。显然,这是属于方法论、对策论、决策论等系统工程领域。

按照于景元、钱学敏两位教授的介绍,综合集成这个概念包括综合集成思想、综合集成方法、综合集成理论、综合集成技术、综合集成工程与综合集成总体设计部。它的有机构成就是钱学森开创的解决开放的复杂巨系统问题的科学技术，也就是解决开放的复杂巨系统问题的系统工程。

按照于景元、钱学敏两位教授的介绍，综合集成概念，从思想、方法、理论、技术到工程都有两个层次的含义：一是各种有利于解决开放的复杂巨系统问题的合理的思想、方法、理论、技术、工程，都是综合集成的对象，都应该综合集成起来；二指钱学森创立的对所有开放的复杂巨系统问题都有用的综合集成思想、方法、理论、技术、工程，如还原论与整体论辩证统一的思想和还原论与整体论相结合的方法；已有的科学性理论与经验性假设的辩证统一的思想和科学性理论与经验性假设相结合的方法；定性研究与定量研究辩证统一思想和定性综合集成与定量综合集成相结合的方法；专家体系、信息和知识体系与计算机体系辩证统一思想，为实现人机结合、以人为主，极大扩展人脑逻辑思维处理信息的能力所研发出来的现代数据处理技术；对开放的复杂巨系统（问题）进行干预、控制、组织和管理（设计、评估、决策、实施、跟踪、控制、协调）的各项子系统工程的综合集成工程；等等。总之，综合集成思想是指对于思想的综合集成和关于综合集成的思想；综合集成方法是指对于方法的综合集成和关于综合集成的方法；综合集成理论是指对于理论的综合集成和关于综合集成的理论；综合集成技术是指对于技术的综合集成和关于综合集成的技术；综合集成工程是指对于工程的综合集成和关于综合集成的工程。读者可能觉得有些拗口，颠来倒去，但确是如此。两个层次的含义相互区别又相互关联（见图 2-5、图 2-6）。

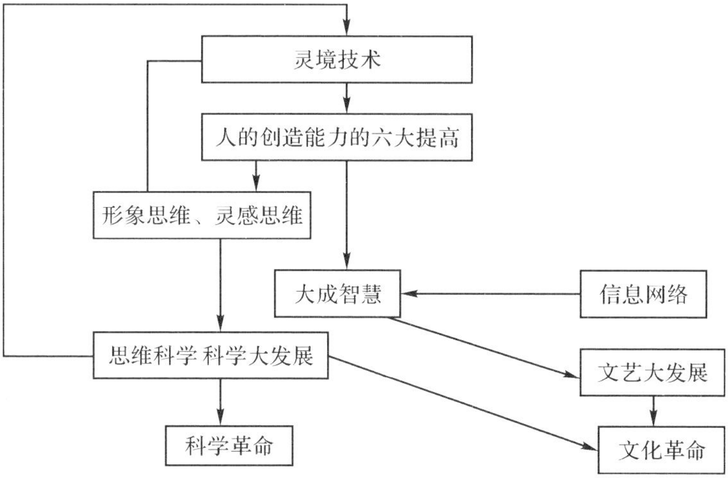

图 2-5　灵境技术示意图（钱学森绘于 1994 年 10 月 10 日）

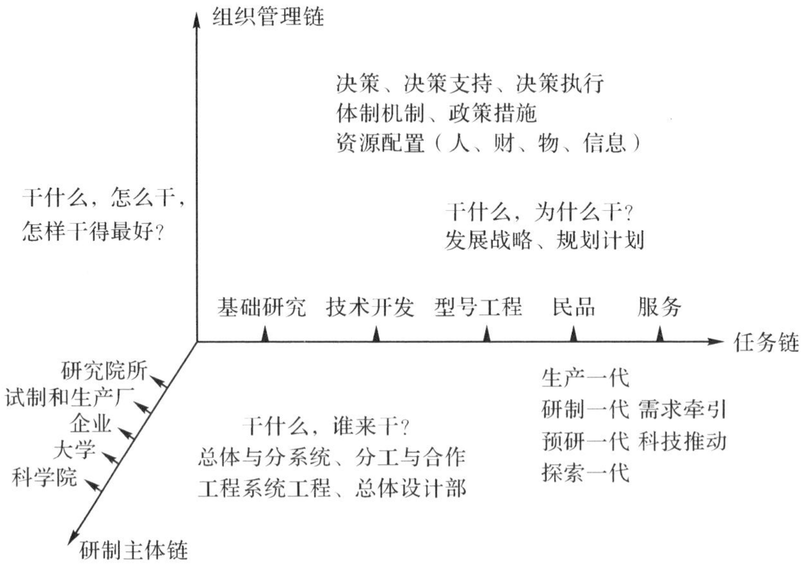

图 2-6　研制系统技术层面所涉及的内容图(于景元绘)

于景元指出,应用综合集成方法在科学层次上可以建立起复杂巨系统理论,同理,应用综合集成方法在技术层次上可以发展复杂巨系统技术。在这方面比较典型的是系统工程技术的发展,这也是钱老一直大力倡导和推动的。系统工程是组织管理系统的技术,它根据系统总体目标的要求,从系统整体出发,运用综合集成方法把与系统有关的科学理论、方法与技术综合集成起来,对系统结构、环境和功能进行总体分析、总体论证、总体设计和总体协调,其中包括建模、仿真、分析、优化、设计与评估,以求得到可行的、满意的或最好的系统方案并付诸实施(见图 2-7)。

钱学森提出的综合集成方法的实质是把专家体系、信息与知识体系以及计算机体系有机结合起来,构成一个高度智能化的人机结合体系,它能把人的思维,人的思维的成果,人的经验、知识、智慧,以及各种情报、资料、信息等统统集成起来,它具有智能、综合、整体优势。

钱学森创立的“综合集成”方法论的实践形式由三个部分构成,一是机器体系(以计算机为核心的多种信息的集成),二是专家体系,三是知识体系。这三部分的有机结合不仅具有信息和知识的综合集成和采集、储存、传递、调用等功能,还具有产生新知识的功能。所以这种高度智能化的人机结合、人网结

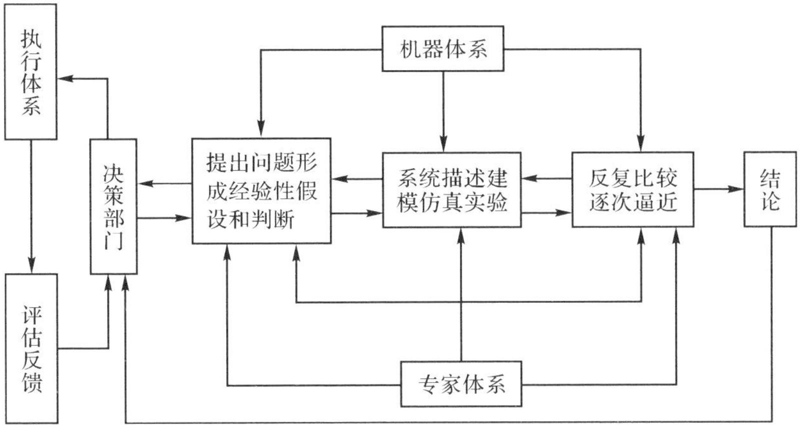

图 2-7　综合集成方法用于解决问题研究的示意图(于景元绘)

合体系还是知识的生产系统。

钱学森认为需要一个实体部门来应用综合集成方法,从整体上研究和解决开放的复杂巨系统问题,他把这样的实体称为总体设计部。1991 年 3 月 8 日,钱学森向当时的中共中央政治局常委集体汇报了关于建立国家总体设计部的建议,他认为建设有中国特色的社会主义是一个特殊的开放复杂巨系统问题,应该被视为从定性到定量的综合集成社会系统工程(见图 2-8)。

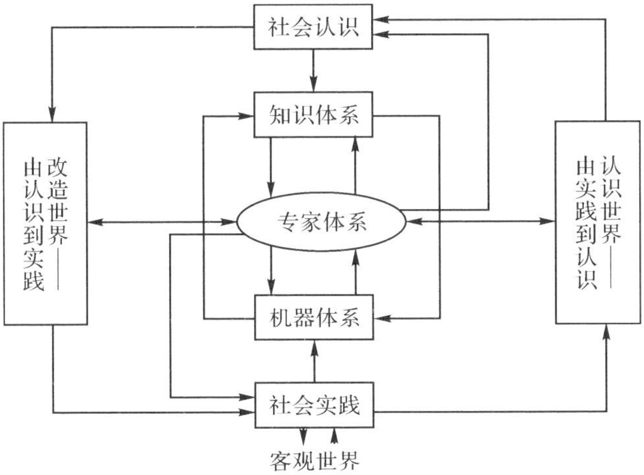

图 2-8　总体设计部示意图(于景元绘)

(八)大成智慧学——六大范畴在哲学上的体现

在分别介绍了钱学森学派的六个原创性范畴之后,再来研讨这六个范畴的相互关系,理论从这里升华为"大成智慧学"。请重睹示意图,但我们的注意力需放在其相互关系上。

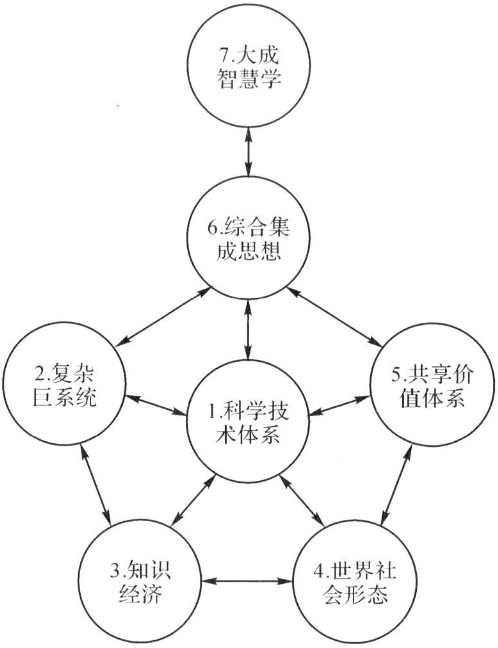

图 2-9　六大范畴关系图

第一,我们是从科学技术哲学的角度来观察、探讨六大范畴之间的关系。

第二,"科学技术体系"范畴提出的时间是 1979 年,"开放的'复杂巨系统'"范畴提出的时间是 1990 年,"知识经济"范畴提出的时间是 1986 年,"世界社会形态"范畴提出的时间是 1992 年,"共享价值体系"范畴提出的时间是 1993 年,综合集成思想提出的时间是 1994 年。由此可见,"科学技术体系学"是最先提出的原创性范畴,可以从发生学的角度研究它们之间的关系。

第三,科学技术体系范畴是其他五个范畴的基础和核心。钱学森以实践论和系统论为指导，研究现代科学技术革命，创立科学技术体系学，进而发展了系统论，提出“开放的‘复杂巨系统’”范畴；“知识经济”是现代科学技术体系的经济价值论；“世界社会形态”是现代科学技术体系的社会价值论；“共享价值体系”是现代科学技术体系的文化价值论；综合集成思想是现代科学技术体系的方法论、对策论、决策论。这是六大范畴的基本逻辑。

第四，六大范畴组成互联、互通、互动的基本网络。就六大范畴所反映的客观过程而言，初始动力具有一定的因果关系，但这个过程一旦启动，它们之间的互动也就开始了，它们互为因果状态。这不仅是一对一的双向关系，还呈现多维互动状态；不仅有确定的线性关系，还有不确定的非线性关系。

第五，钱学森做学问具有非常强烈的问题意识。他不仅善于提出问题，更强调要解决问题。正确认识和处理开放的复杂巨系统问题就是其晚年（自 20 世纪 80 年代末 90 年代初开始，直至 2009 年逝世）关注的主题。因此关于从定性到定量综合集成的系统工程就成为他最有创见且期望甚高的一个范畴。

第六，钱学森由综合集成思想引申出大成智慧学，建立大成智慧学成为他晚年的学术工作重点。对此，于景元教授指出：“综合集成思想是钱学森系统科学的重要发展，综合集成思想在方法论层次上的体现就是综合集成方法。运用综合集成方法所形成的系统理论与系统技术是综合集成思想的科学、技术层次上的体现。综合集成工程则是综合集成思想在实践层次上的体现，而综合集成思想在哲学层次上的体现就是大成智慧学。”于景元是钱学森亲自组织并指导的系统论研讨小班两届都参加的唯一成员，人们从他的著述中可透视钱学森科学思想的原貌。

对于钱学森的大成智慧学思想的内涵，钱学敏教授的著述最具代表性。“大成智慧”这个范畴的提出是受到钱学敏的启发。1994 年 5 月 17 日，钱学森在致钱学敏的信中说：“从系统思想的概念提出现代科学技术体系的想法，后来又逐步完善，终于形成现在的十大部门的结构。但这时我还没有大成智慧学和大成智慧工程以及大成智慧教育的想法，‘大成智慧’是受启发于您的。”钱学敏是钱学森亲自组织并指导的第二届系统论研讨小班中唯一的哲学专业学者，她是与钱学森探讨大成智慧问题最为频繁的人。钱学敏的《钱学森对

“大成智慧学”的探索》一文是介绍“大成智慧学”最有代表性的文章，特节录该文小标题如下：

一、“大成智慧学”——丰富了马克思主义哲学

二、“大成智慧学”——时代的呼唤

三、“大成智慧学”的科学基础和知识源泉——现代科学技术

四、“大成智慧学”要求打通界限，纵览全局，相互促进——跨度越大，创新程度也越大

五、“大成智慧学”要求理论联系实际，实事求是——培养工程师＋科学家＋思想家的人才

六、“大成智慧学”的核心——哲学与科学技术的统一结合

七、“大成智慧学”重要的发展源泉——前科学知识库

八、“大成智慧学”的重要内容——科学与艺术的结合

九、实践“大成智慧学”的方法——大成智慧工程

十、实践“大成智慧学”的集体——“总体设计部”

钱学敏教授指出，大成智慧学是以马克思主义辩证唯物主义为指导，利用现代信息网络、人机结合、以人为主的方式，集古今中外有关信息、经验、知识、智慧之大成。钱老用英文将其表述为：Theory of metasynthetic wisdom utilizing information structured with Marxist theory。

钱老有时也把“大成智慧学”译为：Science of wisdom in cyberspace。

把“大成智慧”译为：Wisdom in cyberspace。

钱学森强调“大成智慧”的特点是沉浸在广阔的信息空间里所形成的网络智慧。大成智慧的实质与核心是：“微观与宏观相结合，整体（形象）思维与细部组装向整体（逻辑）思维合用；既不只谈哲学，也不只谈科学；而是把哲学与科学技术统一结合起来。哲学要指导科学，哲学也来自科学技术的提炼。这似乎是我们观点的要害：必集大成，才能得智慧！”

苗东升教授是一位对现代科学技术革命中涌现出的横贯科学群进行解读、评介、发挥，从世界观和方法论的角度坚持和发展马克思主义哲学颇具功力的学者。他认为：钱学森提出的大成智慧学还仅仅是一个初步的设想，需要大量深入的研究工作，按照钱学森自己的估计，到21世纪中叶才可能搭建起

一个初步可行的框架。

通过对钱学森大成智慧学的学习和研究，以及对钱学森学派基本范畴体系的研究，我们的体会是：

1. 钱学森的大成智慧学不仅是综合集成思想在哲学层次上的体现，也是科学技术体系学、开放的复杂巨系统理论、知识经济理论、世界社会形态理论、共享价值体系理论、综合集成思想在哲学层次上的升华。

2. 钱学森的大成智慧学是关于"发展"的哲学。中华民族和人类命运共同体都提出了这样的主题：什么是发展？什么是可持续发展？必须在哲学层次回答这样的问题。对此，钱学森学派的回答是：发展问题是一个开放的复杂巨系统问题，可持续发展问题也是一个开放的复杂巨系统问题。这是对的，但还不够，我们还要进一步追问：是一个什么样的开放的复杂巨系统？是不是任何开放的复杂巨系统都是可持续发展的复杂巨系统？这必须从哲学上予以回答，这就是理论研究的方向。因此，哲学必须发展。邓小平指出，应当把发展问题提到全人类的高度来认识，要从这个高度去观察和解决问题。大成智慧学与发展问题高度契合。

3. 钱学森的大成智慧学是关于"怎样发展"的哲学。中华民族和人类命运共同体都提出了这样的主题：怎样发展？怎样可持续发展？必须在科学和技术的层次上，正确地可操作地解决这一问题。钱学森学派提出的总的路径是：集大成，得智慧，以人为主的人机结合，组建整体设计部，实施整体设计，实施人民群众的伟大创造与集中统一领导相结合，大力推进中华民族的社会系统工程，大力推进人类命运共同体的全球治理。

4. 最为关键也是最为困难的问题：如何解决中华民族和人类命运共同体的整体自觉、整体自学、整体自律问题，如何在科技、经济、社会、文化及人类繁衍等领域实现自我调节、自我控制。志不强，则智不达，这就是大成智慧教育、大成智慧工程所要解决的问题。

著名的马克思主义哲学家、北京大学黄楠森教授说："应该特别指出，20世纪自然科学包括上半世纪的相对论、量子力学，下半世纪的系统论、信息论、控制论、自组织理论、分子生物学、生态学、宇宙学等都包含了丰富的哲学思想，它们形成了一股哲学思潮，其气势较人本主义与科学主义并不逊色（一般认为西方有两大哲学思潮,即人本主义与科学主义,因有此比)。这股哲学思潮的具体内容同辩证唯物主义甚为接近,能向辩证唯物主义提供许多新的论证和新的内容。”他指出:“钱学森的科学思想是马克思主义哲学的特殊形态,其显著特色就是与现代科学技术密切结合。”

(浙江省自然辩证法研究会原理事长、浙江工业大学教授徐德明,浙江工业大学之江学院副教授张华斌)

附一

追思大师风范　探索智慧宝库

——钱学森科学思想研讨会侧记

2011 年 12 月 7 日下午，省人民大会堂杭州厅华灯璀璨，气氛庄重，座无虚席。钱学森科学思想研讨会在这里隆重召开。会议的规模虽然不大，但到会者都是十分敬仰钱学森先生的各方人士。

曾亲身聆听钱学森教诲，与钱学森有着很深交往的省科协原党组书记、副主席朱长乐教授来了；省科协原副主席、省咨询委委员、著名软科学专家项浙学教授来了；在钱学森麾下，奋斗在酒泉发射基地 15 载的杭州市科技局巡视员沈荣发来了；与钱学森有着 18 封书信交往，在钱学森亲切指导下创建展览学的浙江展览馆老人潘杰研究员来了；曾与钱学森面对面进行学术切磋，享受国务院特殊津贴专家、浙江工商大学原科研处处长徐炎章教授来了；近三十年来，一直追踪和积极钻研钱学森科学思想，并获得优异成果的浙江工业大学原人文学院院长徐德明教授和陆近春教授来了；20 世纪 80 年代曾代表省科协，为钱学森送去家乡龙井茶，当时任省科协办公室主任的王光明来了；几年前对钱学森杭州方谷园故居进行考察，并呼吁修缮保护，设立爱国主义教育基地的省科协副秘书长黄国范来了；对钱学森及其家族深有研究的，杭州市钱镠研究会秘书长钱刚来了；还有认真撰写论文和纪念文章的专家、学者，应邀参加会议的哈尔滨军事工程学院的老学员，以及杭州市、海宁市科协等单位的代表，都冒着雨赶来了。

省技术经济和管理现代化研究会副理事长、杭州电子科技大学副校长陈畴镛教授首先宣读钱学森之子钱永刚的贺信。钱永刚得知在杭州召开钱学森科学思想研讨会，很高兴，很支持，虽然这一天他不能分身出席，但他写来了贺信。贺信中说:“杭州人杰地灵,物华天宝,在这片奇伟灵秀的沃土上,培育了许多中华民族的杰出人才,钱学森是其中一个。如今,在全国各地开展纪念钱学森100周年诞辰的各项活动中,在钱学森的故乡展开钱学森科学思想的学术研讨,有着特殊的意义。”

接着,项浙学教授发言,他阐述了学习钱学森科学思想的重要性和必要性,尤其学习钱学森创建的“大成智慧学”,对当前正在开展的建设智慧浙江的重要作用。他说:“今年浙江省政协根据省委领导的意见,开展建设智慧浙江的研究,我应邀参加了这个研究。我深深感觉到要研究智慧浙江,必须很好学习钱学森的科学思想,所以我主动向他们建议能不能请大家学一学钱学森‘大成智慧学’。”他还指出:“我们的一些决策失误常常是和战略思维、理论思维的缺失分不开。博大精深、高瞻远瞩、独特超群的钱学森科学思想,可以帮助我们提高这种能力。”他认为对于“钱学森之问”“只有深入学习、研究、宣传钱学森的科学思想,才能最终找到正确的答案”。

朱长乐教授是膜科学技术专家,因为工作上的关系和当时担任中国科协主席的钱学森有很多的交流,钱老与她谈科协工作,议膜科技。朱教授每次给钱学森写信请教,钱老都回信,这使朱教授十分感动。钱学森在一封回信中鼓励朱长乐:“按中国科协讨论的改革精神,把浙江省科协的改革推向前进,为大家做出榜样。”并说:“人民的感谢是对我们中国科学技术工作者的最崇高的奖赏!”朱教授感慨地说:“钱老是个大科学家,但他一点架子都没有,他真是一个平易近人、热爱科学、广泛交友的人民科学家。”

潘杰研究员与钱学森的交往,正如《钱江晚报》上所描写的:“一位是科学巨匠,世界闻名的科学家,中国航天事业的奠基人钱学森,一位是浙江展览馆的普通工作人员潘杰,两人年纪相差近30岁,非亲非故,很难想象,这样两个人身上会产生怎样的交集。不过就是这样从未谋面的两个人,分隔北京与杭州两地,竟互相通信三年多时间,潘杰共收到钱学森先生的回信18封。”会上潘杰老人讲述了钱学森不仅关心、支持、指导他钻研展览学,还对他的家庭生活十分关怀。钱学森得知潘杰的夫人患了癌症后,每次去信都问候潘夫人的病情,并寄上一些最新的治疗癌病的简报和资料,这使得潘杰感动万分。

沈荣发巡视员讲述了他从哈军工毕业后,在戈壁滩风沙雨露十几年中,目睹和感受钱学森的大将风度，他说："当时钱老担任国防科委副主任，又是历次导弹、卫星发射的副总指挥、技术总负责人。在研究院总装测试车间、基地的发射现场经常能见到钱老的身影。在不同场合我多次聆听钱老的讲话，几十年过去了至今历历在目、记忆犹新。当时在我们的眼里，他是我国战略武器、卫星和航天事业的奠基人和战略科学家，是高瞻远瞩、运筹帷幄的将帅，但他又是每次战斗的指挥者，试验发射故障的排除者，在观测现场不惧危险，冲锋在前，镇定指挥。他敢于担当的领导魄力，严谨细致的科学作风，深深教育感动着我们每一个参试人员。"沈荣发最后深情地说："他留给我们的精神是无穷的财富，值得我们永远地追求和发扬。"

会上大家竞相发言，有说不完的思念，充满着崇敬和感人的浓情。

这次会议虽然是省技术经济和管理现代化研究会筹备召开的，却也得到了省级有关学会和人士的积极支持。作为省科协的老领导，朱长乐教授正患重感冒，她坚持来到会场；现担任省科技促进外向型经济研究会理事长的项浙学教授收到邀请函后，马上表示要参加并讲话；省自然辩证法研究会理事长徐德明教授应邀后，撰写了上万字的论文《一个新的科学哲学学派在东方崛起——论钱学森现代科学技术体系学》带到会上；杭州市钱镠研究会秘书长钱刚到会热情做了"钱学森与杭州"的发言；已退休多年，身体欠佳的浙江工业大学陆近春教授，把他花了半年多心血写就的《不为金钱左右，不为权力干扰，坚守马克思主义的科学尊严》论文送上会议交流。

这次会议还特别邀请了几位在杭的哈军工老学员。钱学森与哈军工有着特殊的关系。1955 年 10 月钱学森回国后不久，他来到哈尔滨参观哈军工，当院长陈赓大将问他："我们自己能不能造火箭、导弹?"钱学森脱口而出了那句具有历史意义的名言："为什么不能? 外国人能造出来的，我们中国人同样能够造出来，难道中国人就比外国人矮一截不成!"这句话决定了钱学森在中国从事火箭、导弹和航天事业的生涯，哈军工也成了我国导弹和航天事业的开端，并为我国"两弹一星"的研制做出了巨大的贡献。他们中的万荣欣等也写了文章，纪念钱学森先生。

会议共收到论文和纪念文章 20 多篇。最难能可贵的是，研究会元老级的会员、东方通信原总工于贯虹，耄耋老人虽身患中风，也认真撰写了文章。他讲话困难,行动不便就叫他夫人搀扶着来到会场。他说:“会上我不发言了,但这个会议我一定要参加,听听大家的发言,共同怀念钱学森先生。”这也许就是钱学森的感召力吧。

经过热烈讨论,会议一致通过了《学习和弘扬钱学森科学思想与崇高精神的倡议书》,倡议全省科技工作者学习和弘扬钱学森在科技工作中,始终坚持马克思主义哲学的坚定信念;学习和弘扬钱学森始终走在科技的最前沿,敢于开拓,勇于超前的创新精神;学习和弘扬钱学森热爱祖国、关爱人民,始终抱有高度的社会责任感;学习和弘扬钱学森淡泊名利、至真至纯、拔俗超尘,始终保持清廉的高风亮节。

会议还成立了“钱学森科学思想研究小组”,旨在以本次会议为开端,把学习、研究、宣传和弘扬钱学森的科学思想和崇高精神继续下去。

附二

学习和弘扬钱学森科学思想与崇高精神的倡议书

人民科学家钱学森是我国当代爱国知识分子的楷模，是科技界的一面旗帜，他不但为我国"两弹一星"的研制做出了具有里程碑意义的重大贡献，他的科学思想更是高识远见、博大精深，是人类智慧的宝库，时代精神的反映。

在纪念钱学森100周年诞辰之际，我们聚集一堂，缅怀钱学森的丰功伟绩，追思钱学森的大师风范，研讨钱学森的科学思想，探索钱学森的思维特征。与会代表一致认为，学习和弘扬钱学森的科学思想和崇高精神，具有深远的意义，而在当前尤为必要。为此，会议向全省科技工作者发出倡议：

（一）学习和弘扬钱学森在科技工作中，始终坚持马克思主义哲学的坚定信念

钱学森是一位杰出的科学家，同时又是一位坚定的马克思主义者，他坚信马克思主义哲学，坚持用辩证唯物主义指导科学研究，用历史唯物主义看待和分析问题。他的论著里充满着辩证的哲学思维。他说："怎样培养分析洞察问题的能力？我认为最好的办法就是学习并掌握马克思主义哲学。"他指出"马克思主义哲学是智慧的源泉"，他不止一次地申明："马克思主义哲学作为科学技术的最高理论，就必须用来指导科学技术的进一步发展。"科技工作者要牢记钱学森的教诲，自觉地学习和运用马克思主义哲学来指导自己的科技工作。

(二)学习和弘扬钱学森始终走在科技的最前沿,敢于开拓,勇于超前的创新精神

高瞻远瞩、超前创新是钱学森科学思想的灵魂。他视野开阔,思维敏捷,他探赜索隐,钻坚研微。他既是一位善于果断处理技术细节和排除事故的一线专家,又是运筹帷幄、远见卓识的战略科学家。他从长远和全局的高度,着力思谋我国科学技术的发展规划,密切注视世界科技的发展趋势;他构建现代科学技术的体系,预示下一次世界产业革命的到来;他开创新的学科领域,集成现代科学知识,提出了许多被后来实践所证明的真知灼见。他强调"科学精神最重要的是创新",他深情地说:"那个时候就是这样一批有创新精神的人,把中国的原子弹、氢弹、导弹、卫星搞起来的。"科技工作者要发扬钱学森提倡的创新精神,鞭策自己,努力成为具有创新思想的人才。

(三)学习和弘扬钱学森热爱祖国、关爱人民,始终抱有高度的社会责任感

钱学森是自然科学家,他又是把自然科学和社会科学相交融的理论家和把学术成果延伸到国家社会主义建设中的思想家。他提出的"社会工程""大成智慧工程""综合集成法""总体设计部""政治文明""大农业观""建设山水城市"以及"从系统科学看我国今后60年的社会革命"的论述等,都是从他创新和发展的"系统科学""思维科学""社会论""大成智慧学""建筑科学""产业革命"等学术研究的成果中提出的。他的这些关系国家的政治、经济、科技、军事、文化、教育以至人们群众生活的先进理念、科学方法和诸多建议,后来很多被党中央和社会各界所接受采纳,发挥了不可估量的作用。钱学森所做的这一切,正如他的儿子钱永刚教授所说:"支持在他背后的是对国家、对民族、对社会的一种责任感。"科技工作者要树立像钱学森那样的高度社会责任感,尽职尽力,报效祖国。

（四）学习和弘扬钱学森淡泊名利、至真至纯、拔俗超尘，始终保持清廉的高风亮节

钱学森说："我姓钱，但我不爱钱。"他一介不取，万金捐赠，布衣蔬食，安贫乐道。钱学森说："我是一名科技人员，不是什么大官。"他事业第一，官位不计，自动降职，不争高低。钱学森对他的学术合作者说："我坚持署名你在先，我在后。"他心似丹阳，胸如大海，不分尊卑，扶掖举才。钱学森说："我不稀罕那些外国荣誉头衔。"他把人民满意，当作最高奖励，把功名荣誉，归功于党和集体。钱学森的清风劲节和他的卓绝成就一样高耸入云，钱学森的冰清玉洁和他的科学思想一样光芒四射。他是学识渊博和人品高尚极度统一的典范，是科技工作者的光辉榜样。

钱学森一生的追求是"志在强国，心在富民"。他的科学思想凝聚着深厚的爱国情愫和高度的社会责任感，蕴含着马克思主义哲学思想和改革创新精神，他的科学思想是他高尚人生的写照，是社会主义核心价值体系生动、具体的体现。全省科技工作者要积极行动起来，学习和弘扬钱学森科学思想和崇高精神，为我省科学技术的快速发展，为建设社会主义强国而努力奋斗。

钱学森科学思想研讨会全体代表

2011 年 12 月 7 日于杭州

附三

钱永刚贺信

钱学森科学思想研讨会:

在钱学森百年华诞之际,欣悉钱学森科学思想研讨会在杭州召开,并成立“钱学森科学思想研究小组”,我表示真诚的祝贺。

钱学森科学思想博大精深,经天纬地。他的整个科学思想有一个显著的特点,就是马克思主义哲学浸润其中。钱学森曾经说过:“我近30年来一直在学习马克思主义哲学,并总是试图用马克思主义哲学指导我的工作。马克思主义哲学是智慧的源泉!”而钱学森接受科学社会主义学说,最初就在杭州。他在交通大学读书时,因得伤寒而休学一年,在杭州养病。他回忆说:“休学一年对我也有好处,乘机看了些科学社会主义的书……人生观上升了。”

杭州人杰地灵,物华天宝,在这片奇伟灵秀的沃土上,培育了许多中华民族的杰出人才,钱学森是其中一个。如今,在全国各地开展纪念钱学森100周年诞辰的各项活动中,在钱学森的故乡展开钱学森科学思想的学术研讨,有着特殊的意义。

我祝研讨会圆满成功,为推动钱学森科学思想的研究和发扬光大做贡献。

钱永刚

2011年12月1日

附四

“钱学森与马克思主义哲学”学术沙龙纪要

在浙江省科协的积极支持下,东部科技沙龙——“钱学森与马克思主义哲学”学术研讨,于2011年12月29日在浙江省科协8楼会议室进行。浙江省科协原副主席、浙江省科技促进外向型经济研究会理事长项浙学教授,浙江省自然辩证法研究会理事长、浙江工业大学徐德明教授等11人参加研讨。会议由浙江省技术经济和管理现代化研究会常务副理事长王光明主持。

沙龙围绕“钱学森是怎么认识和评价马克思主义哲学的;他是怎么学习和运用马克思主义哲学,指导科技工作以及探索和解决我国社会主义建设中的一些重大问题,有哪些创新和贡献;我们应该怎么正确理解钱学森对马克思主义哲学的提法和论述”的主题,展开了热烈的讨论。与会者认为,钱学森是一位杰出的科学家,同时也是一位卓有见地的思想家、哲学家。在他的丰富多彩的科学生涯中,对现代科学技术发展和我国社会主义现代化建设做出了历史性的贡献。钱学森对我国“两弹一星”的研制,所做出的开创性贡献,在重要的时期,壮大了我国的国防力量和航天事业,大大提高了我国的国际地位。人们称他为“中国导弹之父”“中国航天之父”是当之无愧的。但从钱学森一生的全部科学成就与贡献来看,这只是其中的一部分。实际上钱学森的研究领域十分广泛,从科学、技术、工程直到哲学的不同层次上,在跨学科、跨领域和跨层次的研究中,特别是不同学科、不同领域的相互交叉、结合与融合的综合集成研究方面,都做出了许多开创性的独特贡献。而钱学森在这些方面的科学成就与贡献,不仅充分反映出他的科学创新精神,同时也深刻地体现了他的科学思想和科学方法,从现代科学技术发展来看,其意义和影响可能更大也更深远。与会者表示,钱学森的科学思想,是我们宝贵的知识财富和精神财富,值得大家认真学习和研究,把钱学森科学思想发扬光大,应运到我国社会主义现代化建设中去。

项浙学在会上的发言具有代表性,他说:在科技界倡导学哲学、用哲学的问题,一直是个很重要的问题。早在 1992 年,中国科协在北京召开了一个关于怎么样动员科技界学习马克思主义哲学的座谈会,在这个会上,当时是中央书记处书记的温家宝有一个讲话,他说:“参加今天的座谈会感到很高兴,在科技人员中倡导学习马克思主义,用辩证唯物主义和历史唯物主义指导科学实践是一件很有意义的事情。”“一是要指导自己的思想;二是要指导科学实践,运用马克思主义思想指导我们的思想和科学实验。”最近,习近平总书记在一次讲话中,反复强调要学习马克思主义的哲学,提出整个马克思主义三大组成部分,哲学是它的基础,叫智慧哲学。中央列了一个书单,马克思的有十篇,列宁的有五篇,还有两本书供高层干部学习。这说明中央领导一直重视和倡导科技人员和干部要认真学习马克思主义哲学。

项浙学说:“钱学森是很重视学习马克思主义哲学的,在科学实践中学习和运用马克思主义哲学,是科技界的典范,是我们的榜样。”项浙学说:“我重新把钱学森学习马克思主义哲学的过程看了一下,实际上他从 20 世纪 30 年代,在交通大学念书时,就开始学习辩证唯物主义,接触科学社会主义了,参加共产党小组的小型讨论会,读了《共产党宣言》《资本论》《辩证唯物主义》《艺术论》等进步图书,在美国也参加了美国共产党的外围组织,共产主义小组的聚会。钱学森回国以后,对学习马克思主义哲学更积极了。1955 年召开科学院学部成立大会,请他在大会上讲话,当时钱学森刚回来,他就说,我们要赶超国际科学技术先进水平,很重要的一个武器就是自觉运用马克思主义哲学,钱学森提出要运用辩证唯物主义和历史唯物主义来指导科学实践,这是社会主义的优越性。我们有很好的条件,有党中央鼓励我们学习马列主义、毛泽东思想,鼓励我们学习马克思主义哲学。因此,我们要自觉学习、应用辩证唯物主义和历史唯物主义指导我们的思想和科学实践。”

项浙学指出:“对于用马克思主义哲学指导科学研究的认识是有不同的看法,在钱学森科学思想研讨会上有人提出的疑问,不是一个人的想法,是有代表性的。前不久,我参加浙江省政协的一个会议,动员了很大一批人研究智慧浙江，好像领导同志都参与了。但是研究这个东西，仅仅把它限制在互联网、物联网的融合上，这不行，我跟他们讲，你们是不是要学一学钱学森的‘大成智慧学’？如果不研究科技和哲学的结合，你这个智慧是不行的。我发现有些领导同志听不进去，他现在全部的精力思维都集中在互联网和物联网的结合上。所以今天这个会我觉得非常重要，哪怕人少我们也要坚持下去，我是把它作为贯彻中央十七届六中全会精神，关于推动社会主义文化大发展大繁荣决定的一个重要内容来看待的。要积累文化强国，关键的核心价值体系怎么样完善，怎么能够真正贯彻这个体系，要完成构建这个体系很重要的一个内容，就是我们整个社会学习马克思主义哲学，这是一个重要的方面。”

项浙学还说：“现在科技界出现的一些问题，如主观性、片面性、表面性，这‘三性’是科学研究的大敌，这‘三性’恰恰是违背了辩证唯物主义。辩证唯物主义就是要你避免主观性、片面性和表面性，要克服这‘三性’归根到底就是要学习和使用辩证唯物主义。”

徐德明教授以及浙江工业大学教授陆近春、省技术经济和管理现代化研究会常务理事李子痕、省航海学会专家组成员万荣欣等都做了发言，阐述了钱学森对马克思主义哲学的态度，并联系现实谈了各自的看法。虽然在个别问题上有些分歧，但要在科技界呼吁加强学习马克思主义哲学这一点上，大家的意见是一致的，都认为有必要开展这方面的研究。会上初步确定了，要根据省科协关于软科学研究课题的通知，选好题，申报科协，着手进行课题研究。

会上，还对钱学森科学思想研究小组的组织、活动等进行了讨论。决定请项浙学、徐德明担任小组顾问，王光明担任组长。会议认为虽然现在小组的人还很少，只有十几个人，但只要努力开展工作和活动，扩大宣传，坚持下去，队伍会逐步壮大，做出成绩。

主办单位：浙江省技术经济和管理现代化研究会

协办单位：浙江省科技促进外向型经济研究会

浙江省自然辩证法研究会

附五

钱学森国际学术影响定量研究

摘　要:以 Web of Science 收录钱学森的引用文献为数据来源,综合应用引文分析、词频统计及知识图谱等研究方法,从整体概貌、主题演变、亲缘学者三个角度对钱学森在国际学术界的影响状况进行计量分析。

结果显示:

1. 影响范围:涉及全球六大洲 45 个国家或地区,81 个学科方向,588 所研究机构,2400 多位研究者,说明了钱学森国际学术影响的广度。

2. 影响主题:随时间的变迁呈现明显的连续性与演化性,航空力学、物理力学、流体力学、控制论等是每一时间段均有影响力的主题。20 世纪 80、90 年代国际学术界开始关注他的系统科学及控制论等主题,21 世纪初期向“现代科学技术体系学”主题转变,说明了钱学森国际学术影响力的演化。

3. 影响频度:国际被引用 10 次以上的有 23 篇文献,最高被引 147 次,次高被引 112 次;在中国的单篇被引频次第一高达 1836 次,说明了钱学森国内外学术影响力的深度。

4. 学术亲缘:共有 45 位亲缘学者,均为当代国际一流学者,他们所从事的研究领域与钱学森的研究领域基本吻合,说明了钱学森国际学术地位的高度。

关键词:钱学森,学术影响,科学计量,引文分析

引　言

本文尝试对钱学森(1911—2009)学术思想的国际影响力进行定量研究,为印证学界大量定性研究的结论提供相关支撑数据,并在此基础上探索有意

义的新发现。

本文拟解决的主要问题包括:钱学森的学术思想在国际学术界的影响呈现一个怎样的状态,受其影响的研究主题在随时间的改变呈现一个怎样的演化特征,其学术扩散过程中形成了哪些亲缘作者,他们和钱学森存在着怎样的学术关联性。

(一)数据来源与处理方法

利用国际权威引文索引数据库 Web of Science,检索引用钱学森公开发表的所有文献。根据多次预研究的结果,对检索式进行不断优化,最终确定检索式为:CA=Tsien H. S. OR Tsien Hsue Shen OR Tsien HS OR Tsien H OR H. S. Tsien OR Hsue Shen Tsien OR HS Tsien OR Qian XS OR Qian Xuesen OR XS Qian OR Xuesen Qian; Year=1900—2014; DateBases= SCI-E AND SSCI AND A&HCI AND CPCI-S AND CPCI-SSH。对命中的参考文献进行逐一对比,剔除与钱学森不相关的文献,最终得到 1650 篇施引文献。数据最后更新时间为 2014 年 11 月 13 日。

在数据的处理方面,综合运用科学计量学中的词频分析、共被引分析、知识图谱等研究方法,并结合 Thomson Data Analyzer(简称 TDA)、Bibexcel、Ucinet 三种科学计量与可视化分析软件对钱学森学术思想的国际影响力进行测度,对扩散轨迹进行刻画。

TDA 是汤森路透开发的一款文本挖掘软件,在数据清理方面具有较强的应用功能。本文主要利用该软件的数据清理和矩阵构建功能,进行数据的深度处理及探共现索性分析。

Bibexcel 是由瑞典科学计量学家皮尔逊(Olle Persson)开发的一款文献计量软件。它可以对 Web of Science、Scoup、EI 等多个引文及全文数据库的目标文献进行频次统计、耦合分析、共被引分析、聚类分析等,并可以对相关信息进行数据的清理。本文主要利用该软件进行数据的清理以及目标信息的抽取,并在探索性分析的过程中将其处理的数据和 TDA 处理的数据进行对比验证,以保证数据的精确性,增强结论的可靠性。

UCINET 是由加州大学欧文分校的一群网络分析者编写的一款社会网络分析软件,其中内嵌的 Netdraw 和 Pajek 在进行知识结构的可视化分析中具有十分广泛的应用。本文主要应用该工具进行格式的转换,并绘制钱学森学术扩散的主题及亲缘学者群图谱。

(二)钱学森国际学术影响的整体状态

本节主要从历史、国家、学科方向、机构、作者和高影响力文献,六个维度对钱学森学术影响做统计分析。

1. 历史

截止到 2014 年 11 月 13 日,钱学森的相关文献在 Web of Science 中的总被引频次达 1650 次,时间横跨 75 年(1940—2014 年),年均被引达 22 次。其中被引最早的年份年为 1940 年,且仅被一篇文章引用。该文是由 Malina, Frank J 在《佛兰克林学会杂志》上发表的《基于理想气体理论的火箭发动机的特征》。根据各年的施引文献分布,我们列出钱学森相关学术文献被引用的时间分布(图 2-10)。总体来看,其学术影响呈现出较为明显的波动特征。具体可以划分为三个层次。

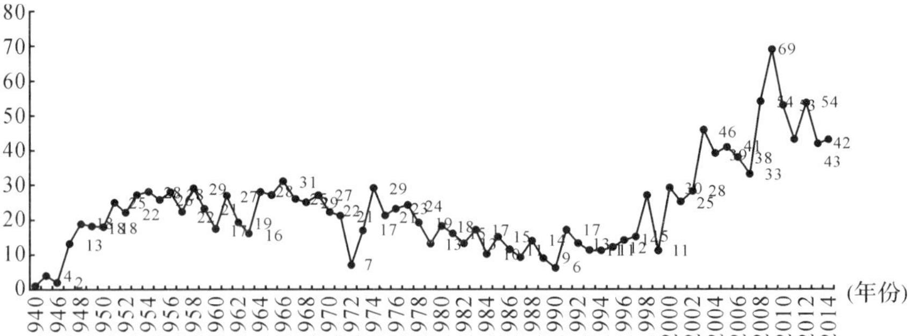

图 2-10　钱学森学术文献历年被引频次分布图

第一,20 世纪 40 年代初到 60 年代中期,学术影响力第一次增长期,为平稳增长期。

从 1940 年出现第一篇钱学森的引用文献到 1966 年,钱学森的被引频次基本上升并呈稳定状态。这 27 年时间,钱学森的被引文献达 470 篇,年均被引频次为 17.4 次,且在 1966 年出现被引频次的峰值,达 31 次。

第二,20 世纪 60 年代中期到 80 年代末、90 年代初期,为学术影响回落期。

从 1967 年到 1990 年这 24 年里,钱学森文献的被引频次总体呈回落状态。这一时间段里钱学森的总被引频次为 417 次,年均被引 17.2 次,1990 年是该时间段的低谷,被引频次为 6 次。出现这一现象的较为可能的原因是,在这一时间段里钱学森发表的大部分文献以中文为主,工程技术等研究的论文相对较少,且部分文献涉及军工机密等原因未公开出版。语言、内容及保密三个方面在某种程度上限制了他思想的扩散。虽然在 1990 年提出了"复杂巨系统理论",然而由于文献的被引有一个时滞的因素,故在当年也并未出现较高的被引频次。

第三,20 世纪 90 年代初期至今,学术影响第二次增长期,为快速增长期。

1991—2014 年,钱学森的历年被引频次出现持续攀升的状态。该时段总被引频次达 751 次,年均被引频次达 31.3 次,是上两个时期的近两倍。尤其是在 2009 年,出现这一时期的峰值,达 69 次。通过对相关高被引文献的统计,我们发现,这一时间段中,钱学森 1990 年发表的《一个科学新领域——开放的复杂巨系统及其方法论》(合作者为于景元、戴汝为),产生了较为重要的影响,其被引频次达 112 次。该文的发表与高被引预示着钱学森的"科学技术体系学""复杂巨系统理论"开始作为一种重要的学术观点,逐步被国际学术界所认可。

2. 国家

对钱学森的施引文献所归属的不同国家进行频次和某国首次引用其文献年份的统计,可以定量地了解钱学森学术思想在世界范围内的影响和扩散。据我们统计,1650 篇施引文献一共影响到全球 45 个国家和地区,且按照时间的划分呈现出较为独特的扩散特征。

如图 2 所示,从影响的国家来看,截至目前,钱学森的学术思想影响了涵盖亚洲、欧洲、大洋洲、北美洲、南美洲及非洲诸国在内的六大洲。其中,受钱学森学术思想影响较深的十个国家分别是中国、美国、英国、日本、法国、加拿大、澳大利亚、俄罗斯、意大利、德国,而这十个国家基本上涵盖了世界经济体的前十位。

从扩散的时间路径来看,在 20 世纪 40—50 年代,钱学森的学术思想开始影响中国和美国,60—70 年代仍然以这两国为主;80—90 年代情况有明显的变化,出现了包括加拿大、德国、印度、瑞士、以色列、日本、奥地利、巴西、罗马尼亚、葡萄牙及意大利在内的一共 15 个国家,钱学森的学术思想开始广泛向中美以外的世界其他国家或地区扩散。1990—2010 年间是钱学森学术思想扩散最为广泛的 20 年,分别扩散到白俄罗斯、澳大利亚、乌克兰、韩国、智利、丹麦、马其顿、哈萨克斯坦、荷兰、伊朗、墨西哥等国家和中国香港、中国台湾地区;近 5 年,钱学森学术思想已经影响到了巴林、芬兰、西班牙、阿尔及利亚、贝宁、爱沙尼亚及阿联酋在内的 7 个国家或地区。

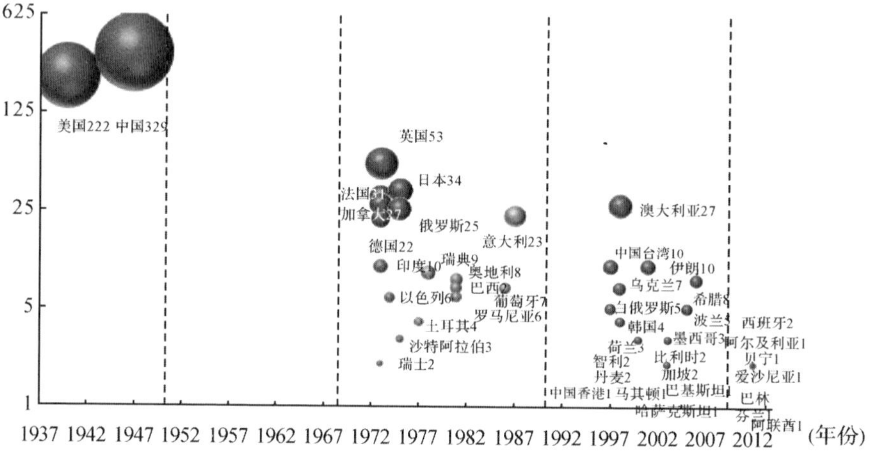

图 2-11　受钱学森学术思想影响的国家或地区及其扩散

3. 学科方向

对某一学术思想的跨学科影响特性进行测定与分析,在理解该学术思想的学科广度方面具有较好的反映。对 1650 篇目标文献各自所归属的学科进行频次的统计,有利于我们更为科学地把握钱学森学术思想对不同学科的影响。

经统计,1650 篇施引文献一共涉及 81 个学科方向,文理、艺术等均有涉及。其中影响程度最深的前 10 个分别是,工程学、机械学、物理学、数学、电脑科学、自动化及控制系统、科学技术及其他主题、材料科学、商业经济、热力学(表 2-1)。其中工程学以 811 次位居第一位,意味着在所有受钱学森影响的文献中有近一半是属于工程学的。由此可见,钱学森在该研究领域中的学术造诣与国际地位。除此之外,机械学、物理学、数学、电脑科学也是钱学森学术思想影响较为广泛的学科方向。其各自的频次都在 150 以上。

表 2-1　钱学森学术思想高影响学科方向(Top10)

编号	频次	学科方向(英)	学科方向(中)
1	811	Engineering	工程学
2	281	Mechanics	机械学
3	198	Physics	物理学
4	194	Mathematics	数学
5	159	Computer Science	电脑科学
6	87	Automation & Control Systems	自动化及控制系统
7	67	Science & Technology-Other Topics	科学技术及其他主题
8	66	Materials Science	材料科学
9	58	Business & Economics	商业经济
10	51	Thermodynamics	热力学

4. 机构

对钱学森学术思想影响的机构进行频次的统计,发现一共有 588 所研究机构对钱学森的相关文献进行过引用。发文量 9 篇以上的机构一共有 11 所(表 2-2)。分别涉及中国、美国、英国、法国、俄罗斯五个国家。其中中国占据 4 所,它们分别是中国科学院、上海交通大学、北京航空航天大学以及西安交通大学,且中科院以 60 篇的施引文献量居于第一位。美国也占据其中的 4 所,分别是加州理工学院、弗吉尼亚理工学院、乔治亚理工学院及密歇根大学。英、法、俄各一所,分别是剑桥大学、巴黎中央理工学院和俄罗斯科学院。说明钱学森的学术思想不仅引起了国际同类学者的重视,也引起了国际重要学术共同体的高度关注。

表 2-2　钱学森学术思想影响主要研究机构(Top11)

编号	文献量	机构	国家
1	60	中国科学院	中国
2	17	加州理工学院	美国
3	13	上海交通大学	中国
4	13	弗吉尼亚理工学院	美国
5	11	巴黎中央理工学院	法国
6	11	剑桥大学	英国
7	10	俄罗斯科学院	俄罗斯
8	9	北京航空航天大学	中国
9	9	乔治亚理工学院	美国
10	9	密歇根大学	美国
11	9	西安交通大学	中国

5. 作者

根据统计,受钱学森学术思想影响的作者一共有 2423 位,表 3 列出受其影响最大的前 10 位作者。有 7 位作者来自不同的国家,这足以说明钱学森学术影响的国际化程度之深。来自澳大利亚新南威尔士大学的科林·罗杰斯(Colin Rogers),一共有 17 篇文章引用过钱学森的论文。其次是巴黎中央理工学院的坎德尔(Sebastien Candel)。中国有 3 位作者在前 10 名作者之列,他们都来自中国科学院,分别是顾基发、唐锡晋和戴汝为。顾基发和唐锡晋都属于中科院数学与系统科学研究院,戴汝为来自中科院自动化所。其中,顾基发是中国运筹学和系统工程理论及应用研究早期开拓者之一,戴汝为作为钱学森的学生,与钱学森在学术上存在着较大的继承关系,尤其是钱学森工程控制论思想对其的影响。

表 2-3　受钱学森思想较大影响作者列表(Top10)

编号	文献量	作者	中译名	机构	国别
1	17	Colin Rogers	科林·罗杰斯	新南威尔士大学	澳大利亚
2	11	Sebastien Candel	坎德尔	巴黎中央理工学院	法国

续 表

编号	文献量	作者	中译名	机构	国别
3	11	Gu J F	顾基发	中国科学院	中国
4	11	Tang X J	唐锡晋	中国科学院	中国
5	10	Nicholas J. Hoff	尼古拉斯·霍夫	斯坦福大学	美国
6	10	Pellicano F	弗兰西斯科·P	莫德纳和勒佐艾米利亚大学	意大利
7	10	Thierry Poinsot	蒂埃里·波因索特	法国国家科学研究院	法国
8	9	Campos LMBC	坎波斯,LMBC	里斯本科技大学	葡萄牙
9	9	Dai R W	戴汝为	中国科学院	中国
10	9	Michael James Lighthill	詹姆斯·赖特希尔	曼彻斯特大学、伦敦大学学院等	英国

6. 高影响力文献

通过对钱学森高影响力文献的分析,有助于我们对钱学森学术思想的重要影响源做一个概貌性的了解。我们利用 Bibexcel 对 1650 篇施引文献的参考文献进行去重和统计。最后列出钱学森的高影响力文献。表 4 即为钱学森在 Web of Science 中被引用 10 次以上的 23 篇文献。从整体上看,这些论文体现了两个较为明显的特征。

第一,这些论文绝大部分都是钱学森早期在美国求学、工作时期(具体为 1935—1955 年)所发表的文章。文章的内容主要以航空动力学、流体力学等为主。他和冯卡门合作发表的《圆柱壳在轴压下的屈曲》(*The Buckling of Thin Clindrical Shells Under Axial*)更是以 147 次的被引频次位居所有论文被引用次数的第一位。

第二,在这些高被引论文中,除了他在美国时期发表的论著外,其 1990 年发表的《一个科学新领域——开放的复杂巨系统及其方法论》(*A New Field of Science-Open Complex Giant System and Its Methodology*)是他回国后唯一一篇高被引文献,以 112 次位列第二位。值得注意的是,该文在中国知网中的被引频次高达 1836 次,比其被引频次第二高的《系统科学、思维科学与人体科学》高了 1662 次,足以见该文在国内外产生的巨大影响力。

表 2-4 钱学森的高被引文献(阈值≥10)

频次	年份	文献(中英标题)	发表刊物	合作者
147	1941	The Buckling of Thin Clindrical Shells Under Axial 圆柱壳在轴压下的屈曲	*Journal of the Aeronautical Sciences*	冯卡门 钱学森
112	1990	A New Field of Science-Open Complex Giant System and Its Methodology 一个科学新领域——开放的复杂巨系统及其方法论	*Nature Magazine*	钱学森 于景元 戴汝为
107	1946	Superaerodynamics, Mechanics of Rarefied Gases Superaerodynamics 稀薄气体力学	*Journal of the Aeronautical Sciences*	
98	1954	Engineering Cybernetics 工程控制论	*McGraw-Hill*	
69	1939	Two-Dimensional Subsonic Flow of Compressible Fluids 可压缩流体的二维亚声速流动	*Journal of the Aeronautical Sciences*	冯卡门 钱学森
67	1938	The Buckling of Spherical Shells by External Pressure 球壳在外压下的曲面	*Journal of the Aeronautical Sciences*	冯卡门 钱学森
62	1953	Take-off from Satellite Orbit 从卫星轨道上起飞	*Journal of the American Rocket Society*	
41	1942	A theory for the buckling of thin shell 薄壳的屈面理论	*Journal of the Aeronautical Sciences*	
39	1956	Poincare-Linghthill-Kuo Method Poincare-Linghthill-Kuo 方法	*Advances in Applied Mechanics*	
38	1938	Supersonic Flow over an Inclined Body of Revolution 有攻角旋转体的超声速绕流	*Journal of the American Rocket Society*	
36	1943	Symmetrical Joukowsky Airfoils in Shear Flow 剪切流中的 Joukowsky 对称翼型	*Quarterly of Applied Mathematics*	
36	1952	The Transfer Functions of Rocket Nozzles 火箭喷管的传递函数	*Journal of the American Rocket Society*	
35	1946	Similarity Laws of Hypersonic Flows 高超声速流动的相似率	*Journal of Mathematics and Physics*	

续　表

频次	年份	文献(中英标题)	发表刊物	合作者
28	1952	Servo-Stabilization of Combustion in Rocket Motors 火箭发动机中燃烧的伺服稳定	*Journal of the American Rocket Society*	
27	1949	Interaction Between Parallel Streams of Subsonic and Velocities 亚声速和超声速平行流间的相互作用	*Journal of the Aeronautical Sciences*	
24	1951	Optimum Thrust Programing for a Sounding Rocket 探空火箭最有推力规划	*Journal of the American Rocket Society*	
20	1943	On the Desigm of the Contraction Cone for a Wind Tunnel 关于风洞收缩椎的设计	*Journal of the Aeronautical Sciences*	
19	1951	Influence of Flame Front on the Flow Field 火焰阵面对流场的影响	*Journal of Applied Mechanics-Transactions of the Asme*	
18	1950	A Generalization Of Alfrey Theorem for Visco-Elastic Media 黏弹性介质 Alfrey 定力的推广	*Quarterly of Applied Mathematics*	
17	1946	Propagation of Plane Sound Waves in Rarefied Gases 稀薄气体中平面声波的传播	*Journal of the Acoustical Society of America*	
13	1949	Heat Source in a Uniform Flow 均匀流中的热源	*Journal of the Aeronautical Sciences*	
10	1942	The Buckling of Thin Cylindrical Shells under Axial Compression 带非线性横向支撑的柱的屈面	*Journal of the Aeronautical Sciences*	
10	1953	The Properties of Pure Liquids 纯液体的性质	*Journal of the American Rocket Society*	

(三)钱学森学术影响主题的演变

将 1940—2014 年的文献按照每 20 年一个时段,分为四个时间段。即 20 世纪 40—50 年代(1940—1959 年)、20 世纪 60—70 年代(1960—1979 年)、20 世纪 80—90 年代(1980—1999 年)、21 世纪初期(2000—2014 年)。

1. 20 世纪 40—50 年代

这一时间段一共有 305 篇施引文献,占总体的 18.48%,利用 TDA 对这 305 篇文献的主题词进行提取,剔除意义不大的虚词等,选择其中出现频次最高的前 50 个词,构建其邻接矩阵,其中节点之间共现的最低值为 2 次。利用 Ucinet 制作关键词—主题词共现图谱(图 3)。图中每一节点表示一个高频词,节点的大小表示他们出现频次的高低,节点之间的联系表示两者之间的共现关系,连线之间的粗细代表两者之间共现的强弱。从图中所展示的高频词之间的关系可知,50 个高频词之间的关系比较松散,说明钱学森的学术在这一时期的影响主题相对较为分散。从图中高频词表达的意思可知,这些词基本上属于流体力学、航空动力学范畴,代表性词语有可压缩流体(Compressible Fluid)、超音速流动(Supersonic Flow)、跨音速流(Transonic Flow)、航空动力学(Aerodynamics)、超声速(Supersonic Speeds)、边界层(Boundary Layers)等。

除此之外,这一时期钱学森和他的导师冯·卡门创立的"卡门—钱学森公式"(Karman-Tsien Formula)对当时的学术界也产生了重要的影响。Coburn N. 于 1945 年在《应用数学季刊》上专门发表了《可压缩流体中二维超音速流中卡门—钱学森压力容积关系》对其进行过论述。华裔科学家林家翘(LIN, CC 1946)也于该刊上发表《论冯·卡门—钱学森方法在封闭轮廓周围循环的二维亚音速流的扩展》一文专门论述这一公式的应用。

总的来说,钱学森学术思想在这一时期影响主题或领域主要集中在流体力学、航空动力学等方面。

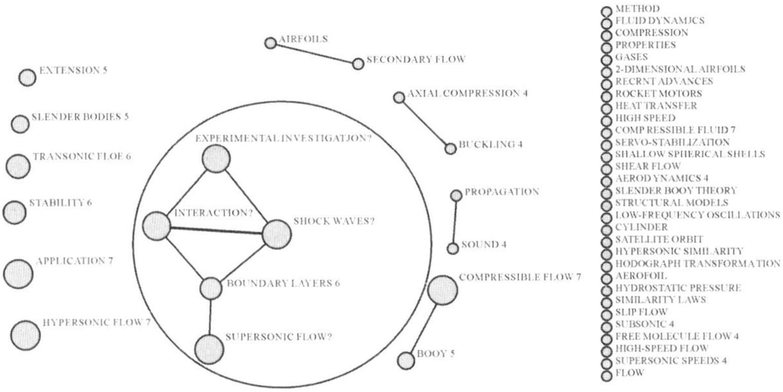

图 2-12 20 世纪 40—50 年代钱学森施引文献高频关键词—主题词共现图谱(Top50)

表 2-5　20 世纪 40—50 年代钱学森施引文献高频关键词—主题词列表(阈值≥5)

编号	关键词—主题词	频次	编号	关键词—主题词	频次
1	Application	7	7	Hypersonic Flow	6
2	Compressible Fluid	7	8	Stability	6
3	Interaction	7	9	Transonic Flow	6
4	Shock Waves	7	10	Body	5
5	Supersonic Flow	7	11	Extension	5
6	Boundary Layers	6	12	Slender Bodies	5

2. 20 世纪 60—70 年代

这一时间段一共有 439 篇施引文献，占总体的 26.61%，较前一阶段有明显的提升。

具体的操作如上一阶段，依然选取前 50 个高频词，节点之间最低共线频次为 2 次，图 4 即为生成的高频关键词—主题词共现网络图谱。结合图 4 和表 6，从整体上看，该时间段基本延续上一阶段出现的研究主题，但高频词的分布却出现了较大的不同。频次最高的前 5 个词分别是力学术语屈曲(Buckling)、轴向挤压(Axial Compression)、应用(Application)、稳定性(Stability)、柱状壳体(Cylindrical Shell)。经文献查阅，我们发现对这一时期影响较为广泛的几篇文章分别是钱学森 1942 年发表的《带非线性横向支撑的柱的屈面》(*The Buckling of Thin Cylindrical Shells under Axial Compression*)，1942 年发表的《薄壳的屈面理论》(*A theory for the buckling of thin shell*)，1941 年发表的《圆柱壳在轴压下的屈曲》(*The Buckling of Thin Clindrical Shells Under Axial*)等关于屈曲理论方面的论文。受其影响的相关代表性文献有《均匀的轴向压缩下的屈曲圆柱薄壳》(Hart-Smith L J, 1970)、《轴压状态下几何不完整硬气缸的曲面分析》(Sheinman I, Simitses G J, 1977)等。

总体而言，钱学森这一时期学术影响的主要研究主题仍围绕在“力学”研究的周围，主要包含了曲面理论及其应用、航空力学、流体力学等方面。

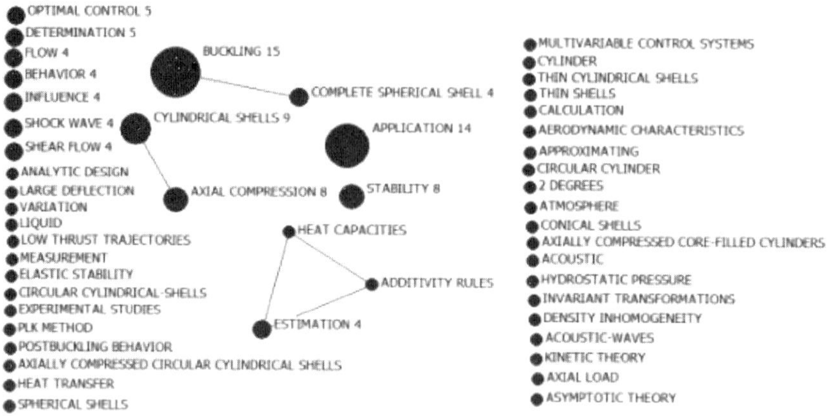

图 2-13　20 世纪 60—70 年代钱学森施引文献高频关键词—主题词共现图谱(Top50)

表 2-6　20 世纪 60—70 年代钱学森施引文献高频关键词—主题词列表(阈值≥4)

编号	关键词—主题词	频次	编号	关键词—主题词	频次
1	Buckling	15	8	Estimation	4
2	Application	14	9	Flow	4
3	Cylindrical-Shells	9	10	Complete Spherical Shell	4
4	Axial Compression	8	11	Shear Flow	4
5	Stability	8	12	Shock Wave	4
6	Optimal Control	5	13	Influence	4
7	Determination	5	14	Behavior	4

3. 20 世纪 80—90 年代

该时期 Web of Science 一共收录钱学森的施引文献 268 篇,学术影响力较前两个阶段略有下降。按照前两个部分的操作思路,我们构建了钱学森在这一时期施引文献的高频关键词—主题词共现图谱(图 2-14),并提取了部分高频词列表(表 2-7)。从整体上看,这一时期高频关键词—主题词之间的共现情况较为紧密,体现出来的是钱学森学术影响呈现出较为聚合的特征。出现这一情况的原因主要有两点:其一,是钱学森学术思想在扩散过程中自然出现的聚合特征;其二,学者更注意学术规范,以及数据库对这一时间段数据的加工相对更为精细。我们根据高频词的语义相似性、共现关系将其分为三个聚类，这三个聚类所代表的研究主题在延续上两个时期特征的同时出现了系统科学及控制论这一新的主题研究领域。

具体来看，航天力学及流体力学等相关研究主题包含的关键词或主题词主要有屈曲（Buckling）、炮弹（Shells）、冲击波（Shock Waves）、喷气式飞机（Jet）、气体（Gases）等。代表性文献有《超音速燃烧研究》（Billig F S, 1993）、《气动噪声与气动声学疲劳的范围研究》（Campos L, 1997）等。

物理力学等相关研究主题的高频词包括负荷（Load）、气缸（Cylinders）、动力学（Dynamics）、轴向压缩（Axial Compression）等。相关影响文献有《动力系统位置稳定性的预调》（Balashevich N V 等, 1998）等。

系统科学及控制论是新出现的主题领域，相关代表词语有系统（System）、控制系统（Control System）、控制（Control）、机械主义（Mechanism）等。代表性影响文献有《控制系统的时滞交会》（Bien Z, Chyung D H, 1981）、《燃烧不稳定性的积极控制综述》（McManus K R, 1993）。

值得注意的是，除了上述提到的三个较为主要的主题领域之外，出现了“中国”这一主题，在图中用红色进行标注。该主题的出现，在一定程度上反映了钱学森作为中国有代表性的科学家开始较广泛地影响国际学术界。

总体而言，这一时期影响的主题较前两个阶段而言，既延续了之前的研究主题，又出现了新的特点，尤其是系统科学及控制论这一主题领域的出现，体现了钱学森的系统科学及科学技术体系学的学术思想开始逐步向国际学术界扩散开来。

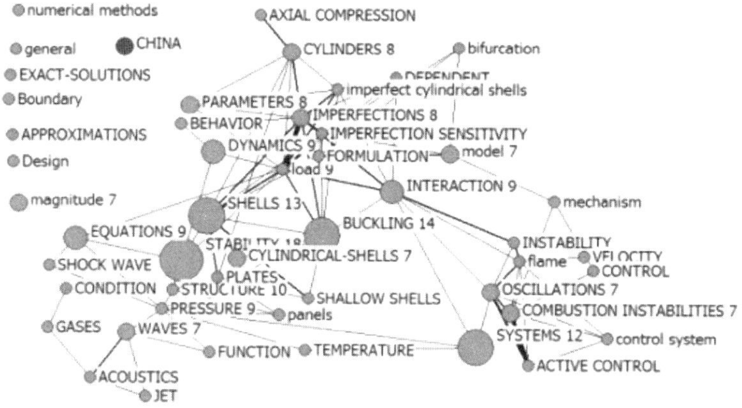

图 2-14　20 世纪 80—90 年代钱学森施引文献高频关键词—主题词共现图谱（Top50）

表 2-7　20 世纪 80—90 年代钱学森施引文献高频关键词—主题词列表(阈值≥7)

编号	关键词—主题词	频次	编号	关键词—主题词	频次
1	Stability	18	10	Equations	9
2	Buckling	14	11	Parameters	8
3	Shells	13	12	Cylinders	8
4	Systems	12	13	Imperfections	8
5	Structure	10	14	Cylindrical-Shells	7
6	Pressure	9	15	Waves	7
7	Interaction	9	16	Magnitude	7
8	Dynamics	9	17	Model	7
9	Load	9	18	Combustion Instabilities	7

4. 21 世纪初期(2000—2014 年)

2000—2014 年受钱学森影响的学术文献一共有 637 篇,年均高达 42.5 篇,钱学森的学术思想在进入 21 世纪后,开始广泛向世界传播。在对这 637 篇施引文献的高频词进行抽取与清理之后,我们发现仅出现 5 次以上的就有近 600 个。为保证在不影响主要结果的前提下,增强图谱的可读性,经过多次探索性研究,我们认为出现频次最高的前 150 个词已基本能保证研究的预期。

图 2-15 即为这一时段的关键词—主题词共现图谱。为了便于区分高频词的频次,我们对前 20 个词的出现频次进行标示。由于图 2-15 中的节点关系相对复杂,根据相关节点之间的关系、语义相似性等,将图 2-15 大致划分为三个类别,并对相关类别用数字进行标示。

从整体上看,这一时间段的主题词—关键词之间的关系变得更为紧密,且形成了以"系统(System)"为核心的知识结构及分布,反映了该时间段钱学森学术思想对国际学术界的影响以"系统"为中心向周围扩散。

具体而言,根据 1 号聚落高频词的整体分布,我们将其定义为"航天力学及流体力学"知识群,相关的高频词有 Sound(声音)、Waves(波)、Space(太空)、燃烧(Combustion)、流体(Fluid)等。代表文献有《相对论火箭》(Antippa A F, 2009)、《中国航空发展史:火箭与卫星行业的比较研究》(Erickson A S, 2014)等。

2 号聚落定义为“物理力学”知识群，相关高频词有运动(Motion)、负荷(Load)、机械主义(Mechanism)、气缸(Cylinders)等。代表性文献有《球圈表面的压缩、褶皱及崩裂》(Vliegenthart G A, 2011)、《连续介质力学的复兴》(Chen WQ, 2014)等。

3 号聚落定义为“科学技术体系学及应用”，包含的关键词—主题词有综合集成(Meta-synthesis)、复杂巨系统(Complex Giant System)、大成智慧(HWME)、综合集成方法(Meta-synthesis)、系统科学(System Science)、管理(Management)、知识(Knowledge)等。代表性文献有《知识科学中的综合集成系统方法》(Gu J, Tang X, 2007)、《复杂的分布式系统的基础和架构》(Tianfield H, 2008)、《基于综合集成方法和学习型组织理论的远程教育系统》(Chun-li L, Lin-na H, 2012)等。

总体而言，这一时期，钱学森的学术思想在保持其对航空力学、物理力学、流体力学、控制论等方面影响的同时，在立足系统科学方向的基础上发生了明显的演化特征。主要表现在，出现了以大成智慧、综合集成论、复杂巨系统、综合集成研讨厅、知识体系等为理论范畴的“现代科学技术体系学”，虽然钱学森在 1979 年就提出了该理论的主要观点，但其在国际学术界产生广泛影响主要是在 21 世纪。

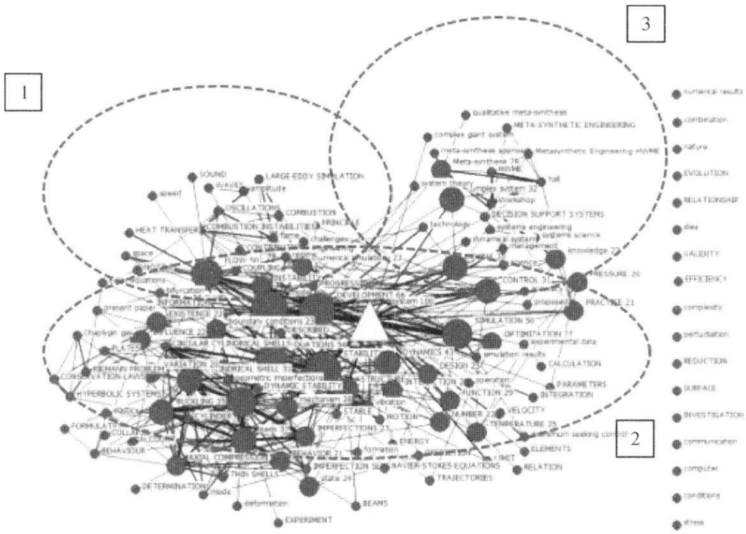

图 2-15　21 世纪初期钱学森施引文献高频关键词—主题词共现图谱(Top150)

表 2-8　21 世纪初期钱学森施引文献高频关键词—主题词列表(Top20)

编号	关键词—主题词	频次	编号	关键词—主题词	频次
1	System	100	11	Loads	37
2	Model	69	12	Buckling	35
3	Development	66	13	China	35
4	Stability	61	14	Complex System	32
5	Equations	56	15	Control	31
6	Flow	50	16	Cylindrical Shell	31
7	Shell	50	17	Function	29
8	Simulation	50	18	Mechanism	28
9	Dynamics	43	19	Meta-Synthesis	28
10	Structure	37	20	Optimization	27

综上所述,通过对钱学森学术思想在四个时间段扩散的主题领域进行分析,发现钱学森的学术思想在不同时间的扩散既有连续性也呈现较为明显的演化特征。在连续性方面,主要表现为航空动力学、流体力学、物理力学等研究主题,这些主题领域也是每一个时间段最主要的影响主题。这也体现了钱学森在力学、工程学方面的研究长期处于国际领先水平,对这些领域的研究具有重要的学术贡献,印证了他是这些研究领域的国际一流科学家;在演化性方面,主要表现为 20 世纪 80—90 年代钱学森的系统科学及控制论的观点开始为国际学术界所接受,且在 21 世纪初的 15 年里,演化发展成为以“科学技术体系学”的理论体系,以“综合集成论”“复杂巨系统”及“大成智慧”等理论范畴,开始向国际学术界有效扩散。

(四)钱学森的亲缘学者

作者共被引理论(White H D,Griffith B C, 1981)认为,两位作者相互之间被共同引用的频次越高,那么这两位作者之间的相似性就越大。主要表现在他们之间的学术兴趣、研究方法、研究背景等方面具有高度的相似性,即具有亲缘性。我们从 40617 篇钱学森的共被引文献中提取被引频次 30 次及以上的作者(一共 45 位),根据他们与钱学森共被引的强度高低,刻画他们与钱学森学术上的亲近关系。

在具体的操作上,利用 TDA 对钱学森的共被引文献中的作者字段进行提取。在提取前,首先对不同作者的不同书写形式进行归并处理。例如,将钱学森的不同拼写 Tsien H. S. ,TsienHsueShen,Tsien HS,Qian Xuesen 等统一为 Tsien HsueShen,冯卡门的不同拼写 Von Karman T,Vonkarman T,Von Karman T. V 等统一为 Thvon Karman。其次,根据归并不同拼写之后的作者,构建他们与钱学森的共现矩阵。最后,将生成的矩阵导入 Ucinet 中,利用其内嵌的 NetDraw 刻画钱学森的亲缘作者图谱。

图 2-16 即为以钱学森为学术中心形成的亲缘学者群。图中每一个节点指一位作者,其中钱学森位于图的中心,用深红色三角形表示,其他亲缘作者分布于他的周围。图中的线条表示每一位作者与钱学森共被引频次的高低,越粗表示两者之间的共被引频次就越高,也即他们之间的亲近性越高。根据这些作者与钱学森共被引频次的高低,一共分为五个群落。

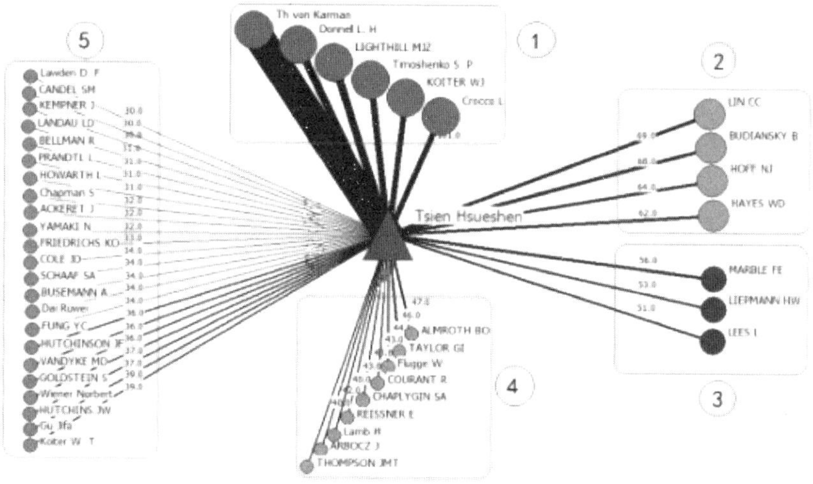

图 2-16　钱学森亲缘学者群

表 2-10　钱学森亲缘学者群列表

作者群	作　者	共被引频次	作者中译名	国别	主要研究领域
1.1	Thvon Karman	430	冯卡门	匈牙利裔美国人	航空航天
1.2	Donnell Lloyd Hamilton	130	劳埃德·汉密尔顿·唐纳	美国	应用力学
1.3	Lighthill MJZ	129	麦克尔·詹姆斯·莱希尔	英国	流体力学
1.4	Stephen P. Timoshenko	106	斯蒂芬·P.季莫申科	英国	物理,航空声音学
1.5	Warner T. Koiter	102	华纳·T.柯伊特	荷兰	应用力学
1.6	Luigi Crocco	101	鲁金·克洛克	意大利裔美国人	数学、航空航天
2.1	Lin Chia-Ch'iao	69	林家翘	美籍华人	力学、应用数学、天体物理
2.2	Budiansky Bernard	68	伯纳德·布迪安斯基	美国	应用力学、结构力学和材料力学
2.3	Hoff Nicholas John	64	尼古拉斯·约翰·霍夫	美国	航空航天
2.4	Hayes Wallace Dean	62	华莱士·D.海耶斯	美国	力学
3.1	Marble Frank E	56	弗朗克·马勃	美国	航空航天
3.2	Liepmann Hans Wolfgang	53	汉斯·沃尔夫冈·里普曼	美国	流体动力学
3.3	Lees Lester.	51	莱斯特·利斯	美国	航空航天
4.1	Bo O. Almroth	47	阿尔姆罗思	美国	航空航天
4.2	Taylor Geoffrey Ingram	46	杰弗里·英格拉姆·泰勒	英国	物理学、数学
4.3	Flügge Wilhelm	44	威廉·F	德国	力学
4.4	Sergey Alexeyevich Chaplygin	43	恰普雷金	苏联	力学
4.5	Courant Richard	43	理查德·柯朗	德国	数学

续　表

作者群	作　者	共被引频次	作者中译名	国别	主要研究领域
4.6	Reissner，Eric	43	埃里克·赖斯纳	美国	应用力学
4.7	Johann Arbocz，	42	约翰·阿伯	匈牙利裔美籍	结构力学
4.8	Thompson John Michael Tutill	40	汤普森	英国	数学、物理学
4.9	Lamb Horace.	40	贺拉斯·兰姆	英国	数学、物理学
5.1	Warner T. Koiter，	39	瓦尔纳·T. 柯尔特	荷兰	应用力学
5.2	Gu Jifa	39	顾基发	中国	运筹学、系统工程学
5.3	Wiener Norbert	37	诺伯特·维纳	美国	应用数学
5.4	Joseph W Hutchins	37	约瑟夫·W. 哈钦斯	美国	机械工程
5.5	Milton VanDyke	36	米尔顿·范戴克	美国	流体动力学
5.6	Goldstein Sydney	36	戈德斯坦	英国	数学、流体动力学
5.7	J. W. Hutchinson	36	约翰·W. 哈钦森	美国	固体力学
5.8	Busemann Adolf	34	阿道夫·布泽曼	德国	航空动力学
5.9	Fung Yuan Cheng	34	冯元帧	美籍华人	生物力学
5.10	Cole Julian D.	34	朱利安·D. 科尔	美国	数学、航空动力
5.11	Schaaf Samuel Albert	34	塞缪尔·艾伯特·沙夫	美国	流体动力学
5.12	Dai Ruwei	34	戴汝为	中国	自动控制、模式识别、人工智能、智能控制及思维科学
5.13	Kurt Otto Friedrichs	33	库尔特·奥特·弗里德里希斯	德裔美籍	数学
5.14	Ackeret Jakob	32	雅各布·阿克莱特	瑞士	空气动力学

续 表

作者群	作　者	共被引频次	作者中译名	国别	主要研究领域
5.15	Yamaki Noboru	32	山木昇	日本	高速力学
5.16	Chapman Sydney	32	S. 查普曼	英国	数学、地球物理学
5.17	Landau Lev Davidovich	31	列佛·多维奇·朗道	苏联	物理学
5.18	Bellman Richard	31	理查德·贝尔曼	美国	数学
5.19	Prandtl Ludwig	31	路德维奇·普朗特	德国	物理学、力学
5.20	Howarth Leslie	31	莱斯利·豪沃思	英国	流体动力学
5.21	Kempner Joseph	30	约瑟夫·肯普纳	美国	应用力学
5.22	Lawden Derek F.	30	德里克·F. 劳登	英国	数学
5.23	Sébastien Candel	30	塞巴斯蒂安·康代尔	法国	机械工程、数学

1. 1 **号群落**

1 号群落是与钱学森亲近性最高的群落,一共涉及 6 位学者。主要代表人物有冯·卡门、劳埃德·汉密尔顿·唐纳、麦克尔·詹姆斯·莱希尔、斯蒂芬·P. 季莫申科、华纳·T. 柯伊特、鲁金·克洛克。这一群落是钱学森亲缘作者中的核心群落,与钱学森共被引次数都达到 100 次以上。其中最有影响力的为冯卡门,他是钱学森在美国学习时的导师,工作时期的亲密合作者,与钱学森的早期学术思想存在着直接的继承关系。他作为 20 世纪杰出的美国工程学家,开创了数学和基础科学在航空、航天和其他技术领域的应用,被誉为“航空航天时代的科学奇才”,我国另外两位著名科学家钱伟长、郭永怀都是他的亲传弟子。劳埃德·汉密尔顿·唐纳是斯坦福大学教授,应用力学专家。麦克尔·詹姆斯·莱希尔是英国现代流体动力学专家。鲁金·克洛克是数学家和航空航天专家。

2. 2 **号群落**

2 号群落一共有 4 位亲缘作者,属于钱学森亲缘作者群的次核心群。主要代表人物有林家翘、伯纳德·布迪安斯基、尼古拉斯·约翰·霍夫、华莱士·D. 海耶斯。这一群落是钱学森亲缘作者中的次核心群落，与钱学森共被引次数都达到 60 次以上。其中林家翘为美籍华人科学家，国际公认的力学和应用数学权威、天体物理学家。他与钱学森也有多篇合作论文，两者之间具有较大的学术关联性。华莱士·D. 海耶斯是美国普林斯顿大学力学和航空航天工程荣誉教授，在超声波飞行原理与超音速飞机的设计上做了重要的基础性研究。

3. 3 **号群落**

3 号群落一共包含 3 位学者。主要代表人物有弗朗克·马勃、汉斯·沃尔夫冈·里普曼、莱斯特·利斯。这一群落的作者与钱学森共被引次数在 50—60 次之间。其中弗朗克·马勃是钱学森在美国加州理工学院工作期间的同事、挚友。当年钱学森在非常情况下回国，他的工作手稿部分散落于办公室和实验室的各个角落，弗朗克·马勃教授将它们一一收集起来，并加以初步分类和整理，在重开中美两国人民友好的新时期，将它们送回到中国。

4. 4 **号群落**

4 号群落一共包含 9 位学者，他们与钱学森共被引次数在 40—50 次之间，在五个群落中属于次边缘群落。主要代表人物有阿尔姆罗思、杰弗里·英格拉姆·泰勒、威廉·F、恰普雷金、理查德·柯朗、埃里克·赖斯纳、约翰·阿伯、汤普森、贺拉斯·兰姆。他们的研究主要也集中在数学、物理、力学等和航天航空工程息息相关的领域。其中阿尔姆罗思是世界军用飞机市场的领军企业美国洛克希德马丁公司的研究员。威廉·F 是德国力学专家，出版了有关壳体的第一本专著。埃里克·赖斯纳是美国应用力学专家，加州大学圣地亚哥分校教授，他扩展了力学的基础理论，给民用工程和航天工程都带了巨大影响。贺拉斯·兰姆是英国应用数学家，皇家学会院士，以多部有影响的经典物理学著作而知名。

5. 5 **号群落**

5 号群落人数最多，一共涉及 23 位学者，他们与钱学森的共被引频次在 30—40 次之间，属于钱学森亲缘学者群落中的边缘群落。主要代表人物有瓦尔纳·T. 柯尔特、顾基发、诺伯特·维纳、约瑟夫·W. 哈钦斯、米尔顿·范戴克、戈德斯坦、约翰·W. 哈钦森、阿道夫·布泽曼、冯元帧、朱利安·D. 科尔、塞缪尔·艾伯特·沙夫、戴汝为、库尔特·奥特·弗里德里希斯、雅各布·阿克莱特、山木昇、S.查普曼、列佛·多维奇·朗道、理查德·贝尔曼、路德维奇.普朗特、莱斯利·豪沃思、约瑟夫·肯普纳、德里克·F.劳登、塞巴斯蒂安·康代尔。这一群落人数最多,是钱学森亲缘作者中的边缘群落,与钱学森的共被引次数在30—40次。这一群落大多数作者的研究也集中在与航空航天相关的理论研究与应用研究领域,其中两位中国作者戴汝为、顾基发的研究涉及科学哲学研究领域。顾基发是我国运筹学、系统工程理论和应用研究早期开拓者之一,协同钱学森、许国志开创中国系统工程的研究和应用。戴汝为是中国科学院院士,曾在中国科学院力学研究所工作师从钱学森,长期从事自动控制、模式识别、人工智能、智能控制及思维科学的研究。

总之,上述5个群落的45位亲缘学者,都是国际一流的科学家、研究者,他们既有钱学森在美国的导师、同事、同门、合作者,也有钱学森在中国的学生。他们中的多数与钱学森所从事的航空航天、物理力学、工程学、数学、系统科学等方面的研究存在着极大的学术关联性,他们与钱学森共同推进了世界航空航天、力学、系统科学等领域的发展。对这些亲缘学者的测定与分析,印证了钱学森作为国际知名学者的论断。

(五)结语

本文基于Web of Science收录钱学森的1650篇施引文献为数据来源,分别从钱学森学术影响的整体概貌、主题及演变、亲缘学者三个角度进行量化分析,得出如下结论。

第一,钱学森是国际学术界一流的学者。在航空力学、流体力学、工程控制论、系统科学等方面具有十分重要的影响。目前为止,他的学术思想已影响至包括美国、英国、法国、德国、澳大利亚、日本、韩国、伊朗、巴西、阿尔及利亚等在内的45个国家及地区,覆盖全球六大洲;涉及工程学、航空航天、社会学、文学、艺术在内的81个学科方向;波及加州理工学院、弗吉尼亚理工学院、巴黎中央理工学院、俄罗斯科学院、乔治亚理工学院、密歇根大学、中国科学院、上海交通大学等在内的588所重要高校及科研机构等;影响了包括科林·罗杰斯(Colin Rogers)、坎德尔(Sebastien Candel)、戴汝为(Dai R W)、尼古拉斯·霍夫(Nicholas J. Hoff)等在内的2400多名国际重要学者。

第二,1940—2013年的75年时间里,钱学森的学术思想在不同时间段的扩散既有呈现出稳定的连续性也出现较为明显的演化发展特征。其中,在连续性方面,航空动力学、流体力学、物理力学是每一个时间段最主要的影响主题;在演化方面,20世纪80—90年代钱学森的系统科学及控制论的思想开始为国际学术界所广泛接受,且在21世纪初的十五年里,发展为以"科学技术体系学"为理论体系,以"综合集成论""复杂巨系统"及"大成智慧"等为理论范畴,开始向国际学术界全面扩散开来。

第三,钱学森的45位亲缘学者被划分为5个群落,均为当代国际一流学者,其中大多数是钱学森的老师、同门、同事、合作者及学生。他们所从事的研究领域与钱学森的研究领域基本吻合,这些人的学术身份及与钱学森的亲缘关系,再次证明了钱学森作为国际一流科学家的学术地位。

最后,需要说明的是,本文得出的结论仅依据Web of Science收录文献范围;钱学森早中期研究大多涉及军工领域,他的部分专业论文处于保密状态,也制约了国际学术界对他文献的引用情况。

(本文作者为浙江工业大学硕士研究生柳小龙,浙江理工大学讲师唐亚蕾,浙江省自然辩证法研究会原理事长、中国美术学院教授、博士生导师曹增节)

第二编

浙江科技人员学用哲学的部分范例

早在20世纪80年代，浙江省科协就注重科技人员学用哲学，表彰和宣传高级农艺师、省劳动模范、绍兴市科协主席胡香泉用哲学指导科学种田，增产高产的事迹，在科技界提倡学习辩证唯物主义，树立科学的世界观，提高科技人员的思想业务水平。1991年，省科协专门召开"科技工作者学习马克思主义哲学座谈会"，宁波市微循环与莨菪类药物研究所所长、副研究员、国家有突出贡献的中青年科技专家、"五一劳动奖章"获得者杨国栋等10位科技专家，从不同的角度，不同的方面，畅谈了各自如何联系自己的工作实际，学习马克思主义哲学的体会，以及运用马克思主义的立场、观点和方法指导自己工作实践取得的可喜成果。浙江工业大学教授、省科协副主席项浙学就是其中的一位。

项浙学教授年轻时参加浙南游击队，后成为一名大学教授。他热衷于辩证唯物主义、毛泽东哲学思想的学习。"文化大革命"后，他向学校党委建议组织干部学习自然辩证法。经过党委批准，学校干部的自然辩证法学习班很快建立起来了，他主动承担了学习班的讲课任务。他还积极发起和筹建了浙江工学院自然辩证法研究会和浙江省自然辩证法研究会，后又发起成立了浙江省外向型经济学术研讨会，并先后担任这几个研究会的理事长。项浙学教授以这几个研究会为平台，在省科协和挂靠单位的大力支持下，身先士卒，努力把哲学和现代化建设结合起来，发起召开浙江省工业发展战略研讨会、浙江省外向型经济学术研讨会、浙江省企业开拓国际市场研讨会等会议，还承担了省科协的许多重点研究课题。这些研究课题的成果，都是哲学与现代化建设实践相结合的典范，几届省委、省政府的主要领导分别批示，给予赞赏，获得各类奖励16项。

项浙学教授曾经深情地说："我的人生道路并不平坦，在遇到逆境时，是哲学给我指明方向，帮助我做出正确的选择。我在大学里工作了50年，从事过的专业有五个以上，而且跨度很大，是哲学帮助我适应这种转变。我参加决策咨询工作有30多年，其间遇到许多自然科学、社会科学和交叉科学的问题，是哲学引导我在自然科学与社会科学间驰骋。总之，无论是人生道路选择，或是教学和科研工作，都得益于学哲学、用哲学。"

一　推进哲学和现代化建设的结合

习近平同志在2013年和2015年两次中央集体学习会上，分别就学习历史唯物主义和辩证唯物主义的意义做了深刻论述，进一步阐明哲学和现代化建设结合的极端重要性。深入学习和贯彻这两次讲话精神，对现代化建设来说，无论从当前还是长远看，都有很重要的意义。

学习这两次讲话，引发我对两个重点问题的思考和与其相联系的许多往事的回忆。第一个问题是，为什么要高度重视哲学和现代化建设的结合。讨论这个问题，离不开两个要点。首先是哲学的性质和作用。哲学是关于世界观和方法论的学问，它与经济学和自然科学的性质不同，所以在现代化建设中容易被忽视，然而它作为一种意识形态，具有极强的渗透性，各类哲学思想时刻都在影响着现代化建设的发展方向，因此必须大力提倡学习运用马克思主义哲学，充分发挥它在现代化建设中的独特作用。与此同时，还应从现代化建设的内在需要来阐明这个议题的重要性。现代化建设是一项极其艰巨和复杂的事业，无论是捕捉机遇还是驾驭风险，都需要有高超的智慧。那么这种智慧从哪里来？学哲学、用哲学，推进哲学和各类科学技术的结合，进而把它们和现代化建设的实践结合起来，在这个过程中，将会产生出人们所期待的各种智慧。

第二个问题是，怎样推进哲学和现代化建设的结合。这同样是一个需要进一步研究的重大课题。根据我们的实践体会，为实现两者的结合，应努力把握两个着力点。一是要找准重点环节。在现代化建设中，各个系统都会遇到发展战略问题，而战略决策和管理最需要哲学的指导和帮助，所以应把重点放在这个环节上。二是要发挥整个哲学体系的作用。马克思主义哲学体系是分层次的，每个层次中又有不同的类别，所以应根据研究对象和人群需求的差别而采取不同的组合。

回顾与上述问题相关的许多往事,是想说明联系实际探索这种结合的必要性,同时也希望通过交流能促进对这两个重要问题的深入研讨。改革开放以来,在推进哲学和现代化建设结合这个理念指引下,我们一直坚持围绕“两个着力点”探索结合的具体途径。这项工作涉及的时间跨度大,所以拟分专题进行梳理。本文选择其中的10个专题,它记述了作者及其研究团队在此期间所开展的一些活动。

(一)运用哲学武器理清思想上的是非

“文化大革命”以后,中共旅大市委调我去另一所学校,担任揭批查工作组的负责人。工作组的首要任务,是从组织上开展清查,但同时也部署了思想上的正本清源工作。不久浙江化工学院的调函已到,我向市委领导多次请求,终于得到批准。到浙江化工学院报到后,我被分配在无机化学教研室,承担恢复统一招生后第一届新生的教学工作。

从大连工学院到浙江化工学院,环境虽然发生了很大变化,但脑海中仍不时回旋着“文化大革命”中的问题:为什么在真理问题上,只讲绝对性不讲相对性;在脑力劳动和体力劳动的关系上,只讲差异性不讲同一性;在出身和表现的关系上,鼓吹唯成分论;等等。这些都表明党历来提倡的辩证分析方法已被严重地践踏了,所以希望早日把这个是非颠倒过来。正好这时我的平反材料寄到浙江化工学院,所以学院党委安排我任化工系党总支书记,接着让我任浙江工学院衢州分部党委书记。在走上新的工作岗位后,我便思考思想领域的正本清源问题。当时曾经设想过多种方案,而首选的是组织起来学习辩证唯物主义世界观和方法论。这是提高辨别是非能力的一条基本途径。

自然辩证法是马克思主义哲学的重要组成部分。它所阐明的自然界辩证法和自然科学辩证法,是以大量鲜活材料作为基础的,因而容易被人们接受;而对工科院校来说,它与教学和科研活动息息相关,因此更容易进入人们的心坎里。由此可以预期,在学习辩证唯物主义和历史唯物主义的基础上,再学习自然辩证法,将会有效地帮助人们提高辩证思维的能力。

之前的亲身经历让我想到自然辩证法可以在分清是非上发挥重要作用。20 世纪 50 年代，我曾在苏联专家的指导下，开展金属有机化合物中一种具有崭新结构的二环戊二烯铁的研究。这种化合物的结构非常特殊，在环戊二烯环上电子云的分布是均匀的，它的形状像个夹心面包，因此这个化合物的键合形态无法用教科书中学习到的单键、双键、参键来解释。这个现象引起我对绝对性和相对性这个命题的持续关注。而在学习哲学史时，关于绝对真理和相对真理的讨论，更是深深地印刻在我的脑海中。所以在此后有人问起相关问题时，我便回答说任何真理都有两重性，既是绝对的又是相对的，都是可以一分为二的。本来这里说是的马克思主义哲学的一个基本观点，然而这次谈话被揭发，随之而来的是戴的帽子越来越多，批斗规模也越来越大。在这个关键时刻，我在监管所里回顾了年轻时期学习哲学的过程，期望能从毛主席的《实践论》《矛盾论》，以及恩格斯的《自然辩证法》《费尔巴哈和德国古典哲学的终结》等著作中找到依据。值得庆幸的是，在回忆中除找到了上述著作中对此问题的论述外，同时还从《自然辩证法》一书关于自然界的演化和自然科学发展的论述中得到了重要启示：一部自然科学发展史，就是对真理的发展过程和真理两重性原理的最好诠释。想到这些，我的思想豁然开朗了。于是一方面继续检索自然科学史中一些典型案例，以证明真理两重性原理的科学性；同时做好了最坏的准备，不管遇到什么情况，绝不走轻生的道路。总之，有了自然辩证法的帮助，我渡过了人生道路上的这个险关。这次人生选择给我留下了刻骨铭心的记忆，所以我坚信它可以帮助人们提高辨别是非的能力。

基于以上的思考，我向学校党委建议组织干部学习自然辩证法。经过党委批准，干部的自然辩证法学习班很快建立起来了。我承担了学习班的讲课任务，除阐明学习自然辩证法的意义外，着重解读《自然辩证法》一书的主要内容，接着为同学们开办了系列讲座。此后又与几位同志商定，建立浙江工学院自然辩证法研究会。不久我被选为浙江省自然辩证法研究会理事长，从此以这个研究会为平台，在浙江省科协领导和挂靠单位的大力支持下，努力把哲学和现代化建设结合起来，发起召开浙江省工业发展战略研讨会、浙江省外向型经济学术研讨会、浙江省企业开拓国际市场研讨会，以及举办应对新技术革命对策报告会等活动。

(二)剖析三个重要关系引出发展对策

从1980年开始,为剖析三个重要关系,我们相继撰写了三篇论文。第一篇论文是《在关停并转中要运用辩证法》,系我与陈勇民合写。撰写这篇论文的背景,是全国当时正在进行经济调整,不少企业遇到"关停并转"的问题。为此我们走访了一批企业,发现他们在处理计划与市场的关系上有些困惑。针对这个问题,我们在撰写的文章中指出,无论是国家计划还是企业生产,都应高度重视市场调查和预测,建议企业一定要摆脱计划经济时期沿用的直线型模型,即"国家计划——企业计划和生产——市场"这样一种模式的束缚,既要重视国家在市场调查和预测基础上制订的计划,又要主动地开展市场调查工作。我们认为,指导企业生产的,应是这种双反馈式的模型。当时经邓小平同志批准,由国家科委、中国科协、中国科学院三位同志于光远、周培源、钱三强负责牵头组成的中国自然辩证法研究会筹委会正在全国征集论文,经过评委会评选,我们撰写的这篇文章被评为中国自然辩证法研究会成立大会暨首届年会学术论文。为此,我于1981年年初赴京参加了这次会议。

在会议结束回杭后,我向省领导建议召开浙江省工业辩证法学术讨论会。领导上肯定了这个建议,并决定由浙江省自然辩证法研究会和浙江省企业管理协会联合筹备。在筹备过程中,经过大家磋商把会议改名为浙江省工业发展战略问题研讨会。这次会议于1982年12月4日至8日在杭州召开,参加会议的有省、市、地有关部门从事经济工作的同志,理论工作者和重点厂矿代表,共200余人。会议经过讨论提出的"发挥优势,扬长避短,走具有浙江特色的工业发展路子"的决策建议,得到省领导的肯定,也受到经济界和科技界的关注。

第二篇论文是《新技术革命与对策的抉择》,系我与沈立晟合写。当时全国都在关注新技术革命的浪潮。我们这篇文章剖析了两种技术体系的关系、传统产业与新兴产业的关系,以及技术、资金、人才、管理等要素的内在联系,在此基础上,提出了建立良性循环的对策建议。此文被《未来研究》1984年第2期全文刊登,《发展论坛》于1984年6月以"建立起良性循环的对策"为题刊登论文中提出的建议。

1984 年，国务院发展研究中心、国家科委、国防科工委、中国科学院、中国科协等单位联合召开了新技术革命对策研讨会。我接到会议通知，所以又一次赴京参加会议。这次会议历时 8 天，开得紧张活泼，大家各抒己见，争论十分激烈，尤其是工业化和信息化的关系更是争论的焦点。集中起来，会上有三种观点：一是先搞工业化，再搞信息化；二是抓紧实现信息化，以带动工业化；三是把工业化和信息化结合起来，实现互动发展。我是主张第三种思路的。回杭不久，中共浙江省委组织了报告会，接着许多地市县也都相继组织了这样的报告会，我应邀做了多场迎接新技术革命的对策报告。

第三篇论文是《论知识劳动的价值观》，这是我和王光铸、李宝泰合写的。促使我们撰写这篇论文的原因，是在我国社会中“读书无用论”“知识无用论”曾经一度泛滥，认为社会一切产品主要是体力劳动创造的，改革开放后虽大力倡导“尊重知识”“尊重人才”，但“左”倾错误的流毒依然存在，轻视知识、轻视脑力劳动的现象仍很普遍。可正当我们国家着力纠正蔑视知识和践踏知识分子政策的错误时，在西方却掀起了否定劳动价值论的思潮。被誉为“能够准确把握时代发展脉搏”的一位著名学者称：“在信息经济社会里，价值的增长不是通过劳动，而是通过知识”，“我们必须创造知识价值理论来代替劳动价值理论”。这些观点不仅在西方流行，而且给中国学术界和决策层带来影响。显而易见，要制定迎接新技术革命的对策，首先必须与上述这两股思潮划清界限。而为了划清这种界限，则应从根本上理清体力劳动与脑力劳动的关系，既要注意它们的差异性，又要重视两者的统一性。我们在剖析了两者的相互关系的基础上，阐明了知识劳动与知识经济的逻辑关系，论述了知识劳动将成为整个社会最重要的战略资源，知识经济将成为未来社会的主体。

1986 年中国企业管理协会在北京召开理事会，通知我去宣读这篇论文。会后经济日报社主办的《中国企业家》杂志以“知识劳动的价值观”为题刊登了报告的全文。《光明日报》在理论版上以“论知识劳动的价值观”为题刊登了这篇文章的主要内容。经中国企业管理协会组织的企业管理优秀论著奖评委会评定，此文获得企业管理优秀论著最高奖。

(三)着力推进技术哲学的应用研究

综观国际上一些发达国家的历史会发现,它们在推进技术进步与创新的过程中,都十分重视技术哲学的研究和普及,并努力形成各自的特色。“技术哲学”一词最早来自西方,有些学者早就以技术哲学为名义发表他们的著作。在日本,则被称为技术论。在我国,技术哲学被认为是自然辩证法的一个组成部分。虽然各国所用的名称不同,但就其内容看都聚焦在技术的一般理论,其核心是技术的本质、技术的发展规律和技术的方法论。

从西方技术哲学的发展过程看,大体经历了三个阶段,第一阶段主要研究具体技术物的产生和发展,着重讨论技术的本质,第二阶段主要研究技术发展的一般规律,第三阶段则开始深入技术与自然、技术与经济、技术与文化、技术与环境等方面的关系,从总体上开展对技术的研究。日本对技术论的研究也经历了较长的发展过程,从 1981 年开始进入“技术立国”的时代后,对技术论的研究迈进了一个新阶段:从基本理论研究为主转变为多样化的应用研究。

在我国,中国自然辩证法研究会成立不久,就十分重视技术哲学的研究。1983 年在长春召开了全国化学化工辩证法学术研讨会,1985 年在成都召开了全国技术论学术研讨会,会后都编印了会议的论文集,在全国产生了广泛的影响。受国内外有些著作的启发,我在 20 世纪 80 年代初开始收集有关技术哲学的资料,围绕“单项技术与组合技术”“突破型技术与改良型技术”“最新技术与适用技术”“近亲技术与远亲技术”“成功技术与失败技术”“硬技术与软技术”等专题,探讨了不同的技术类型和它们的特点;并就“产品寿命与技术寿命”“纵向转移与横向转移”“硬件引进与软件引进”“智力开发与技术发展”“技术进步与经济增长”等方面的关系开展研究,探讨了技术的发展规律以及技术进步的途径和方法,撰写了有关技术开发、技术转移、技术改造等方面的论文。在此基础上于 1988 年完成了《企业技术进步》和《化工技术论》这两本技术哲学著作的编写工作。

《企业技术进步》是一本以新时期我国企业技术进步遇到的问题为中心,研究技术的产生、应用、寿命、变革的规律性问题的著作。它是在 20 世纪 70

年代国际上技术哲学研究成果，以及我国自改革开放以来推进企业技术进步与创新积累的经验基础上撰写的。这本书以自然辩证法的基本理论为指导，探讨了评价企业技术进步的指标体系和技术进步的动力，论述了技术寿命、技术预测、技术选择和技术市场的意义，阐明了技术开发、技术转移、技术引进、技术改造的途径和方法。该书系国内首次出版的一本综合研究企业技术进步的著作，由企业管理出版社出版。

《化工技术论》一书包括化工发展史概论、化工技术发展规律和化工技术方法论等三个方面的内容，着重论述化工技术的本质以及它与经济、社会、自然的关系。此书由浙江教育出版社出版。出版社在相关通知中指出：这是全国首次出版的一本论述专门领域中技术哲学的专著。化工部教育司曾为此书给全国化工院校和相关的厂矿企业发了通知，指出"该书的突出特点是史论结合，紧密联系化工技术发展实际，对化工技术发展的规律和方法论进行了比较系统的概括和提炼，是国内首次出版的这类专著"。该书由我和北京化工学院边克忠担任主编，北京化工学院、南京化工学院、浙江工学院、大连理工大学的四位同志合作编写。

（四）将辩证法融入外向型经济研究

在 1985 年浙江省政府召开的经济社会发展战略讨论会上，围绕经济战略的取向出现了分歧。有的主张根据浙江经济的现状，在相当长时期内应以发展内向型经济为主；有的主张根据国内外的形势和浙江的区位优势，应确立以发展外向型经济为主；有的主张内向、外向并重，即发展双向型经济。对这个关系浙江发展前途的重大问题，在会议结束时仍没有形成统一的结论。什么是外向型经济，为什么要发展外向型经济，怎样发展外向型经济，要准确地回答这些问题，都离不开唯物辩证法的指导和帮助。为此，从 1987 年开始，浙江自然辩证法研究会便酝酿构建一个面向外向型经济的研究与服务平台——外向型企业经济与文化研究会。

我们在 1987—1992 年期间，为推进唯物辩证法与外向型经济的结合，相继开展了以下几项工作：

第一,1988 年年初我向领导部门提交了一份推进浙江经济战略转移的建议。这份建议阐述了外向型经济和内向型经济的本质区别,为引导外向型经济的健康发展,必须重视战略目标和战略能力的平衡,为此提出要正确处理五个关系,即:内向循环与外向循环;出口与进口;直接创汇与间接创汇;市场集中化与多元化;劳动密集型产品与知识密集型产品的相互关系。并在这个基础上提出了相应的具体对策。

第二,1988 年我承担了省科委委托的题为“初级外向和高级外向的产品结构和技术结构”的项目研究。这个项目的研究,揭示了浙江外向型经济的发展,将是以初级外向为起点,经过量的积累,形成部分质变,再进入质变阶段,最终实现从初级外向向高级外向的转变过程,并对不同的阶段中产品结构和技术结构的特征做出了分析。

第三,发起召开浙江省外向型经济学术研讨会,这次会议于 1988 年年底在杭州召开,我们承担了会议的组织工作和撰写报送省委、省政府的简报。围绕外贸体制的建设,我向会议提交了一篇题为《关于出口产品的增加价值》的文章。这是针对我国外贸体制在转型过程中出现的问题而撰写的。过去我国外贸实行高度集中的体制,现在转变为承包制,这项新制度释放出很强的活力,但在执行中出现了地区和企业间在进口原料时竞相抬价、在产品出口上竞相压价的负面情况。所以建议各级政府、行业和企业都必须强化对增加价值的统计、计算和分析研究。

第四,研究新技术革命与外向型经济的关系,提出两者相统一的对策思路。1990 年我应邀为浙江省委党校厅局长学习班做了题为“新技术革命与外向型经济”的报告,结合实际宣讲辩证法是和形而上学相对立的、关于联系的科学,着力揭示上述两者的内在联系,阐述了新技术革命对国际贸易的影响,在此基础上提出了在新形势下发展外向型经济的战略对策。讲稿刊登在中共浙江省委组织部委托组织编辑出版的《外向型经济的决策与管理》一书中。

第五,1990 年与省外贸厅国际贸易研究所合作召开了“开拓国际市场研讨会”,此次会议着重讨论国际市场的多样性和动态性,以及我省企业开拓国际市场的途径。会后对这次研讨会的论文做了筛选,编辑出版了《发展外向型企业的探索》。在这次会议前,我们承担了省科委立题的“浙江省外向型经济经营人才的开发”的课题研究。在这项研究中，曾剖析了几个典型企业，根据成功企业的经验，会上我建议我省企业应把“以贸取胜”和“以智取胜”统一起来，着力培养具有国际视野、懂科技会经营的复合型人才。这项建议得到企业的认同，所以会后我应邀做了多场报告。

（五）破解决策程序优化中的哲学考题

1990年年初，浙江省人大常委会根据代表们的建议，把制定《浙江省重大经济项目决策程序条例》列为一项重要议题。这项工作比较复杂，所以委托浙江省科协组织专家进行研究，在调查研究的基础上提出设计方案。浙江省科协让我牵头组织一个课题组承担这个项目的研究。

我深知这项研究的意义，因为决策程序直接关系到项目的成功率，而成功率高低是衡量一个地区经济建设优劣的关键指标。同时我也深知这项工作的复杂性，它是难度系数很高的一项研究课题。为了破解这个难题，首先要建立一个知识结构和人才结构合理的研究团队。为此以浙江工学院发展战略研究室和浙江省自然辩证法研究会为依托，同时邀请了浙江省科委、科协、计经委、社科院、建设银行等部门和单位参加，形成了包括科学技术哲学、工业经济、技术经济、系统工程、科技管理、法学、情报学等学科共19名同志组成的研究团队。

我们把经济项目决策程序的研究，既看作决策科学研究中的课题，同时也把它看作待破解的哲学考题，其中有三个哲学考题必须认真做出回答。

第一，着力从个别中找到真实的普遍。要揭示反映客观实际的普遍性问题，这不是一件轻而易举的事。普遍与个别相联系，但个别不能代表普遍。然而普遍只存在于个别之中，所以只有通过研究大量的个别现象和过程，才能找准普遍存在的共性问题。沿着这个思路，我们从浙江省20世纪80年代建设起来的经济项目中，选择了100个项目作为评价的样本，并按照我们设计的项目后评估的指标体系和选优汰劣的评价方法，对这100个项目进行分类。根据统计分析，发现在生产性项目中约有20%出现了决策的严重失误，于是便对这些项目逐个地进行了调查，并深入剖析其中的几个典型项目。在这些典型项目中,浙江某公司引进的柑橘综合加工项目的决策失误具有代表性,所以便集中力量对其进行系统的剖析。

通过对这些失误项目的分析,发现决策程序上存在三个普遍性的问题:一是选择与论证的关系被颠倒。虽然对这些项目也做过可行性研究,但这种研究不是为了寻找科学决策的科学依据,而是仅仅为了论证早已做出的结论,从而使可行性研究报告变成“可批性研究报告”,有的甚至成为“可骗性研究报告”。二是重财务评价轻国民经济分析。总的看来,在财务评价方面下功夫比较多,但是国民经济的分析和评价方面都很草率,有的甚至应用了一些虚假的材料。三是重争取立项轻过程的系统管理。对项目决策来说,争取立项固然极为重要,但立项后的进一步论证工作,以及执行中的跟踪决策则尤为重要,许多项目决策失误就是因为在立项后不重视这些环节而造成的。

第二,通过对因果联系的系统分析寻找深层次的原因。因果联系具有多样性的特点:一个原因可以产生多种结果,一个结果可能是多种原因造成的;一个现象是另一个现象的原因,同时又是其他现象的结果;原因和结果之间存在着相互作用,不仅原因产生结果,而且结果能动地作用于原因并改变原因。由此可见,必须结合实际对因果联系做出系统分析,才能真正找到产生问题的原因以及隐藏在其背后的更深层的原因。经过课题组的反复讨论,认为这个深层次的原因就是决策体制问题。从体制上分析,主要存在三个问题。一是决策者的决策权力和决策责任没有实现统一。投资者有相当一部分提供的是国家的资金,至于这些资金的投向以及可能产生的后果,他们一般并不承担经济责任和法律责任。二是承担可行性研究和项目评估的单位由于隶属于行政单位,上级机关和领导人都可以对它们施加各种影响,因而难以客观、公正地进行项目论证。三是投资主体的多元化和分散化必然会导致利益上的冲突,而在市场发育不健全、价格受到扭曲的情况下,按照现在的体制,协调各方的利益关系的难度是很大的。

第三,实现“两个转化”,即问题转化为目标和目标转化为手段。正如以上所述,找到问题的症结,是推进决策程序优化的基础,但要形成优化的方案,则必须把问题转化为目标。问题和目标相联系,但问题不等于目标。为实现问题向目标转化,必须找到它们之间的桥梁,这就需要对主客观条件做深入分析，以便分清哪些是远期目标和近期目标，哪些是次要目标和主要目标，哪些是局部目标和整体目标。

在目标选择时还必须考虑目标与手段的关系。目标是受手段制约的，目标的选择应当用可行手段来衡量和加以调节；而手段则是为目标服务的，手段的选择归根结底取决于它对目标的作用。所以必须对目标和手段的关系做出系统分析。从目标和手段的联系看，一级目标与一级手段相匹配，而一级手段属于二级目标，二级手段则属于三级目标，以此类推，最终才能找到实现一级目标的具体手段。

为推进这两个转化的实现，课题组选择了 8 个题目分别开展研究。一是问题与目标；二是国民经济计划与重大项目计划；三是闭环控制与开环控制；四是技术可行性与经济可行性；五是财务评价与国民经济评价；六是可行性研究与项目评估；七是集体决策与个人责任；八是选择与监督。在对上述问题分别研究的基础上，课题组提出了实现经济建设项目决策程序优化的具体方案。

这项研究报告受到浙江省人大常委会和中国科协的重视。中国科协将此课题报告呈报中共中央书记处，书记处领导做了批示。此报告后由中国科协转发全国各省科协。1991 年中国科协在京召开了学习马克思主义哲学座谈会，在全国邀请了 26 位同志参加。我带去的发言稿题目是“经济建设项目决策程序的优化”，此稿后收录于《哲学思考与科学实践》一书中。

（六）在知识经济大讨论中阐释知识的内涵

1986 年我们曾发表《论知识劳动的价值观》一文，论述了知识劳动和知识经济的逻辑关系，提出了基于劳动价值论的知识经济范畴，并对知识经济的定义和特点做了阐释，但是在这篇文章中，并没有对知识经济中的知识内涵展开更多的讨论。

在此后的 10 多年中，知识经济成为国际上讨论的一个热点问题。1996 年经济合作与发展组织发表了“以知识为基础的经济”为主要内容的专题报告，在国际上产生了广泛的影响。接着美国总统克林顿于 1997 年倡导“知识经济”。在我国，经过江泽民主席的提倡，在全国开展了对“知识经济”的学习和大讨论。

在这场大讨论中,我们在基于劳动价值论的知识经济范畴的基础上阐释,着重就知识经济时代的知识内涵问题,阐明了以下三个观点:

一、知识经济时代的知识体系

什么是知识经济中的知识体系,在大讨论中大家各抒已见,有的认为它是指人类迄今为止所创造的所有知识,有的认为主要是指高科技,有的认为包含高科技、管理科学和人文科学,可谓是众说纷纭。我在《关于知识经济中的知识及其特点的探讨》一文中指出:探索知识经济中的知识,要特别重视它的实践性、时代性和动态性。知识从哪里来?归根结底,只能从实践中来。知识经济中的知识来自建立知识经济的实践,并且在服务于知识经济中受到检验、得到发展。它应包括以经济科学为代表的社会科学,以高科技为代表的现代科学技术,以管理科学和创造学为代表的交叉科学,以及世界观和方法论的科学——哲学,由它们组成的一个服务知识经济的新知识体系。

二、知识的两对重要属性

这里说的两对属性,一是它的共享性和排他性,二是它的非磨损性和磨损性。在知识经济的大讨论中,比较流行的观点是知识具有可共享性和非磨损性,并认为它为各国创造了极好的发展机遇。这种论点虽有一定根据,但很不全面。对这种片面性如不注意克服,则将会带来严重后果。首先,知识产品与实物性产品不同,它可以为许多人共享,但这种共享是有条件的,因为知识产权属于知识的创造者所有,所有者因不同情况,或无偿地公开这些知识,或有偿地提供这些知识;对后一种情况,非知识所有者必须付费有时甚至要付出高昂的费用才能获得这种知识的使用权。所以必须在承认可共享性的同时,高度重视它的排他性。

其次,与实物性商品比较,知识产品的有形磨损是可以忽略的,从这个意义上看,非磨损性可以认为是知识的一种属性。但知识产品的无形磨损则是不可忽视的。知识产品的无形磨损,是由两个方面的原因产生的,一是生产同类知识产品的效率大大提高了,因而节省了大量劳动和资金的投入,二是知识产品的寿命大大缩短了,今天被认为是具有使用价值和价值的知识产品,明天就可能成为落后的东西。由此可见,无形磨损是应当受到高度重视的,只有正确把握知识的寿命周期，才能制定出完整的科学技术政策和产业政策。

三、知识产品价值的实现机制

知识产品具有使用价值，是因为能帮助人们认识自然和改造自然、认识社会和改造社会。而知识产品同时又是知识劳动的产物，所以它理应具有相应的价值。与实物性产品相比，知识产品的价值实现及其实现机制则要复杂得多。为了阐明知识产品的价值和价值的实现机制，除了揭示这些产品在知识生产内部系统的运行轨迹外，还应特别关注它在进入物质生产系统后的各种状态，尤应揭示它是在什么条件下和怎样跨越知识生产内部系统的边界而进入物质生产系统的。这就是说，知识产品在其价值实现以前，要经历从一个环节向另一个环节过渡的复杂过程。为保证这种过渡能顺利实现，则必须建立相应的机制。一个完整而健全的机制是知识产品价值实现的根本保证。鉴于建立这种机制的极端重要性，所以我们曾组织专题对它进行研究，并且得出了相应的结论，并在此基础上发表了一组论文。20 世纪 90 年代初，赵新龙撰写了《知识劳动的价值运动分析》（此文刊登在《知识工程》1992 年第 4 期），接着他又撰写了《知识劳动的价值分析》（该文刊登在《科学学与科学技术管理》1993 年第 1 期）。这两篇文章均对机制问题做了论述。知识劳动价值的实现机制，有两个要素应予特别重视，一个是知识产权，一个是技术市场。为此由我专门撰写了《知识产权与技术市场》一文（此文收录在《科学决策的价值》一书中）。

（七）推进经济资源环境系统的不断优化

进入 20 世纪 90 年代以后，我国的经济、资源、环境之间的矛盾日益突出，探索一条三者协调发展之路，便成为一项紧迫任务。为此，从 90 年代中期开始，我们相继承担了“浙江省癌症上升趋势的社会经济因素分析”“浙江走新型工业化道路的制约因素和发展对策”“浙江省绿色 GDP 测算和生态补偿机制”“绍兴市城区环境问题研究”“‘十一五’时期浙江经济资源环境系统优化”“低碳约束下浙江外贸发展若干战略问题”等课题研究。

在这些项目研究中，我们注意学习和运用马克思主义的自然观以及此后形成的可持续发展理论。马克思和恩格斯在其著作中有多处论及自然观。其中恩格斯在《劳动在从猿到人转变过程的作用》一文中所阐述的观点,对现代化进程中实现经济资源环境的协调发展,具有特别重要的指导意义。这篇文章指出:动物仅仅利用外部自然界,单纯地以自己的存在来使自然界改变,而人则通过他所做出的改变来使自然界为自己的目的服务,来支配自然界……但是我们不要过分陶醉于我们对自然界的胜利。对于每一次这样的胜利,自然界都报复了我们。绍兴城区发生的环境问题,说明恩格斯这段警示的重要性。绍兴市城区水域面积共有 1.8 万亩,从 20 世纪 80 年代掀起养殖珍珠的热潮,到 90 年代中,养殖的水域面积已达到 1.3 万亩,约占水域面积的 70%以上。而珍珠蚌在水体中一般要经过三到四年的培育,它对水质有特殊的要求。为满足养殖的水质要求,一是要施肥,包括使用有机肥和无机肥,二是要投饵,包括植物性饵料和动物性饵料。这样,整个水体便变成了污染源。由于水体中生长着很多藻类,其中有一些藻类会散发出腥臭异味,这种腥臭向四周的空气扩散,带来的后果是可以想象的。发展珍珠养殖的收益很高,它帮助人们快速致富,可是却带来了严重的负效应。正如恩格斯在上文中所说,“每一次胜利,在第一步都确实取得了我们预期的结果,但是在第二步和第三步却有了完全不同的、出乎预料的影响,常常把第一个结果又取消了”。所以他特别强调,要学会更加正确理解自然规律,学会认识我们对自然界的惯常行径的干涉所引起的比较近和比较远的影响。这个案例说明,学习和宣传马克思主义的自然观,对今天的现代化建设来说仍具有重要的现实意义。

马克思主义自然观的提出迄今已有一百多年了,在此期间人们对如何改造自然和顺应自然都有了更深刻的认识。尤其是 20 世纪 70 年代围绕“增长极限论”的那次世界性大讨论,它导致人们的认识出现了一次大飞跃,从而为可持续发展理论的诞生奠定了重要基础。这场大讨论源于 20 世纪的 60 年代末和 70 年代初,美国麻省理工学院麦多斯等人受罗马俱乐部的委托,开展了有关人类前途的世界模型研究,并于 1972 年出版了《增长的极限》这本名著。这部著作当时震动了整个世界,但也受到广泛的质疑。这场涉及人类命运和前途的大讨论,其范围之大、争论之激烈、影响之深远,在人类历史上都是空前的。在这场大讨论中,形成了悲观派、谨慎悲观派、乐观派、谨慎乐观派,虽然各派的观点相距甚远,但他们的思维方式和研究模式却值得认真思考和借鉴。我们在研究了各派的观点后,认识到它实质上是一次唯物论与唯心论、辩证法与形而上学的大论战。吸取其中的经验教训,对今天实现经济资源环境系统的优化,是会大有帮助的。

我们所开展的上述课题研究,均得益于马克思主义自然观和可持续发展理论。其中有两个课题的研究思路和方法更具特色,因而受到有关部门的重视和媒体的关注。第一项是"'十一五'时期浙江经济资源环境系统的优化",这项研究是从探讨经济资源环境之间的线性关系和非线性关系开始的。我们发现,在经济资源环境之间,各种变量之间绝大多数是非线性关系,小范围、临时的线性和大范围、长远的非线性,是这个系统的主要特征。然而面对这个复杂系统,一些决策部门却常常采用线性思维来认识和处理非线性问题,这是导致决策失误的一个重要原因,也是系统在其运行中出现严重偏差而不能得到及时纠正的根源所在。与此同时还发现,用线性思维认识和处理非线性问题有三个突出表现,一是在规划工作中采用还原模式,二是采用单向调控的方法,三是在解决空间性非线性问题时放纵了时间性非线性思维的干扰。正是由于找到了决策中的这些问题后,才提出了有针对性的对策建议。这项研究受到委托单位的重视,认为研究报告在规划理念和方法上取得了突破。《科技导报》以"经济资源环境系统优化的理念及途径"为题做了介绍。《浙江经济》和新华网浙江频道则以"走出一条经济、资源、环境协调发展之路"为题报道了这篇报告的主要内容。这篇报告还受到国家主管部门的重视。国家发改委网站刊登了这篇有三万多字的报告的全文,向全国介绍这项研究的主要思路、规划的目标选择,以及相关的重大措施。

第二项是"浙江省绿色 GDP 的测算和生态补偿机制"。推进经济资源环境系统优化,必须联系实际探明 GDP 的增长对资源环境可能产生的影响,所以应当建立绿色 GDP 的测算制度,而为了降低经济活动的外部不经济性,则必须做出相应的制度安排,其中生态补偿机制则是不可或缺的。这项课题研究是在 2003 年完成的。接着向浙江省委、省政府提交了《关于尽快确定浙江省绿色 GDP 的试算方案、建立生态补偿机制的对策建议》。此项建议受到省委、省政府领导的重视,习近平书记(时任中共浙江省委书记)在该项建议上做了批示,一位副省长听取了专题汇报。此项研究还受到中国科协的特别重视,被评为 2005 年中国科协优秀调研报告特别奖。

(八)为保护萤石资源参与舆论上的博弈

市场经济环境形成了不同的利益主体,它们在涉及利益问题时,往往会持有不同的观点,从而在很大程度上会影响舆论导向。

对于要不要控制萤石出口,就是一个典型的例子。萤石是一种极为珍贵的战略物资,原子能、航空航天、计算机等领域离不开它,传统产业的换代升级不能没有它。但这种稀缺性资源储备是有限的,它不可能再生,而且迄今为止还没有找到替代品。可是从 20 世纪 80 年代以来,我国萤石产量逐年增加,这些产量的增加不是用作发展本国的氟化工业,而主要是用来出口。据统计 1990 年全世界萤石产量为 512.4 万吨,我国产量为 170 万吨,约占总产量的 33.2%,可是到了 1994 年,全世界产量下降为 390 万吨,而我国上升至 210 万吨,约占 54%。从世界贸易量看, 1990 年为 250 万吨,我国出口 109.38 万吨,占全世界贸易量的 44%左右,可到了 1994 年,我国出口已达 127.67 万吨,约占全世界出口量的 60%。我省的情况则更为严重。浙江是优质萤石矿的产地,萤石矿的质量好、杂质含量低,多为单一矿,易选易采,所以国际上一些大公司均把目光盯准浙江,导致省内许多部门竞相组织出口,连中央有关部门也来参与,以致进入 90 年代以后,生产和流通的秩序更为混乱,资源浪费十分惊人。如果不能制止这种掠夺式开采,那么不久资源即将消耗怠甚,我省的氟化工产业将成为无米之炊。

面对这种严峻的形势,有些部门和媒体却在继续叫好。怎样引导舆论,就成为一项极为重要的任务。为此,我们从以下几条途径多管齐下,为保护萤石资源奔走呼吁。

第一,发起召开浙江省保护萤石资源和发展氟化工产业研讨会。经过多次沟通商讨,由浙江省科协、浙江省石化厅、浙江省地矿厅联合举办的“氟化工发展对策暨产品信息发布会”于 1996 年 11 月 5 日在杭州召开,省人大、省政协、省政府经济建设咨询委员会负责同志、省石化厅长、省地矿厅厅长都在会上做了讲话,许多专家学者和厂矿企业代表纷纷提出建议,要求省政府采取果断措施,整顿生产和流通秩序,制止萤石矿无序开发和大量出口。在这次会上,我们提交了一份 20 多万字的有关萤石和氟化工发展状况的资料。

第二,向省政府提出保护萤石矿和发展氟化工的对策建议。这份建议书指出,近 10 年来,历届省政府领导几乎都说要重视萤石矿资源的优势,但是都没有下决心采取果断措施来解决好资源的保护;究其原因,既有认识上的原因,也有思想上的原因,比较多地注意近期的经济利益,而忽视整体的根本利益,从而导致行动上的短期行为比较多。这份建议报告经省政府咨询委员会论证后,于 1997 年 1 月正式上报省政府,受到省政府领导的高度重视,并催生了《关于加强萤石矿产管理的通知》(浙政发〔1997〕26 号)这项文件的出台。省长在一次报告中说:对这个问题,咨询委的同志对我们提醒过多次,这件事情我们有关领导也反复进行协调,有些事情涉及部门的利益问题,有些事情是涉及我们对这个问题的认识问题,对资源的保护问题,从持续发展的高度来加强资源的保护问题。我们形成这样一个通知,也就是直接吸取了课题研究报告提出的建议。

第三,建议全国人大常委会委员王启东同志,能向全国人大呼吁,以引起国务院各部门对保护萤石矿产的重视。王启东同志对此非常重视,仔细审阅我们提交的报告资料。他在八届全国人大常委会第二十五次会议上,以"建议压缩出口配额,保护萤石资源"为题做了大会发言。他在会上大声疾呼,不能把我们子孙应该拥有的珍贵资源在我们一代糟蹋干净。我们一定要注意可持续发展。这个发言引起了强烈的反响,《人民日报》次日在头版发表了这一消息,新华社以"萤石出口越演越烈,实行战略保护迫在眉睫"为题发了专电。

第四,促进媒体参与保护萤石的大讨论。在 1996 年和 1997 年两年间,各类媒体发表保护萤石资源、发展氟化工的文章达数十篇之多。其中有《人民日报》的《重视对萤石资源的保护》、《浙江日报》的《氟化工产业大有可为》、《中国化工》的《抢救萤石刻不容缓》和《联谊报》的《萤石原矿出口浪费何时休》等。《浙江经济报》还专门开辟了"氟化工篇"专栏,组织各界人士参加讨论,先后发表了《管住萤石资源刻不容缓》《氟化工将面临"无米之炊"》《发展氟化工产业,勿忘资源保护》等 12 篇文章。上述这些文章相当部分是由课题组成员撰写的,在社会上产生了广泛的影响。

(九)从哲学上分析共性技术的特点

共性技术和专有技术是两类不同性质的技术。共性技术具有基础性、公用性的特点,它的应用范围不局限于特定产品、企业乃至产业。专有技术则被界定为私人产品领域的技术,具有排他性的特点。共性技术与专有技术是相互依存的,一切专有技术都要以共性技术做基础,离开共性技术,专有技术就不存在。而且两者的联系是具体的、动态的,一项共性技术在获得应用以后,便会产生一批专有技术,随着时间的推移,又会产生更高水平的共性技术,于是新一批专有技术就会在这个基础上得到相应的发展。

共性技术是基础科学研究和专有技术的桥梁,一旦共性技术获得突破,必将通过专有技术催生一批新产品的问世,从而产生可观的经济效益。有鉴于此,人们于 20 世纪 90 年代开始,注意从经济学和技术学上分析共性技术的特点,把共性技术与科学基础、基础技术、专有技术以及产品和工艺创新联系起来,去考察共性技术的运动规律和它在经济增长中的贡献。其中美国国家标准与技术研究院高级经济学家 G. 坦森、A. 林克等人的探索成果引起国际上的广泛关注。他们于 1992 年提出了一个用于科技政策研究的“技术开发模型”, 1997 年后称之为“以技术为基础的经济增长模型”。这个模型描述了专有技术、共性技术和科学基础的关系。他们认为,共性技术和基础技术构成技术基础设施,专有技术是建立在这个基础上的,并以此来描述共性技术在经济增长中的作用。

然而长期以来,对共性技术和专有技术的哲学分析却一直未引起应有的重视,所以我们撰写了《论共性技术》这篇文章(此文发表在《浙江工业大学学报》2003 年第 1 期),从哲学上分析了共性技术的特点。它是在课题研究的基础上,围绕“共性技术的绝对性和相对性”“共性技术与专有技术的同一性”“共性技术开发途径的多样性”这三个专题展开的。这篇文章指出,共性技术与专有技术之间是一种有机的联系,而不是机械的联系。有机的联系与机械的联系具有本质的区别。机械的联系可以随意地把它们放在一起,也可以随意地把它们分开。而有机的联系则是一种不可分离的联系。共性技术和专有技术就是这种有机的联系,专有技术离开共性技术就不能存在,任何专有技术都是由专用技术和共性技术结合而成的。

对立物的有机联系,在一定条件下可以互相转化。共性技术和专有技术既然是一种有机联系,在一定条件下当然是可以互相转化的。这种转化应该是双向的,即共性技术可以转化为专有技术,专有技术也可以转化为共性技术。只承认共性技术可以向专有技术的方向转化,而不承认专有技术可以向共性技术的方向转化,显然是不全面的,有违矛盾双方的同一性原则。

正是因为对共性技术和专有技术的关系做出了哲学分析,我们发现以技术为基础的经济增长模型存在着一个严重的缺陷。在那个模型中,只列出了从科学知识到共性技术再到专有技术的单向转化,而无视专有技术同样也可以转化为共性技术。而且这个模型还有悖于科学、技术、生产的关系,我们既要承认科学到技术再到生产这条发展路线在一般情况下的主导地位,但同时也要承认从生产到技术再到科学这一条路线的客观存在。

通过对共性技术和专有技术的哲学分析,得出共性技术和专有技术可以互相转化的结论,既具有理论价值,也具有现实意义。其中有两个现实意义值得高度重视。第一个现实意义是它对选择共性技术研发路线和政策框架设计的意义。形成共性技术可以归纳为三条途径:第一条途径是在基础研究阶段已经形成的一些成果,可以直接用来与专用技术组合以形成相应的专有技术;第二条途径,就是将各种知识组织成为应用的概念或构想以及它的实验室模型,然后再实现向专有技术转化;第三条途径则是在某些专有技术基础上概括提炼出来的共性技术。专有技术既然包含共性技术,那么把不同专有技术中的共性技术剥离出来,即经过从特殊到一般那样的一个过程,那么就会提炼出相应的共性技术。

第二个现实意义是,它可以帮助人们全面认识科学、技术、生产三者的关系。既要重视科学技术的突破对生产的决定性影响,又要重视生产实践对科学技术的作用。这就是说,在跟踪新科技发展的同时,应当密切关注生产对科学技术提出的新要求,以及在生产第一线上各类技术创新提出的新问题。

(十)为发展纳米材料产业提供决策依据

1981年美国IBM公司在瑞士的两位科学家发明了扫描隧道电子显微镜,这种仪器可以直接观察到原子,从而开启了人类在纳米尺寸范围内直接操纵和安排原子而创造新物质的新时代。从那时开始,纳米科技便得到了迅猛发展。2000年3月,美国国家科学和技术委员会就发展纳米科技向美国政府提交正式报告,接着美国总统克林顿发表了"国家纳米技术倡议",并提出了"纳米技术主导权政策"。与此同时,德、日、英、法等国都制订了相应的计划。我国政府十分重视纳米科技,相继召开了一系列会议,制定了发展对策。在这种形势下,作为在这个领域中基础比较薄弱的一个省,要不要发展纳米科技和产业,便成为决策中的一个难点。

1998年省政府咨询委员会领导找我谈话,征求对发展纳米产业的意见,并商定由我牵头组织一个课题组,提出发展对策建议。为此,我们在检索国内外进展的同时,调查了我省几所院校和重点企业,并先后召开了8次研讨会。

通过学习和调查,我们确认经过近20年的发展,纳米科技已形成包括纳米电子学、纳米生物学、纳米化学、纳米材料学、纳米机械工程学等在内的科技群。同时也初步理清纳米科技和纳米材料的关系。纳米材料一方面为纳米科技的发展提供新材料这一种物质基础,另一方面又在高新技术改造传统产业中发挥重要作用,为许多传统产业的技术更新和产品换代提供了新途径。在分析了这些状况后,我们对纳米技术产业化态势做出了基本判断:在已经获得的研究成果中,大部分还处在实验室阶段,离产业化尚有一定差距,然而在纳米材料领域,情况却大不相同,无论是纳米材料的生产还是应用,许多技术都已具备产业化的条件。由此认为浙江应当全面把握形势,不应对不具备产业化的领域提出过高的要求,以致超越发展阶段陷入盲目性;而对已经具备产业化的领域,则应迅速做出反应,否则就会丧失机遇,最终因发展滞后而陷于被动的局面。

分析发展态势,把主客观条件统一起来,找准浙江的发展重点,这都离不开哲学的帮助。马克思主义哲学有一对基本范畴，即可能性和现实性。联系纳米产业这个项目，对浙江来说，首先应当明确哪些方面的发展是可能的，哪些方面时下是不可能的。当然对"可能"和"不可能"应做辩证的理解，而不能把它绝对化，随着条件的变化，它们是可以互相转化的。同时，在探讨这种可能性时，应注意分清两种情况：一种是近期已具备转化为现实的可能性，对此决策部门应及时把它提到当前的工作日程上；另一种是今后才有实现的可能性，对此则宜作为远期目标列入规划中。

基于以上的分析，我们提出了浙江省纳米产业的发展对策：近期以发展纳米材料为主；在纳米材料的生产和应用上，起步阶段则宜把重点放在应用上。1999 年课题组提交了研究报告，省政府咨询委员会经论证后将此报告呈送省政府，省长和两位副省长均做出了批示，在批示中赞同浙江省发展纳米产业应从纳米材料产业应用领域抓起的建议，同时在批示中要求省经贸委牵头，提出具体实施意见。于是由省科委和省经贸委再次立题，委托我们进一步开展纳米材料应用及产业发展的研究。

第二个课题是在第一个课题研究的基础上开展的，但更注重实用性和可操作性。这项课题研究完成后，省经贸委召开了 4 次座谈会，就发展纳米材料产业的政策征求各方面的意见。参加会议的有全省纳米材料生产应用的企业和研究单位，以及省政府经济建设咨询委员会、省政府办公厅、省科技厅、省教育厅等多个单位的代表。在听取了各方面的意见后，省经贸委提出了送审稿，接着省政府出台了《浙江省人民政府关于加快纳米材料生产、应用以及产业发展的若干意见》(浙政发〔2001〕36 号)。这个文件发至省、市、县级机关以及省内有关企业，极大地推动了我省纳米材料产业的发展。

至此，我们承担的这两项研究任务均已顺利完成。历时两年多的项目研究，其间虽曾遇到许多困难，但在有关部门的大力支持和帮助下，终于取得了成果。这些研究成果现已转化为决策，为此感到十分欣慰。2001 年浙江省经贸委召开了一次全省规模较大的会议，我应邀做了浙江发展纳米材料产业的报告。这次报告的内容均取材于近年来的研究成果。在总结这段工作时，我经常会想起决策中的哲学问题。实际上各类决策的形成都离不开哲学的指导和帮助。由此想到推进哲学和各类科学技术的结合，进而把它们和现代化建设的实践结合起来,这个理念具有何等重要的意义!

(浙江省科技发展咨询委员会原委员、浙江省科协原副主席、浙江工业大学教授项浙学)

1986 年 5 月 17 日,《光明日报》发表的《论知识劳动的价值观》一文中,对“知识经济”下了明确的定义,论述了“知识经济”所具有的特征。现在舆论公认,《论知识劳动的价值观》是最早系统研究知识经济的学术论文,比联合国研究机构提出“知识经济”的概念要早 4 年。这篇具有历史意义,永载史册的文章的主要作者就是项浙学教授。

项浙学教授在这篇文章中写道:“人类发展的经验表明,人的体力发展是缓慢的,但人的智力发展却是极其迅速的。知识劳动在整个社会中的地位将变得愈来愈重要。在未来的社会中,知识经济将成为社会的主体。所谓知识经济,是指主要依靠知识去生产物质消耗很低而质量又很高的产品,并依靠知识实现高效率的管理。”显然,项浙学教授应用他哲学的深厚功底,对脑力劳动和体力劳动进行了辩证的分析,结合世界经济发展的历史,在“知识经济”孕育的过程中,或者是刚刚露头时,用哲学的慧眼发现了未来将发挥巨大作用的“知识经济”。

这篇具有强预见性的文章,获得了许多荣誉:1988 年,当年度全国企业管理优秀论著甲等奖(最高奖); 1989 年 3 月,作者参加了在中南海怀仁堂召开的全国优秀企业家,企业管理优秀奖和企业管理优秀论著奖的授奖大会,党和国家领导人发给了奖杯并合影留念;文章被中国国家博物馆永久性珍藏,并编入《中国共产党党建思想宝库》;经中央文献研究室、中国社会科学院等单位组成的编委会审阅,被作为重点入选文章编入《共和国改革文集》。

二　论知识劳动的价值观

目前在我国社会中,轻视知识、轻视脑力劳动的现象还很普遍。这种陈腐观念是同目前我国生产力水平相联系的,同时也与“左倾”错误的流毒依然存在有关。因此,为了有效地消除这种陈腐观念,正确认识知识劳动的价值有着重大意义。

(一)生产中脑力劳动的成分在逐步增加

劳动的类型很多。按照在劳动中人们支出的内容和形式,则可分为体力劳动和脑力劳动。前者主要消耗人的体力,后者主要消耗人的脑力。但任何劳动都是体力劳动和脑力劳动的统一。在简单劳动中,人们以体力劳动为主,但同时也含一定比重的脑力劳动。在复杂劳动中,脑力劳动的比重将会大幅度地提高,但同时也含有一定的体力劳动。因此,绝对的、纯粹的体力劳动或脑力劳动,实际上都是不存在的。随着科学技术的发展,生产中的体力劳动的成分日益减少,而脑力劳动的成分却以不同的形式逐步增加。然而,不管劳动中脑力消耗和体力消耗的比重有何变化,任何劳动都要消耗一定的脑力和体力。过去我们一度在体力劳动和脑力劳动的关系上出现过混乱,并且导致政策上的偏差,其中的一个重要根源,就是把劳动划分成纯粹的脑力劳动和纯粹的体力劳动,而没有在注意差异性的同时把握住它们的统一性。

体力劳动和脑力劳动的比重,因不同类型的劳动而相差悬殊。按照劳动的特点,我们可以把它划分为三种类型:一种叫再现型,一种叫改良型,还有一种叫创造型。再现型劳动是前人劳动的重复再现。改良型劳动是在前人劳动基础上的局部改进。而创造型劳动则是指理论上的重大突破,或在技术上的重大发明创造。创造型劳动的成果不仅能使人类的物质财富在量上有大幅度增加，而且能使人类在物质生活或精神生活的某些领域发生质的变化。在这几种劳动中，体力劳动和脑力劳动的比重迥然不同。在再现型劳动中，体力劳动的比重较大。在创造型劳动中，则脑力劳动的比重很大。

在人们的劳动成果中，有一些是属于实物性的产品，有一些是属于知识性的产品。前者是指形象具体的物质产品，后者既包含各种不同类型的技术，也包含人们提出的一些新概念、新思想、新理论和新方法。技术有两种不同的形态：一种是物化的形态，它寄存于实物性产品之中；另一种是知识的形态，它从实物性产品游离出来，以专利等形式而存在。但是，无论是实物性产品还是知识性产品，都凝聚着人们一定的劳动。在实物性产品中，凝聚着人们的体力劳动和脑力劳动，两者的比重随产品的性质而变化。而在知识性产品中，则主要凝聚着人们的脑力劳动，在这里，人们将付出巨大的脑力支出。

（二）知识劳动将成为整个社会的战略资源

人类发展的经验表明，人的体力发展是缓慢的，但人的智力发展却是极其迅速的。知识劳动在整个社会中的地位将变得愈来愈重要。在未来的社会中，知识经济将成为社会的主体经济模式。所谓知识经济，是指主要依靠知识去生产物质消耗很低而质量又很高的产品，并依靠知识实现高效率的管理。其主要特点是：第一，整个社会的多数人将从事各种知识劳动，如文化教育、科学技术以及各种管理工作等。第二，在这个社会中，劳动生产率的提高主要依靠劳动者的知识水平、科学技术的发展水平，以及劳动组织的合理性和管理方法的科学性等。第三，在实物性的产品中，物质消耗的部分大幅度地降低，而智能消耗的比重大幅度地增加。第四，一系列新的智能机器应运而生，并将延伸人脑系统的功能，以减少人们的脑力支出。总之，在这个社会中，知识劳动将成为整个社会最重要的战略资源。

知识劳动地位的变化是人类社会长期发展的必然结果。尤其是 20 世纪 50 年代、60 年代以来，更呈现出根本性的变化。据联合国对日、德、英、法等国 50 年代到 70 年代期间经济增长的因素分析表明，科学知识对经济增长的影响已经逐渐占据了主导地位。过去这些发达国家经济增长主要依靠增加人员、设备和投资,而现在已经转移到主要依靠提高国家的科技水平,提高劳动者的文化和专业知识的水平。未来的知识社会,更要求有日新月异的先进技术和高水平的管理。而先进的科学技术和高效率的经营管理,则都是知识劳动的产物。

现在,世界上一些发达国家正在向新的知识社会过渡。但要过渡到知识社会必须具备两个基本条件:一是实现高度的工业化,二是实现信息化。这些发达国家的传统模式是先实现工业化,继而实现信息化。我国是发展中国家,总的说来,技术水平还比较低,工业化的任务还远未完成。在这种情况下,我们能否突破这些发达国家的传统模式,以比较快的速度过渡到知识社会,这是研究我国发展战略的一个重大课题。诚然,我国在相当长时期内的主要任务仍然应是实现工业化,但是我们可以把工业化和信息化两者结合起来。而结合的关键,在于迅速掌握国际上不断涌现出来的新技术,实行高效率的经营管理。这两者又都是知识劳动的结晶。因此,提高整个社会对知识劳动的意义和作用的认识,具有极为重要的战略意义。

(三)知识劳动可以创造巨大的价值

对于实物性商品具有使用价值和价值,人们是不会怀疑的。但是,如何正确认识和评价知识性产品的价值,这是一个值得认真研究并做出明确回答的重要问题。

我们知道,通过知识劳动生产出来的产品,有一类系寓于实物性商品之中,例如各种类型的制造技术就是属于这一类产品。实物性商品是离不开这类知识产品的。随着科学技术的发展,寓于实物性商品中的知识比重将不断增加,而所含物质的比重将大幅度地下降。因而这类产品的价值构成也将发生变化,即知识性产品的价值占据了主要成分,而物质消耗的价值将会大幅度地降低。所以知识性产品实质上就是实物性产品的灵魂。没有灵魂而只有躯体,那么这种实物性产品就失去了它应有的使用价值和价值。不仅如此,这类知识劳动的产品不只是渗透到个别实物商品中,而且渗透到大批量的同类产品以及相联系的其他产品中，所以计算这种知识性产品的价值，不能只着眼于个别实物商品，而应当把它看作一大类产品所含价值的总和。

应当指出，凝聚在实物性商品中的知识因素，是通过迂回曲折的方式来表现出自己价值的。这种知识的价值实质上包含了不同层次和不同类别的劳动。例如，开发新技术可以通过多种途径，其中的一种就是由基础研究开始，经过应用研究和开发研究，最后把新技术应用于生产过程。这里包含有基础研究、应用研究和开发研究三个不同层次的劳动。基础研究的成果就是新的概念、假说和理论。但是，它可以通过一系列的转化，在各种有关的技术中体现出巨大的价值。实际上技术凝聚了基础研究、应用研究和开发研究的劳动，它的价值量也应该包括在不同层次上人们所付出的劳动。

这类知识劳动还有一个重要特点，就是它可以无偿地吸收前人的劳动成果。除了那些专利以外，对一般的知识成果，都可以通过免费的方式去获得。这同实物产品中的物质消耗不同，无论是原材料、能源的消耗，还是设备的折旧，都要完全包括在新成果的价值之中。但知识劳动所需要的大部分“原材料”却只要支付少量报酬即可获得。而且即使一旦将这类劳动成果投入市场，它也和实物性产品不同。在流通领域转让这些成果时，转让者并不完全失去其成果，他们可以在这些成果的基础上继续发展和提高，从而创造出新的成果来。从这个意义上看，知识劳动是生产价值量大而成本低的产品的一种劳动。

知识劳动在精神文明方面所创造的价值也是不容忽视的。整个上层建筑包括道德、法律、哲学、政治思想等方面的建设，实际上也都是知识劳动的结晶。在这些领域中所创造出来的成果在一定条件下可以转化为物质财富。各国的历史经验表明，知识劳动在这方面所创造的价值是不可估量的。一些经济学家认为，当前一切资本中，最贵重、最有利润的是投给人的资本。智力投资是最好的投资，是“一本万利”的事情。战后日本能在较短的时间内跃居世界经济强国，一个极重要的原因，就是重视对智力的投资。我国目前的经济同世界发达国家相比，差距还比较大。因此，如不重视智力投资，那么经济建设的速度是无法得到保证的。

总之，尊重知识，尊重人才，是经济体制改革，也是科技体制改革和教育体制改革中的一个关键问题。开展关于知识劳动价值问题的讨论，必将推动人们在价值观念上发生转变,从而有利于推进经济体制、科技体制和教育体制的改革,进而推动我国现代化建设以更快的步伐迈进。

（项浙学　王光铸　李宝泰）

习近平同志在担任浙江省委书记期间，十分重视生态文明建设，他多次强调："我们既要GDP，又要绿色GDP。特别是浙江人多地少，如果走传统的经济发展的道路，环境的承载将不堪重负，经济的发展与人民群众生活质量的提高会适得其反。""我们追求人与自然的和谐，经济与社会的和谐，通俗地讲，就是要'两座山'：既要金山银山，又要绿水青山。这'两座山'之间是有矛盾的，但又可以辩证统一。"

如何处理好这"两座山"的矛盾，《浙江省绿色GDP测算和生态补偿研究》课题组的专家，对于这一个全新的课题，开展广泛的调查，应用辩证唯物主义进行深入分析研究，对绿色GDP和生态补偿机制做了全面详尽的辩证论述，提出了尽快开展浙江省绿色GDP的研究和试算，推动可持续发展的宏观进程；全面开展我省自然资源和生态环境的价值核算，建立生态补偿的政策基础；积极探索、完善各种形式的生态补偿机制，形成完整的生态补偿体系；完善我省生态补偿的管理体制，提高生态补偿的社会经济效益等6条生态补偿机制建设的对策建议。

习近平同志对这个研究报告做了重要批示，要求省生态领导小组认真研究。时任浙江省副省长的陈加元同志听取了课题组的专题汇报，充分肯定省科协在绿色GDP测算和建立生态补偿机制方面所做的研究。2005年，这个研究报告被中国科协授予优秀调研报告特别奖。

三　绿色GDP的测算模式和生态补偿机制研究

(一)绿色GDP的测算模式

1. 绿色GDP由来及含义

(1)可持续发展的指标。

绿色GDP的提出是实施可持续发展战略的需要。在实施可持续发展战略中,一个十分重要而困难的问题是如何判断一个国家和地区的发展是不是"可持续的"。也就是说,需要有一个科学的,并且可操作的"可持续发展指标"。

长期以来,在"可持续发展指标"的研究方面,国内外已经做了大量的工作,而且由于问题的复杂性,还在继续进行着各种各样的研究。

从量化描述的角度看,这些研究可以大体归纳为三种类型。

其一,以经济量即价值量作为描述工具。可持续发展的一个核心问题就是经济、社会的发展与自然环境的关系。对于经济、社会的发展,人们已经掌握了许多以价值量描述的方法,如果对于自然环境的状态和变化也能够以价值量加以描述,显然对于可持续发展就可以有一个一致的描述工具。这方面的研究工作主要有:

①世界银行"国民财富"(National Wealth)[1994年]和"真实储蓄"(Genuine Saving)指标[1995—1997]。

我国这方面的工作有:(1)胡鞍刚:《我国真实国民储蓄与自然资产损失(1970—1998)》(2001)。(2)西北农林科技大学:《陕西省经济发展可持续性的财富测度研究(真实储蓄)》(2002)。(3)集美大学:《福建省真实国民储蓄与资源环境损失研究》(2002)等。

2000 年世界银行又提出了考虑环境因素的"调整的净储蓄(Adjusted Net Savings)"方法。

②可持续经济福利指数(ISEW,即 Index of Sustainable Economic Welfare)[1994]。

我国台湾地区对 ISEW 做过较多工作。

③真实进步指标(GPI,即 Genuine Progress Indicator) [1995] (是 ISEW 的发展)。

我国南京大学有人在论文《GDP 缺陷与 GPI 核算》(2001)中给出了 1993—1999 年中国 GPI 的测算结果。

④联合国统计局(UNSD) "综合环境经济核算体系"(SEEA) [1993]。

其综合指标"经环境调整的国民生产净值 EDP"常被称为"绿色 GDP"。

属于这种核算体系类型的还有:

荷兰统计局提出的"包含环境账户的国民经济核算矩阵" (NAMEA 即 National Accounting Matrix including Environmental Accounts)[1993];

菲律宾提出的"环境与自然资源核算计划"(ENRAP,即 Environmental and Natural Resources Accounting Project);

美国提出的"综合性经济和天南地北卫星账户"(IEESA,即 Integrated Economic and Environmental Satellite Accounts)[1994]。

日本(CSEEA)、韩国(KSEEA)等也进行了类似的工作。

我国的工作在稍后介绍。

其二,以物理量作为描述工具。与上一类工作的思路不同,他们寻求某种物理量来描述经济活动和自然环境的状态,这样,也可以用一个一致的描述工具来研究可持续发展问题。这方面的研究工作主要有:

①生态足迹(ecological footprint)指数 [1992—1996]。

这一概念是由著名生态经济学家里斯(Rees)教授及其学生提出并加以发展的。生态足迹就是能够持续地提供资源或消纳废物的、具有生物生产力的地域空间(biologically productive areas)。我国在这方面的研究工作有:

中科院:《中国1999年生态足迹计算与发展能力分析》(2003)。台湾地区有报告:《台湾地区生态足迹量度之研究》(1998)。

②能值分析(emergy analysis)指标[1988]。

能值分析是美国著名生态学家奥德姆（H. T. Odum）创立的以能量为核心的系统分析方法。“emergy”就是他创造的新单词。我国工作有:

(1)中美合作课题:西藏生态经济系统的能值分析与可持续发展研究[1998]。(2)北京大学等:中国经济持续发展水平的能值分析[2001]。(3)韶关大学等:广州城市生态系统能值分析研究[2001]。(4)南京师范大学:江苏环境经济系统的能值分析与可持续发展对策研究[2003]。(5)宁波大学:宁波市生态经济系统的能值分析研究[2003]。(6)中科院:江西生态经济系统的能值分析[2003]等。

③欧洲的环境空间(Environmental Space)[1995]。

环境空间是指一定时期内,当代人类社会可使用的资源总量,包括矿藏、耕地、水、森林等。确定环境空间须考虑当代人类社会与其后代子孙都有同等的地球资源的使用权和使用量。国内尚未见应用。

④物质流分析(MFA,即 Material Flow Analysis)[1995]。

物质流分析是通过对能源、矿产、金属、材料、农作物等物质在社会经济活动中的输入输出过程的分析,研究物质流动与污染物产生的关系,评价其环境影响。北京大学曾完成“中国经济—环境系统的物质流分析”[2000年],台湾地区也做过评估。

其三,以某种综合指标或指数作为描述工具。统一使用经济量或物理量都会遇到计量方面的很多困难,因此,人们同时在探索以某种综合指标或指数来描述可持续发展。这方面的研究工作主要有:

①联合国可持续发展委员会(UNCSD)可持续发展指标体系[1995—2000]。

②经济合作与发展组织(OECD)可持续发展指标体系[1991—1994]。

③联合国统计局(UNSD)可持续发展指标体系[1995]。

④联合国开发计划署(UNDP)“人类发展指数(HDI)”[1990]。最近已发表2003年报告。

⑤世界经济论坛(WEF)"环境可持续性指数(ESI)"。现发表了 2001 年及 2002 年的报告。

⑥中国科学院可持续发展研究组提出的"中国可持续发展指标体系"[1999],被誉为是采用系统理论和方法构建指标体系的代表。

从以上介绍可以了解,从判断发展的属性看,绿色 GDP 是可持续发展的一种指标,其功能是给出我们的发展是否是"可持续的"一个衡量的尺度。与其他"尺度"相比较,它属于"弱可持续性"条件的判断。

(2)国民经济核算指标。

GDP 是国内生产总值的英文 Gross Domestic Products 的缩写,是指以货币形式表现的一个国家(或地区)所有常住单位在一定时期内生产活动的最终成果。众所周知,GDP 是最重要的国民经济核算指标,被誉为 20 世纪的重大发明。GDP 的作用是不应忽视的。

我们认为,实质上 GDP 是国民经济"增长"的宏观尺度。由于 GDP 的重要作用,人们实际上也把 GDP 作为一种"发展"指标。例如,我们基本实现现代化有很多指标,但实际上领导们仍然以 GDP"达标"作为现代化的主要尺度。现代化十项指标中有三项与 GDP 有关,制订宏观的战略目标中,往往以 GDP 增长作为硬指标来落实,而其他的则作为软指标,执行时重视不够。

现在的情况是:①国民核算账户的总量,如 GDP 等,已经被广为用于度量一国的收入或福利情况;②作为核心指标,尤其是 GDP,实际上成为人们判断某一国家经济成绩的最主要依据,GDP 增长甚至已成为一个重要的政治目标,大到判断一个国家是"富国"还是"穷国",小到评价一个地区的政绩之优劣,无不看 GDP 的大小;③相应地,宏观经济模型,包括那些将环境、资源因素纳入经济系统的模型,其计算的基点也是 GDP 等宏观指标。

但是,很久以来,国内外专家就不断指出,GDP 无论作为"增长"的尺度还是"发展"的尺度,都存在一些必须重视的缺陷。

例如,根据我国国民经济核算专家许宪春对 GDP 局限性的表述,大致可归纳为以下四个方面:

第一,GDP 不能反映经济发展对资源环境所造成的负面影响。

比如,只要采伐树木,GDP 就会增加,但过量采伐后会造成森林资源的减少,GDP 却不考虑要付出的相应代价。再比如,某些产品的生产会向空气或水中排放有害物质,GDP 会随着产品产量的增加而增加,却不考虑对环境造成的损害。显然,GDP 在反映经济增长的同时,没有反映它所带来的资源耗减和环境损失的代价。

第二,GDP 不能准确地反映一个国家财富的变化。

目前,经济学家们对一个国家的国民财富尽管有不同的解释,但都把固定资本存量作为它的重要组成部分。一个国家财富能否有效地增长,不仅取决于 GDP 中固定资本形成总额的大小,还取决于其质量高低。如果固定资本的质量不好,没有到使用期限就不得不报废,那么固定资本形成总额再多也许都不能有效地提高一国的国民财富。

所以,我们不仅要注重 GDP 的数量,还要注重它的质量。如果我们盖了许多厂房、住房,修了许多道路、桥梁、码头,而不注重其质量,没有多久就不得不拆除,虽然 GDP 表现得一派繁荣,但国民财富不会迅速增加,反而可能会减少。

第三,GDP 不能反映某些重要的非市场经济活动。

有些非市场经济活动在人们的日常生活中占有很重要的位置,比如家庭妇女做饭、照顾老人、养育儿童等等,这些活动没有发生支付行为,按照国际标准,GDP 不反映这些活动。但是,如果这些工作由雇用的保姆来承担,雇主就要向保姆支付报酬,按照国际标准,相应的活动就必须反映在 GDP 中。可见,GDP 不能反映某些非市场经济活动,使得它在某种程度上损失了客观性和可比性。

第四,GDP 并不能全面地反映人们的福利状况。

人均 GDP 的增加代表一个国家人民平均收入水平的增加,从而当一个国家的人均 GDP 增加时,这个国家的平均福利状况将得到改善。但是,由于收入分配的不平等,一小部分人得到了更多的收入,大多数人的收入水平并没有提高,或提高得较少,因此他们的福利状况并没有得到改善,或没有得到明显的改善。从人均 GDP 中就看不出这种由于收入分配状况的差异而产生的福利状况的差异。

为了克服 GDP 的这些缺陷,人们提出了改进意见和修改方法。所谓"绿色 GDP”指标主要是针对上述第一项缺陷提出来的。对于另外三项缺陷，可以采用其他的考核指标，与“绿色 GDP”共同形成一个完整科学的评价体系。但是，我们看到，由于对 GDP 所负职能的理解不同，实际上提出了不同的 GDP 改进和补充方案。

从国民经济核算的角度，绿色 GDP 的说法实际上是“绿化”国民经济核算，或者说，是对现有 GDP 的改进，是希望它能够更科学地反映国民经济的“真实”增长。这是整个国民经济核算体系的改进，因此，“自然资源”和“人力资源”均将进入核算体系的各个“核算表”。也因此，这种“绿色国民经济核算体系”的建立有很大的困难。目前的研究重点是“自然资源核算”（“环境核算”），以及“人力资源核算”。

如果从可持续发展指标的角度，把绿色 GDP 看作是一个宏观的可持续发展指标，它应当反映原有 GDP 没有反映的自然环境受到经济活动的影响。因此，它可以仅仅从宏观上调整原有的 GDP 数值，而不去全面地计算 GDP 的各个“核算表”。从这个意义上说，绿色 GDP 是一种评价指标，而不是一种统计核算指标。

由于对 GDP 的这些改进均包括了对环境影响的考虑，人们也常常把各种改进都称为“绿色 GDP”。这样，“绿色 GDP”就成为考虑了环境影响的各种 GDP（或与 GDP 有关的）改进方案的统称了。换句话说，考虑了环境影响的各种 GDP（或与 GDP 有关的）改进，都可能被称为绿色 GDP。因此，出现各种各样绿色 GDP 的定义就不奇怪了。例如中国台湾有这样的说法，国际上较为普遍采用之绿色国民所得帐，包括 ISEW、真实储蓄率、SEEA、ENRAP。

由于联合国的 SEEA 受到国内外最广泛的关注，本文以它的综合指标作为绿色 GDP 指标进行更多的讨论。

（3）联合国 SEEA 的基本框架。

1993 年，联合国正式提出了“综合环境与经济账户系统”SEEA（System of Integrated Environmental and Economic Accounting）。10 年来，SEEA 在许多国家进行了试验，其本身也有了很多发展。较近的成果有“SEEA2000 手册”和“SEEA2003 手册”。后者虽然有许多新的说法，但许多国家已有的工作与前者更接近。本文主要参考“SEEA2000 手册”。鉴于国内对 SEEA 已有大量介绍和评述,这里不再更多重复,仅仅介绍 SEEA 的基本思路和具体处理的方法。特别是其考虑环境因素后对国民经济总量指标的调整方法。

①环境资产。

SNA 中定义了经济资产(economic asset),它是指“机构单位个别地或集体地对其行使所有权,并且通过在一段时间内持有或使用它们,可以从中得到经济利益”的资产。它包括我们熟悉的固定资产,也包括所有符合上述条件的自然资产。这些自然资产可能是生产的如农产品,也可能是非生产的土地、矿物或野生森林。

在 SEEA 中建立了“环境资产(environmental assets)”的概念,它是指不能作为生产过程中自然资源投入的所有非生产自然资产,它们提供吸收废物的环境服务,栖息地、洪水和天气控制等生态功能、健康或审美价值等其他的令人愉快、舒适的功能……

可列如下表:

经济资产:
人造资产:如固定资产
自然资产:生产的,如农产品
非生产的:如土地、矿藏、湖海中的鱼
环境资产:非生产的自然资产,提供环境服务,生态功能或非经济的舒适功能

②自然资产的“消费”。

在 SEEA 中,考虑经济活动造成的环境影响,主要有两方面,一是自然资源数量的耗减(Depletion),一是环境质量的降级(Degradation)。非生产的自然资源的这种数量和质量的下降在原来的国民经济核算中并没有被考虑,这正是它原来的缺陷。在 SEEA 中,这种耗减和降级被看成是自然资产的“消费”,就如同固定资产的“消费”一样。耗减和降级的价值量在核算中将放在自然资产“使用”的位置,如同固定资产“折旧”的位置。

③总量调整。

在原来的国民经济核算中,固定资产的折旧出现在“国内生产净值 NDP”的计算中,即:

国内生产净值 NDP＝国内生产总值 GDP－固定资产折旧　[1]

按照 SEEA 的上述观点，自然资产的使用如同固定资产的折旧，因此考虑环境影响的调整合乎逻辑地放到国内生产净值上了。即：

环境调整的国内生产净值 EDP＝国内生产总值 GDP－固定资产折旧－(自然资源的耗减＋环境质量的降级)　[2]

这个 EDP 通常被称为“绿色 GDP”，实际上，在 SEEA 中，GDP 并没有进行调整。

我国不少专家建议对 GDP 做相应的调整，例如，按下式确定绿色 GDP：

绿色 GDP＝GDP－(自然资源的耗减＋环境质量的降级)　[3]

对 GDP 进行这样的调整，SEEA2000 手册是明确反对的，认为这从理论上和实际上都是错误的，并将会造成“核算表”的“不一致性”。但 SEEA2003 手册中说法有了松动，它认为，作为综合指标，你一定要这样做也可以，但“核算表”须做很大调整，有“不一致性”的极大风险，是否有必要值得考虑。

④环境核算。

那么，资源的耗减和环境的降级需考虑多大范围，如何计算它们的价值量，这是一个复杂而困难的问题。10 年来，许多国家一直处于“试算”阶段，国际上专家们意见也不一致，这一困难是最重要的原因。

首先，SEEA 提出了处理的原则和方法。

所考虑的范围，要从实际环境问题的重点出发，有重点地确定范围。例如，许多发展中国家关心资源的枯竭，而发达国家更关心环境质量的保持和改善。SEEA 还建议要根据时间和财力的可能，“现实地”进行测算。

其次，对如何计算，SEEA 提出了推荐意见。

对于自然资源的耗减，建议应用“市场定价法(market valuation)”。可再生资源与不可再生资源都可以按照耗用资源的全部或部分经济租(economic rent)确定其价值。其定价技术包括“净回报现值法(present value of net returns)”“净价格法(net price method)”以及“使用者成本法(user cost method)”。手册中详细说明了这几种方法的概念、计算公式和应用事例。

三种算法如下：

a. 净回报现值法：

自然资源的净现值 zhV_0 是预期收入流贴现后之和,如下式:

$$V_0=\sum_{i=0}^{T}\frac{N_tQ_t}{(1+r)^i}zh \qquad [4]$$

式中:T 是该资源的利用寿期,N_t 是资源的销售单价减去生产成本,Q_t 是在 t 时期的开采量,r 是名义的或实际的利率。其中生产成本指开采、开发、勘察的成本,包括正常的资本回报。

b. 净价格法:

资源在 t 时期初的价值 V_t 由下式计算:

$$V_t=(p_t-c_t)Q=N_tQ \qquad [5]$$

式中:p_t 是资源平均市场单价,c_t 是单位生产成本,Q 是资源的总量(资源寿期中年开采量之和)。

c. 使用者成本法,也称使用者成本补贴法(user cost allowance):

使用者成本等于有限的净回报 $R(=N_tQ_t)$ 与“永久收入流(perpetual income stream)”X 之间的差,见下式:

$$R-X=R/(1+r)^{T+1} \qquad [6]$$

这里,R 来自可被用尽的资源储量在核算期中的销售,X 是使用者投资成本,r 是利率,T 是预期的资源的寿期。该方法仅用于资源的耗减。

对于环境质量的降级,定价方法很多,看法也不一致。SEEA2000 明确建议应用“维护成本法(maintenance costs)”。维护成本定义为,人们在核算期内,为了避免所造成的当前以及将来的环境恶化将必须承担的费用。避免或预防成本的定价方法(avoidance or prevention costing)被推荐用于 SEEA 的“维护成本法”中。在这个意义上,维护成本是为了避免核算期内经济活动造成的污染排放或其他环境降级而将承担的成本。它们代表了当前经济生产和消费活动所造成的环境容量的损失,但不包括自然灾害的影响,按 SNA 的原则,后者不计入成本。维护成本也可以考虑成按严格的环境规章对于环境降级的责任应承担的花费。作为这种说法的运用,我们看到,在若干应用中,维护成本按污染物排放量乘以污染处理的单位成本计算。

SEEA2000 手册还指出,“损害定价法(damage valuation)”使用了有争议的方法如“或然定价法(contingent valuation,也称假设市场定价法)”“旅行费用法(travel costs)”或“享乐定价法(hedonic valuation)”,虽在计划和项目的成本—效益分析中值得关注,但不被推荐在国民核算中应用。我们看到,这几种方法在我国的“环境损失”分析中被广泛使用。

我们想说明一点,环境损失评估和绿色 GDP 测算,两者是不同的概念,虽然有一定关系。环境损失评估的内容,实际上很多在原来的 GDP 形成时已经得到体现了,如稻田受污染减产,鱼塘受污染死鱼,风景地受污染游人减少,人受污染生病误了工时减少了产出,等等。这些都是实际发生的 GDP 的减少。而绿色 GDP 对于自然资源耗减和环境质量降级的调整,是“推算的、假定的”成本(“imputed”“hypothetical” costs),实际并未发生,有时称为“虚拟成本”。有人以为,绿色 GDP 就是 GDP 扣除环境损失,实是一种误解。

⑤环境保护费用的处理。

“SEEA2000 手册”认为,环境保护费用(environmental protection expenditures)是实际发生的费用,在原来的 GDP 中已经体现。手册中说,实际环境费用可具有避免或预防或者恢复活动的特征,它们的目的都是预防或减少污染,或者减少可再生资源净耗减(如种树,河里养鱼,供水系统堵漏),或不可再生资源的净耗减(例如投资再循环,开发替代品如用可再生能源代替化石燃料)。如果作为货物和服务的中间消费或者作为环境保护资本货物的折旧,它们是作为生产成本核算的。在最终消费的范畴,它们是由家庭作为最终消费支付的,由企业作为资本形成支付的,由政府作为两者支付的。在 SEEA 中,为政策分析的需要,环境保护费用被单独分列出来,但并不影响总量 GDP 或 EDP 的数值。

但也有人认为,在最终消费范围,政府(以及家庭)的环境保护费用具有“社会成本”的含义,它是经济活动对环境影响的结果,因此,应从 GDP 中扣除。不然,政府投入的环境保护费用愈多,GDP 愈大,似乎是不合理的。据此我们认为,政府环境保护费用作为社会成本的确应该“内部化”成为企业的成本,如果那样,GDP 将减少。家庭的环境保护费用也应从 GDP 中扣除。我们认为,应比较政府环境保护费用和企业交付给政府的环境治理费,如果前者大于后者,说明“外部成本”大于“内部成本”,两者之差应从 GDP 中扣除。具体处理上,可进一步研究。

⑥SEEA 的实现问题。

建立环境经济核算体系是一项极其困难的长期性课题。尽管 20 世纪后期以来,环境经济核算一直是国际研究的前沿课题,吸引了大批专家和政府、国际组织,但有关环境经济核算的理论研究和实际应用探索仍然还有很长的路要走。SEEA2000 手册根据核算的难易程度和可行性,将整个环境经济核算拆分为五个方面共十个步骤。

第一方面是在国民账户框架里进行环境分析。具体包括三个步骤:编制供应使用账户,识别和核算环境保护支出,编辑生产性自然资产账户。第二方面是进行自然资源核算,包括两个具体步骤:编制自然资源实物型账户,对自然资源予以估价并编制货币型账户。第三方面是环境资产的核算,即要编辑实物型环境资产账户。第四方面是排放账户,包括两个步骤:编制分经济部门的排放资料,对排放按照维护成本方法予以估价。第五方面是进行综合和分析,所包括的两个步骤是:计算包括环境因素的有关宏观总量,就传统指标和经环境调整的指标进行比较分析。可以看出,在上述工作中,实物量的核算较易完成,货币量的核算困难较大。相比较而言,自然资源核算的可行性大于环境资产核算的,实物型核算的可行性大于货币型核算的。

我国统计专家建议,由于中国尚不具备完成上述环境经济核算全部步骤的条件。因此,将若干重要自然资源和污染物排放的实物量核算纳入现行核算体系,是一种稳健、可行的选择,既可以在一定程度上满足现实的管理需求,又可为进一步的环境经济核算探索奠定基础。

(4)我国有关绿色 GDP 的研究和试算。

①中国 21 世纪议程优先项目。

中国 21 世纪议程优先项目 (第一批),优先领域 5:自然资源保护与利用,项目 5-1:自然资源与环境核算方法及纳入国民经济核算体系的研究。项目周期为 5 年(1995—1999)。项目经费预算为 350 万美元(中方投入 200 万美元)。

1996 年(国家统计局国民经济核算司),根据《中国 21 世纪议程》中提出"研究并试行把自然资源和环境因素纳入国民经济核算"的要求,国家统计局专门在国民经济核算司增设了"国民资产与资源环境核算处",决定在"九五"

期间，将资源环境核算初步纳入中国新国民经济核算体系。其初步规划是：以我国“新国民经济核算体系”为蓝本，并参照1993年联合国国民经济核算体系(SNA)卫星账户“环境与经济的综合核算”方案[即SEEA]；与有关部委共同合作，进行部分地区和部门的资源环境试点试算工作，初步建立起适合我国国民经济运行特点的“综合经济与资源环境核算体系”的基本框架；重点开展森林、矿产、土地三种自然资源的实物量及价值量综合核算和相关生态环境质量保护与治理的研究与核算。编制出：①自然资源与环境核算实物型基本表式；②自然资源与环境核算价值型基本表式；③纳入国民经济核算体系的相关账户及基本表式。最终测算出经过资源环境核算调整的国内生产总值，以正确反映我国社会再生产过程及其与资源环境之间的相互依存、相互制约关系，为各级政府进行宏观管理与调控，促进国民经济可持续发展提供科学、系统、全面的基础数据。

②北京市的工作。

北京市哲学社会科学“九五”规划课题“以EDP为核心的国民经济核算新体系研究”于1999年上半年完成。其研究成果为《建立首都绿色国民经济核算体系》。据报道称，其对北京市1997年绿色GDP进行核算的结果表明，按生产法计算的绿色GDP占GDP的74.94%，按支出法计算的绿色GDP占GDP的75.75%。我们在一篇相应的论文中看到，其计算方法是：

绿色GDP＝GDP－环境质量退化(＝环境损失－环境收益)－资源要素耗减－政府的环境保护与治理支出－政府和个人投入的资源补偿金。

具体数据是GDP 1810.09亿元，绿色GDP 1303.83亿元。在扣除的506.26亿元中环境质量退化(降级)占96.6%；资源要素耗减占0.8%；其他占2.6%。

这里的环境质量退化就是SEEA的环境质量降级；资源要素耗减就是SEEA的自然资源耗减。可以看到，这里增加了“政府的环境保护与治理支出”等调整项。可见，这里的“绿色”GDP定义与SEEA的说法是有区别的。

③中国环境经济综合核算体系。

中国学者提出了中国环境经济综合核算体系，并完成1995年中国环境经济综合核算矩阵及绿色GDP估计。从有关论文中看到，该体系既对NDP进

行调整,也对 GDP 进行调整,具体方法如下:

绿色 GDP＝GDP－经济自然资产的使用和非经济自然资产的使用

EDP＝NDP－经济自然资产的使用和非经济自然资产的使用

这里所说的自然资产的“使用”包括了 SEEA 中的耗减和降级,另外还考虑了“预防性支出”,大致相当于 SEEA 中讨论的环境保护费用。

具体数据是:1995 年我国 GDP 为 59448 亿元,其绿色 GDP 为 GDP 的 91.25%,EDP 为 NDP 的 95.75%。在所扣除的 2200 亿中,耗减占 21.21%,降级占 69.51%,预防支出占 9.29%。

本课题耗减和降级的计算范围较全面。

④湖南环境与经济综合核算课题。

该课题 2001 年完成 2002 年鉴定,得到较高评价。

从相应的资料看,湖南省测算时,具体方法如下:

先定义绿色国内生产净值,即 SEEA 中的 EDP:

绿色国内生产净值＝国内生产净值－非生产经济资产的耗减和非生产自然资产的降级

这里的耗减和降级的含义与 SEEA 的相同。

然后定义绿色 GDP:

绿色国内生产总值(绿色 GDP)＝绿色国内生产净值＋固定资产损耗(折旧)

实际上,这里的绿色 GDP＝GDP－非生产经济资产的耗减和非生产自然资产的降级,也等于是对 GDP 进行了调整。

该课题的测算结果是,湖南 2000 年 GDP 3691.88 亿元;绿色 GDP 为 3480.03 亿元,为 GDP 的 94.26%。其资源耗减和环境降级的扣除额为 211.85 亿元,占 GDP 的 5.74%,他们认为,略低于世界公认的经验数据 6%。从扣除额 211.85 亿元来看,资源耗减占 88.2%,环境降级占 11.8%。

本课题耗减和降级的计算范围也较全面。

这里提到“世界公认的经验数据”,一时未找到。据英国 BBC 在 2001 年的一则新闻中报道,世界银行曾指出,发展中国家环境降级的影响可高达 GDP 的 4%到 8%。

⑤我国专家的看法。

我国许多专家致力于绿色 GDP 概念与算法的研究，发表了诸多文章。这里仅举两三例。

a. 中科院可持续发展首席科学家牛文元教授提出的绿色 GDP 定义是将现行统计下的 GNP，扣除两大基本部分的“虚数”。表达为：

绿色 GNP＝(现行 GNP)－(自然部分虚数)－(人文部分虚数)

其中，自然部分(生态系统)的虚数，应从以下六个因素中扣除，即：

环境污染所造成的环境质量下降；自然资源的退化与配比的不均衡；长期生态质量退化所造成的损失；自然灾害所引起的经济损失；资源稀缺性所引发的成本；物质、能量的不合理利用所导致的损失。

人文部分的虚数大致包括由于疾病、失业、犯罪、教育水平低下、人口失控、管理不善等所造成的损失。绿色 GNP 将比较合理地扣除环境污染和人文因素的损失，反映协调发展的质量和进程，因此它应逐渐地被认同，并且纳入国民经济核算体系之中。

我们认为，这类定义视 GDP 为某种“指标”，而不是“环境经济核算”。从核算角度，其中有的“虚数”实际上已经在“现行 GDP”中体现了，如经济损失。

b. 张东光等[2002 年]认为，SEEA 只对国内生产净值调整是不够的，还应对 GDP 指标予以调整。

设立经环境调整的 GDP 指标，简称为 EGDP。EGDP 定义为：

EGDP＝GDP－非生产经济资产的耗减费用－各部门用于环境的最初投入；

经环境调整的国内生产净值，简称为 ENDP。ENDP 定义为：

ENDP＝EGDP－固定资本消耗价值－非生产经济资产的降级费用－其他自然资源的耗减和降级费用

c. 林丕在 1997 年提出，绿色 GDP＝GDP－(由于 GDP 造成的自然资源、生态环境破坏的直接经济损失，以及为恢复生态平衡、挽回资源损失而必须支付的经济投资)

这一说法与 SEEA 的观点有较大不同。

⑥浙江省相关工作。

浙江省环科院在《浙江省环境污染和生态破坏经济损失研究》中,完成了1996年浙江省环境污染和生态破坏经济损失的计算。结果表明,环境污染和生态破坏共234.9亿元,相当于同年浙江省GDP 4146.06亿元的5.67%。该报告在环境核算方面进行了有益的尝试。

⑦我国台湾地区的工作。

应该一提的是,我国台湾地区1998年开始进行绿色GDP的试编工作,现已公布了2000版、2001版和2002版三次测算的结果,包括了1996至2000年的数据。他们的处理基本上遵循SEEA的方法,将"绿色GDP"定义为:

绿色国民所得=国内生产净值NDP-(自然资源的耗减和环境质量的降级)

自然资源的耗减采用净价格法(Net Price Method),即开采收入减开采成本。考虑的范围主要是矿产和地下水资源。

环境质量的降级采用维护成本法(Maintenance Costs Method)(日本、韩国也采用此方法)。该方法以目前最佳可行技术下之污染防治单位成本乘以污染排放量,作为环境降级的成本,亦即对于当年的污染排放,估算其为治理这些污染排放应投入的治理成本。考虑的范围是工、农业,交通以及城乡生活所排放的水和大气的主要污染物,以及固体废物。

我们认为,台湾地区的做法可做借鉴。它们从实际的数据条件出发,采用较成熟可行的测算方法,使"试算"工作得以开展。当然,由于考虑的范围偏小,其"扣除"的比例相对小些。

从上述介绍看,绿色GDP的概念和方法仍在研究和发展中。但是绿色GDP无疑是人们不断在追求的一项重要发展指标。在2003年的世界环境日,国家环保总局局长解振华称,"我国在经济增长过程中对环境造成了一些损害,在计算GDP时并没有计算进去。但是,对环境的欠债总是要还的。所以应该引入一个绿色GDP的概念"。

我省已经开始实施生态省建设的伟大宏图,应迅速部署、安排力量,开展我省绿色GDP的试算研究。以下是我们对浙江省绿色GDP的测算。

2. 浙江省绿色GDP的试算方案

我们认为,应该以联合国SEEA中定义的EDP(经环境调整的国民生产净值)作为“绿色 GDP”。SEEA 中 EDP 总量的计算可以不涉及各个“核算表”,在初步应用上,可降低难度。从可持续发展指标的角度看,仅仅调整 NDP 的总量,也是符合政策分析的要求的。我国台湾地区计算“绿色国民所得”也是走的这条路线。这里,参照我国台湾地区的工作,提出浙江省绿色 GDP 的试算方案。在附件中,提供本课题在试算中的具体过程,这里仅交代试算的要点并介绍试算的结果。

在现有基础上,进行较完整的“绿色”GDP 的测算显然是有困难的。目前,国家统计局和国家环保局正在进行“绿色”GDP 测算的技术攻关研究。本课题进行试算的目的,主要是在现有数据条件下,实际经历一次“绿色”GDP 的主要计算过程,以对“绿色”GDP 的概念,数据的需求和相互关系,以及主要影响因素等获得一些具体的认识,为今后浙江省“绿色”GDP 的测算提供若干经验。

(1)定义。

根据 SEEA2000 中的定义,及台湾地区采用的定义。本课题对“绿色 GDP”的定义,是指环境调整的国内生产净值 EDP,按前述 SEEA 总量分析:

国内生产净值 NDP＝国内生产总值 GDP－固定资产折旧

环境调整的国内生产净值 EDP＝国内生产净值 NDP－(自然资源的耗减和环境质量的降级)

(2)环境核算定价方法。

按前述的介绍,SEEA2000 手册推荐:自然资源的耗减采用净价格法(Net Price Method),环境质量的降级采用维护成本法(Maintenance Costs Method)。

在维护成本法中,环境质量降级的虚拟费用等于污染物的排放量乘以该污染物治理的价格。由于对同一个污染物,其治理的价格因技术条件和应用场合的不同,会有很大的差异。我们在文献调研中看到,各国(地区)在试算“绿色”GDP 时,“定价”问题是一个最大的难点,在具体处理上也各不相同。我国台湾的测算中建议以“最佳可行技术”的治理价格作为测算的价格。本课题在试算中,采用了两种方案进行比较:方案 1 是参考省环境设计院对我省“九五”时期环境治理的可行性研究课题的结果。方案 2 是参照台湾地区测算时采用的价格。前者可能代表当前“实际的技术水平”;后者可能代表“相对较为先进的技术水平”,同时也反映了各自对环境质量的维护力度的不同。由于环境治理技术要求的不同,会带来很大的价格差异,什么价格是合理的价格,在实际测算中浙江应采用什么价格,还需进一步专题研究。

(3)试算的范围。

本课题试算的范围是以数据的可获得性为限制条件的。

对于“自然资源的耗减”,台湾地区因为数据和方法上的困难,仅仅考虑两部分:一是矿产资源的耗减,等于各类矿产的产值减去开采的成本;二是水资源耗减,仅计算地下水“过度开采”的量(当年抽采量超过正常补给量的部分)乘以水资源价格。由于我省这两部分的数据收集上的困难,本次试算暂未考虑自然资源的耗减。

对于环境质量的降级,本次试算参照台湾地区的方法,尽可能考虑包括固定源、面源以及移动源等主要的污染排放,如污水中的 COD、BOD、总氮、总磷等,空气中的 SO_2、NOx、CO、Pb、粉尘等,工业固体废物以及城乡生活垃圾等。

按照数据的条件,对于污染物的排放量,本次试算大体有三种处理办法:

其一,目前已经有环境统计数据的,按环境统计的结果。例如,“工业”的主要污染排放物 COD、SO_2、粉尘、烟尘、固体废物等,“生活及其他”的排放物 COD、烟尘等。

其二,已经完成全省性系统调查的农业和农村的污染排放量,按调查年(2000 年)的数据(排放因子、污染物处理率等)进行推算。

其三,目前没有全省直接统计,也没有调查资料的,如机动车的 SO_2、NOx、CO、Pb 排放。但机动车的尾气污染日趋严重,应该给予考虑。国内外有较多的测试和测算的研究结果,一类按机动车的数目和行驶里程测算,另一类按机动车燃料消耗测算。我们从全省能源平衡表的能源消耗数据,选取排放因子,进行间接推算。排放因子的选取以我国或外省已经采用者为准。

具体的试算范围见附件。

3. 浙江省绿色 GDP 的试算结果

对浙江省 1997 至 2002 年的“绿色”GDP 进行的初步试算,得到以下结果。

(1)浙江省的“绿色”GDP。

按两种方案试算的浙江省“绿色”GDP 结果见表 3-1 及下图。

表 3-1　浙江省绿色 GDP 试算结果　　　　单位:亿元

方案 1						
项目	1997 年	1998 年	1999 年	2000 年	2001 年	2002 年
GDP	4638.24	4987.50	5364.89	6036.34	6748.15	7796.00
固定资产折旧	439.31	487.00	647.79	767.76	875.99	963.03
NDP	4198.93	4500.50	4717.10	5268.58	5872.16	6832.97
自然资源耗减(未试算)	—	—	—	—	—	—
环境质量降级	115.50	116.00	111.40	114.70	118.70	119.40
占 NDP 的比例(%)	2.75	2.58	2.36	2.18	2.02	1.75
"绿色"GDP(EDP)	4083.00	4384.00	4606.00	5154.00	5753.00	6714.00
方案 2						
项目年份	1997 年	1998 年	1999 年	2000 年	2001 年	2002 年
GDP	4638.24	4987.50	5364.89	6036.34	6748.15	7796.00
固定资产折旧	439.31	487.00	647.79	767.76	875.99	963.03
NDP	4198.93	4500.50	4717.10	5268.58	5872.16	6832.97
自然资源耗减(未试算)	—	—	—	—	—	—
环境质量降级	950.60	817.90	708.40	769.00	733.50	705.10
占 NDP 的比例(%)	22.60	18.20	15.00	14.60	12.50	10.30
"绿色"GDP(EDP)	3248.00	3683.00	4009.00	4500.00	5139.00	6128.00

浙江省与台湾地区治理价格的差异很大,在表中明显看出结果的不同。具体数据见附件。以环境质量降级所占 NDP 的比例看,方案 1 试算结果,2000 年为 2.18%,2002 年为 1.75%。方案 2 试算结果,则分别是 14.6%和 10.3%。两者的趋势是相同的,即这几年呈下降的趋势。原因主要是从维护成本看,工业污染的治理价格高,随着工业污染的减少,使维护成本下降较多。生活及其他部门的污染虽然增加,但治理价格相对较低,维护成本上升较少,综合结果,维护成本上升较慢,在方案 2 的价格结构下,还有所下降。另一方面,NDP 的增长较快,因此,维护成本(即环境质量降级)占 NDP 的比重呈下降趋势。

为了全面比较我省与台湾地区的经济发展背景、能源消费量、各种污染物的产生量、污染治理的价格等,在附件中列出了有关数据的对照表,可参阅。

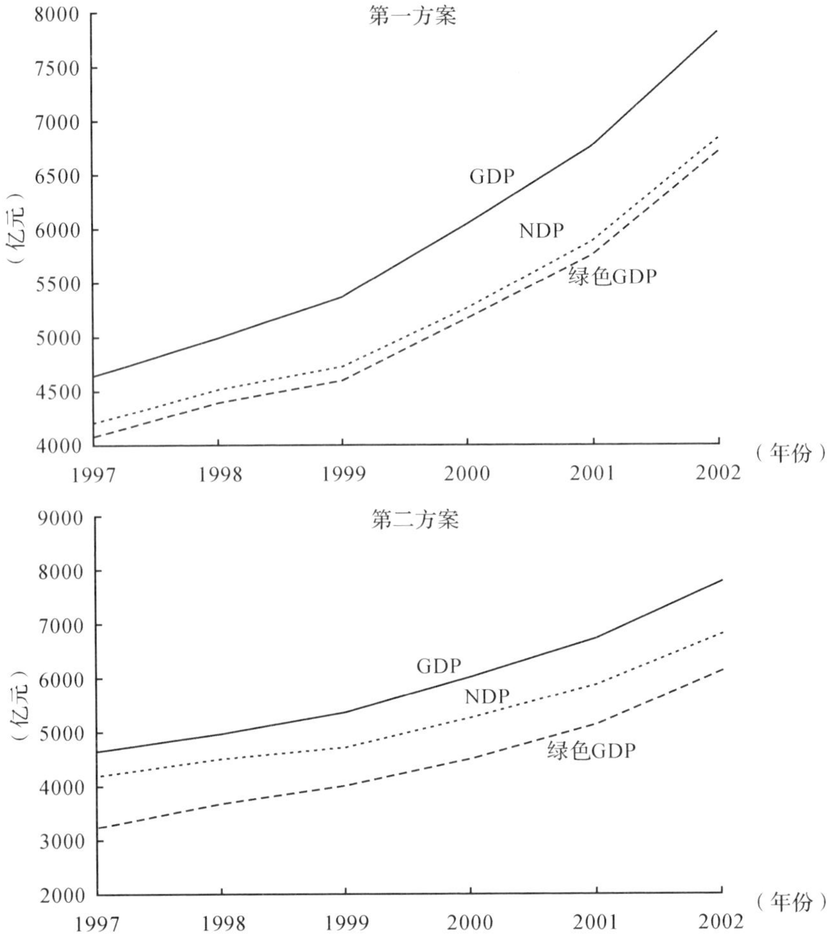

图 3-1 浙江省"绿色"GDP 测算

在表 2 中,列出了台湾地区 2002 年公布的"绿色"GDP 的试编结果。表 2 中可见,台湾地区的环境质量降级(虚拟的污染治理成本)相对于 NDP 而言,所占比例很小。

表 3-2　台湾地区绿色所得(即"绿色"GDP)测算结果[2002 年版]

单位:百万新台币

项目	1998 年	1999 年	2000 年
一、国内生产毛额(GDP)	8,938,967	9,289,929	9,663,388
二、固定资本消耗	748,699	804,144	878,482
三、国内生产净额(NDP)	8,190,268	8,485,785	8,784,906
四、自然资源折耗	22,234	20,034	18,800
占 NDP 比率(%)	0.27	0.24	0.21
五、环境品质质损	162,751	160,160	153,459
占 NDP 比率(%)	1.99	1.89	1.75
六、自然资源折耗及环境品质质损合计	184,985	180,194	172,259
占 NDP 比率(%)	2.26	2.12	1.96
七、绿色所得	8,005,283	8,305,591	8,612,648

(2)环境质量耗减的组成。

环境质量降级(虚拟治理成本)按部门分组的环境质量降级的组成见表3。具体数据见附件。从表 3 看,工业污染的环境降级的比重较高,但呈下降趋势。生活及其他部门(包括城市和农村)比重也很大,呈上升趋势,并在超过工业影响的比重。运输业目前比重较低,一方面因为我省运输能源消费的统计数据可能有缺漏,另一方面因为它的治理价格相对较低。

由于治理价格对各部门是不相同的,因此,维护成本的构成与污染物的构成是不一样的。

表 3-3　环境质量降级的部门组成　　单位:%

方案 1						
项目	1997	1998	1999	2000	2001	2002
工业	48.7	42.8	40.0	42.1	38.9	39.3
农业	13.3	13.0	13.5	13.6	13.2	13.3
城市生活及其他	8.8	14.7	15.4	13.4	16.6	15.4
农村生活	25.1	25.0	25.8	25.0	24.6	24.7

续　表

方案 1						
项目	1997	1998	1999	2000	2001	2002
运输业	4.1	4.5	5.3	5.9	6.7	7.3
方案 2						
项目	1997	1998	1999	2000	2001	2002
工业	61.9	53.9	46.8	50.6	45.7	43.2
农业	13.6	15.6	17.9	17.3	18.4	19.5
城市生活及其他	2.3	4.6	5.4	4.4	6.0	5.8
农村生活	21.4	24.8	28.5	26.2	28.1	29.5
运输业(机动车)	0.8	1.0	1.4	1.4	1.8	2.0

在表 3-4 中,列出了台湾地区环境质量降级的部门组成。可以看到,工业特别是制造业造成的环境影响是第一位的,和我省类似,生活部门也是影响的“大户”。表 3-4 中,运输部门包含在“其他产业”中了。该部门比重较高,与我省情况很不相同,原因之一是台湾地区的服务业比重较大,这一块我们是在“城市生活及其他”中了,原因之二是台湾地区机动车比我省多,移动源的排放量相对较高。

表 3-4　台湾地区环境质量降级(虚拟治理成本)的组成　　单位:%

项目	年份		
	1998	1999	2000
农林渔牧	4.22	4.96	5.80
矿业	0.14	1.12	1.46
制造业	41.81	32.77	40.24
水电燃气	2.94	5.24	4.82
其他产业	14.27	25.14	22.55
政府	1.20	1.26	1.56
家庭	35.43	29.52	23.58
数据来源	2000 版	2001 版	2002 版

(3)试算工作的几点意见。

我们认为,本课题组这次对“绿色”GDP 的测算,主要的收获是对测算的方法进行初步体验,并对各种影响测算的因素提供认识。对于所得出的结果,也大体上给出了可参考的范围。但是，这里的结果还不能直接作为评价的依据，深入评价还需要进一步做很多工作。

经过对浙江省“绿色”GDP的试算，我们有以下几点意见：

①“绿色”GDP努力将经济活动的环境影响定量地反映出来，具有重要的政策意义。“绿色”GDP对GDP的扣除比例虽然只有几个百分点，但这几个百分点反映了人们对环境影响问题的直接关注，决不应小看。在经济发展相关环境问题严重的地区或时期，这种意义尤为显著。(我们知道，我省研究开发经费不到GDP的1%，公共教育经费也仅占2%—3%。)但在“绿色”GDP测算中需要详尽的基础统计数据以及“合理的”污染治理价格，在测算技术上有很大的难度。因此做好相关的基础工作和基础研究十分重要。目前，国内外正在为此进行各种努力，但仍然处在“试编”的阶段。我们关注“绿色”GDP的测算，必须首先关注创造测算的基础条件。

②对“绿色”GDP的政策含义应有一个客观的正确认识。如果说，GDP是国民经济的一个综合性的“统计指标”，那么，在相当长的一个阶段，“绿色”GDP只能被看作是一个“评价指标”。“绿色”GDP测算中存在着大量“推估”的因素。而且，无论是自然资源的耗减还是环境质量的降级，也都是“虚拟的费用”。因此，它作为一个评价指标，还不能替代现行的GDP统计指标。

③本次试算中，维护成本采用了“方案1”和“方案2”两种价格。我们看到，两种价格测算的结果差异很大。我们建议应对各国、各地区的环境治理成本做进一步的调查分析，以便获得更多的资料和信息，这对于进一步做好“绿色”GDP的测算，以及对于建立生态补偿标准等均有重要的参考意义。

④“绿色”GDP的核心(按SEEA概念)是反映经济活动对自然资源与环境的影响。正如本文一开始介绍的，现行GDP的缺陷，不仅仅是环境问题。如果希望解决GDP中的各种“不合理”的成分，只是依靠“绿色”GDP是不够的。应该进一步研究制定能够更全面反映人类理想发展模式的评价指标。本文在一开始介绍了各种可持续发展的评价指标，我们应该更多有选择地研究各种其他指标，以便与“绿色”GDP一起构成某种评价指标体系。

(二)生态补偿的机制

资源与环境问题越来越受到人们的重视,如何有效利用资源、保护环境,成为世纪之交的热门话题,建立和完善资源与环境的经济补偿机制,是解决资源与环境问题的有效方法之一。我省生态省建设中,加强和完善生态环境补偿机制具有重要的现实意义。

1. 生态补偿的概念

(1)生态补偿的概念。

关于生态补偿的概念,目前并无明确的定义,通常认为,生态补偿是指生态环境和自然资源利用的受益者,支付代价向生态环境和自然资源的保护者提供补偿的一类社会经济活动。而生态补偿机制就是促进生态补偿活动、调动生态保护积极性的各种规则、激励和协调的制度安排。

第一,行为主体问题。我们列出了三个行为主体,除受益者和保护者外,中间还经过一个所有者。在现实行动中,由受益者向保护者直接进行补偿的情况并不有效。后面将进一步看到,强调生态环境和自然资源的所有者——国家,对政策设计有重要作用。

当受益者和保护者为同一个主体时,补偿可理解为回报。受益者在某一流域的下游,保护者在上游,就形成了所谓流域补偿问题,在不同的行政区域就形成了区域补偿问题,等等。

还有一个“政府和社会”,它们应该通过自己的行为,促进生态补偿的实现。这里的图示还有一个含义,即“政府和社会”与生态环境和自然资源的“所有者”不是一回事。所有者(国家)的意志是通过法律体现的。政府只有依法行事才代表国家。

第二,行为问题。受益者对生态环境和自然资源的利用,包括物质利用(采矿、取水、伐木、捕鱼等),也包括功能利用(休闲、观赏以及污染物排放等)。其利用的结果,就是自然资产的耗减和降级(见本文第一部分)。对于破坏者,则是属于“赔偿”的问题,本文认为不应属于“补偿”的范围。保护者对生态环境和自然资源的恢复和改善,包括生态区建设、“退耕还林”、野生动物保护、生态移民、污染产业的调整等多种实现方式，也包括对污染排放物的治理。其保护的结果，就是自然资产的恢复和增值。

第三，补偿形式问题。“支付代价”和“给予补偿”主要是指资金的方式，也包括物资、技术、劳务，甚至提供土地（“飞地”）等实践中已创造的和将创造的多种形式。由于存在所有者（国家）这一环节，代价的支付和补偿的给予并不必然是一一对应的，时间上也不一定是一一对接的。其中，存在分配和协调的问题。

第四，补偿的管道问题。可以是受益者直接向保护者直接补偿，但更有效或更合理的途径是，由受益者向生态环境和自然资源的所有者（国家）支付其利用生态环境和自然资源应承担的代价，然后由“所有者（国家）”对生态环境和自然资源的保护者给予补偿。

综上所述，我们认为，生态补偿的概念框架是符合我国实际的。有人把生态环境补偿定义为广义的和狭义的两种。广义的生态环境补偿包括污染环境的补偿和生态功能的补偿。狭义的生态环境补偿，则专指对生态功能或生态价值的补偿。可见，本文的概念属于广义的，事实上环境污染与生态功能也是密不可分的。

（2）生态补偿理论基础。

资源与环境经济学认为，引起资源不合理的开发利用以及环境污染破坏的一个重要原因是外部性（externality）。外部性作为一个正式的概念，最早是由马歇尔（Alfred Marshall）提出，庇古（Arthur C. Pigou）则区分了外部经济和外部不经济：“此问题的本质是，个人 A 在对个人 B 提供某项支付代价的行动过程中，附带地，亦对其他人提供劳务（并非同样的劳务）或损害，而不能从受益的一方取得支付，亦不能对受害的一方施以补偿。”经济学家对外部性产生的原因和解决办法有不同的认识，其中，最著名的是庇古税和科斯（Ronald H. Coase）定理。

庇古认为：外部性产生的原因在于市场失灵，必须通过政府干预来解决。对于正的外部影响政府应予以补贴，对于负的外部影响应处以罚款，以使外部性生产者的私人成本等于社会成本，从而提高整个社会的福利水平。但是对于政府能否有效地校正外部性，西方经济学界存在争议，就连庇古也怀疑道：

“确定恰当的补助金和课税标准,实际上有很大困难。要做出一个符合科学的决定,几乎完全没有必要的材料可以作为概括。”可见,要准确确定边际外部成本十分困难。

科斯则认为不能将外部性问题简单地看成是市场失灵。他认为,外部性问题的实质在于双方产权界定不清,出现了行为权利和利益边界不确定的现象,从而产生了外部性问题。因此,要解决外部性问题,必须明确产权,即确定人们是否有利用自己的财产采取某种行动并造成相应后果的权利。他提出科斯第一定理:如果产权是明晰的,同时交易费用为零,那么无论产权最初如何界定,都可以通过市场交易使资源的配置达到帕累托最优,即通过市场交易可以消除外部性。科斯进一步探讨了市场交易费用不为零的情况,并提出了科斯第二定理:当交易费用为正且较小时,可以通过合法权利的初始界定来提高资源配置效率,实现外部效应内部化,无须抛弃市场机制。

庇古和科斯手段的目的都是解决外部性问题,使社会成本内在化;两者在资源与环境保护领域的应用即为生态补偿手段。在产权没有明确界定的情况下,由于无法确定谁的行为妨碍了谁,谁应该受到限制,因而也就不能做出谁应该补偿谁的决定。而在界定清楚产权的基础上,即 A 产权相对于 B 产权而言,其所界定的行为权利与利益边界是十分明确、无交叉含混的,此时,若 A 产权主体的行为超过了其产权所界定的行为或利益边界时,他相对于 B 产权而言,就是非产权主体。在这种情况下,A 要么因其行为对 B 产权主体所造成的损害加以补偿,要么应要求 B 产权主体将其产权的一部分转让(即通过市场交易重新划定产权边界)而做出补偿。只有这样的补偿才是确定的,清晰的,才是有意义的、公平的。因此,专家们认为,生态补偿应以资源产权的明确界定作为前提,在此前提下,通过体现超越产权界定边界的行为的成本,或通过市场交易体现产权转让的成本,从而引导经济主体采取成本更低的行为方式,达到资源产权界定的最初目的:使资源和环境被适度持续地开发和利用,使经济发展与保护生态达到平衡协调。

我们认为,这里的产权应包括所有权和使用权。明确了所有者是国家,所有权应该属于国家。但是,国家可以将资源的某个部分的使用权转让给某个具体的经济主体,从而经济主体获得了在使用权意义上的产权。

(3)生态补偿的价值确定。

我们认为,在实现生态补偿机制中,生态环境和自然资源的价值确定无疑是十分重要而困难的问题。按图3的表示,有多种行为需要有合理的价值确定方法。

首先,须确定生态环境和自然资源即自然资产的价值。具体说,涉及"生态环境"的价值以及"自然资源"的价值。在第一部分讨论中已经看到,这些价值的确定是较困难的事情。

其次,须确定"受益者"从自然资产使用(利用)中收益的价值。或者说,该行为主体应承担的成本。这也是确定其应该向"保护者"提供多少补偿的基本依据。

再次,须确定"保护者"为自然资产的恢复和增值所付出的代价。

很长时间以来,这方面已经进行了大量研究和实际尝试。

有专家将与资源产权相关的成本归结为两种类型:其一,生态服务功能价值;其二,产权主体的机会成本。由此,生态补偿的类型也有两种:其一,补偿产权主体环境经济行为产生的生态环境效益;其二,补偿产权主体环境经济行为的机会成本。

支付生态服务功能价值这一方式难以实现,因为生态系统服务功能价值难以准确计量,并常常是"天文数字"。而支付产权主体环境经济行为的机会成本则容易实现,因为财务成本可以通过市场定价进行评估。一旦确认所必须补偿的行为方式产生的生态环境效益足够大,就可以根据该行为方式的机会成本确定补偿额度。因此目前国际上普遍接受的补偿水平实际上以机会成本的补偿为准。

无论何种类型,都须建立在正确合理的价值确定的基础上。

"生态环境不再是免费午餐。"因此,生态环境资源以及生态补偿的价值确定具有重要意义。可持续发展的一个很现实的要求,就是自然资产的总量不再减少,质量不再下降。通过生态补偿做到这一点,这应该是生态补偿的目的,也是其补偿机制优劣的考查标准。

(4)生态补偿机制或途径。

生态补偿机制或途径可以归纳为以下几方面。

①国家从“受益者”取得提供补偿的经费。

a. 排污收费制度。国家为保护自然环境和维护生态平衡，向排放污水、废气、固体废物、噪声、放射性污染物者征收排污费。该项制度已成为我国动用经济手段来保护环境的一项法律制度，在我国的环境管理制度和经济刺激手段的应用中起着核心作用。

b. 环境与资源税收。这就是庇古税。从一般意义上说，税和费都是政府取得财政收入的形式。税收是政府为了实现其职能的需要，凭借权力，按照一定的标准强制无偿地取得财政收入的一种形式，具有强制性、无偿性、固定性特征。对于某些公共产品、公共服务成本的补偿，有时不适合采用征税方式，政府便采用较为便利和灵活有效的收费方式，作为调节经济活动的必要补充。

我国目前在全国范围内开征的主要是资源税，现行税制中关于环境污染的治理还没有开设独立税种，只有上述排污收费制度。目前世界上有不少国家通过开征环境污染税解决环保问题。

c. 生态环境补偿费。生态环境补偿费主要是针对经济活动所造成的生态环境价值的损失而进行的补偿。开发利用生态环境资源的边际机会成本为边际生产（直接）成本、边际消耗（使用）成本和边际外部（环境）成本三者之和。有效配置生态环境资源的必要条件之一是该种资源的价格等于其边际机会成本。如果价格低于边际机会成本，则将导致该种资源的过度使用而使生态环境失去持续能力；相反，如果价格高于边际机会成本，则将抑制生态环境资源消耗的需求和生态环境持续能力的维持或恢复。而现行的自然环境资源价格一般都远远低于边际机会成本，有的甚至低于边际生产成本，资源开发者和消费者并不承担边际消耗成本和外部成本这两部分费用。征收生态环境补偿费就是使这两部分费用由开发者或消费者来承担，实现外部不经济性内部化，（上述环境与资源税收的性质是与此相同的）。

d. 对减少环境资源使用的行为提供税费的减免。以绿色产业为例，绿色产业通过控制污染、节约资源的技术革新提高污染治理效果、减少污染物的排放和资源的消耗，减少了对环境资源的使用，其所带来的外部经济性相当于提供了一部分生态补偿，社会对其公共负担给予减免。具体形式就是税收优惠。这一措施在国外已取得了明显的成效。

②国家向“保护者”提供生态环境和自然资源恢复和改善的经费。

a. 财政转移支付。一个地区在生态环境上投入所产生的利益并不仅仅限于本地区,其他地区也可受益。因此对该地区在生态环境保护和建设中所投入的人力、物力、财力必须给予相应的补偿。目前,国内外通行的做法是财政转移支付。在我国,通过加大对中、西部重要生态功能区域的财政转移支付,补偿该地区保护生态环境而导致的财政减收,特别是因发展方式和发展机会受到一定限制而导致的收入减少。

b. 项目支持。包括对各种生态环境保护与建设项目、生态环境重点保护区域替代产业和替代能源发展项目,以及生态移民项目的支持。

c. 财政补贴制度。政府财政预算外资金来源主要包括排污费、资源使用费等,可以此对保护生态环境的行动进行补偿。其资金最好是尽可能地来自对进行非可持续性活动的税收。根据国际的经验,这种形式的补贴经常应用在能源部门。其做法是对使用矿物燃料的企业征收较高税收,用这部分收入来补贴不使用矿物燃料的企业。

d. 生态建设专项资金。由国家、政府设立专项资金,其中包括从区域内企业的污染治理费中提取一部分。

e. 对环境保护有利的行为进行鼓励。如优惠信贷,国家或政府设奖。

③“受益者”行为个体之间的补偿调节。

如排污许可证交易、资源配额交易以及责任保险等市场调节行为。这是科斯定理在实践中的主要应用。我国已对排污许可证交易进行试点。

排污交易政策的主要内容是:在满足环境质量要求和确定污染物排放总量的前提下,通过排污许可证确立合法的污染物排放权利,并允许这种权利像商品那样按照市场价格依法进行交易,通过这种排污权交易来控制污染物的排放。

在排污权交易制度中,在政府没有增加排污权的供给,即总的环境状况没有恶化的情况下,通过排污权交易,污染治理成本比较高的排污者将买进排污权,而治理成本比较低的排污者将出售排污权,其结果是全社会总的污染治理成本最小化。

排污权交易是一种以市场为基础的经济政策和经济刺激手段,排污权的卖方由于超量减排而剩余排污权,出售剩余排污权获得的经济回报实质上是市场对有利于环境的外部经济性的补偿;无法按照政府规定减排或因减排代价过高而不愿减排的企业购买其必须减排的排污权,其支出的费用实质上是为其外部不经济性而付出的代价。因此,有专家将排污许可证交易列入了生态补偿机制的内容。我们将其视为受益者行为个体之间的一种补偿调节。

④“受益者”和“保护者”之间的区域补偿。

“受益者”和“保护者”代表生态链的不同区域,如一个国家的“落后区域”和“发达区域”,一个流域的上游区域和下游区域,相互之间进行的“生态补偿”,是目前我国讨论最多、最热烈的生态补偿机制。如我国“西部”与“东部”的“生态补偿”问题。

我国西部九省区资源丰富,拥有全国43.9%的石油、78.8%的天然气、89%的煤炭、44%的宜农荒地及丰富的动植物资源,但西部地区几乎全部是经济落后地区,经济发展在很大程度上是依赖于对自然资源的开发,这些资源主要供应经济发达的地区。中国西部地区的工业产值不足全国的20%,发达地区享用着落后地区提供的廉价资源,保证其经济的快速发展,因此,应向资源提供地区提供经济补偿。

根据有关专家的意见,我们认为:生态环境补偿机制应是多层次的。一是在全国范围内,发达地区有必要、有义务加大对中、西部重要生态功能区域资金和技术上的支持。二是下游地区对上游生态保护地区积极进行必要的补偿,这可以是跨省(区、市)的,也可以是省内跨县(市、区)的。三是局部地区不同行业、不同生态要素或自然资源开发单位之间的补偿。

⑤动员社会力量支持生态环境保护。

a. 生态补偿基金。是由政府、非政府、机构或个人拿出资金支持生态保护行为或项目,它要求的只是一个有效的地方财政管理体系。由于受国家的财政体系影响较小,因此其操作比较容易。捐款是国际环境非政府机构经常使用的一种补偿手段。一般是一个人或机构通过非政府机构用捐款的形式购买生物多样性或湿地环境,是不需要偿还的。

《中华人民共和国森林法》明确规定,“建立林业基金制。国家设立森林生态补偿基金,用于提供生态效益的防护林和特种用途林的森林资源、林木的营造、抚育、保护和管理”。

b. 发行生态补偿基金彩票，其意义不只在于筹集资金，更在于推广和提高人们的生态意识。

总之，不同的生态补偿途径和机制有其不同的适用范围。但生态补偿规模越大，其开发和实施的难度和复杂性就越高，主要是因为所涉及的利益相关方越多，协调他们共同行动的成本也就越高。此外，没有任何一种策略对所有地区都有效，真正起作用的补偿机制应该是因地制宜，往往要发挥多种补偿机制优势。

2. 我国生态补偿机制的建设及存在问题

(1)关于排污收费制度。

征收排污费，是我国环境管理中的一个主要手段，自 1979 年以来，全国各省、直辖市、自治区先后试行了征收排污费的办法，取得了较好的效果，在促进企业治理污染、节约资源以及筹集环保资金方面都起到了积极的作用。国务院在 1982 年 2 月发布了《征收排污费暂行办法》，统一了征收排污费的标准。截至 2000 年年底，我国共向 70 多万个单位征收排污费 463 亿元，其中 277 亿元用于污染治理。排污收费制度已成为我国环保法规的一项重要制度，对防治环境污染、改善环境质量，节约和综合利用资源、能源起到了重要作用。

在吉林、浙江、河南三省试点的基础上，2003 年 7 月 1 日，我国新的《排污费征收使用管理条例》正式开始实施。与原有法规相比，这一条例的新意主要体现在四个方面：按照污染要素的不同，将原来的超标收费改为排污即收费和超标收费并行；根据收费体制的变化，明确排污费必须纳入财政预算，列入环境保护专项资金进行管理；个体工商户也将成为排污费的收缴对象；规定排污费必须用于重点污染源防治、区域性污染防治、污染防治新技术新工艺的开发示范和应用。

我国排污收费的主要问题是：

①收费原则不明确。过去“超标收费”现为“排污即收费”和“超标收费”并行。但有的仍为“超标收费”。

②收费标准过低。收费额往往低于正常处理费用(包括污染处理设施投资和运转费用)，部分收费项目仅是设施运行成本的 25%左右，使得不少单位

宁愿缴纳排污费也不积极治理。

③现行收费项目不全。虽然现行标准中已有废水、废气、废渣、噪声和放射性等5类113项,实际上,对危险废物、生活垃圾及生活废水以及流动污染源的收费相对滞后。污染防治措施的界定难,也影响了收费的认定和到位。

④收费缺乏法律约束力,征收难度大。前面已说到,是“费”,不是“税”。

⑤各项费用的使用效率不理想,被挤占、挪用的现象普遍。据国家环保总局的统计,1996年全国各级财政非法使用排污费29.3亿元,占同期征收排污费总额的13.76%,导致我国有限的环保资金不能发挥最大的作用。

因此,国家应当进一步加大排污收费改革力度,抓紧推行排污总量收费、补偿空气环境的二氧化硫收费、汽油消费税,以及提高城市污水、垃圾处理费。

进一步实现“费”改“税”。建议征收国家生态补偿税;在加强排污收费力度的同时,逐步实行费改税。国家环保总局应会同财政部、国家经贸委、国家税务总局等部门,加强有关税费调研,尽快出台新的征收办法。

(2)关于环境与资源税收制度。

我国目前专门针对环境资源的税收有资源税、土地增值税、耕地占用税、城镇土地使用税等。但存在征税范围狭窄、征收力度弱、目标单纯等问题。借鉴国际经验,通过税收手段保护资源与环境,是一个积极的思路和措施。

在环境和资源税收方面,建议如下:

①扩大资源税的征收范围,加大征收力度,更好地发挥税收作用。

我国目前的资源税只对六类矿产品及盐征收,目的主要是调节这些资源因开采条件不同而产生的级差收入,征税范围过于狭窄。在世界许多国家,为了全面保护资源,提高资源利用效率,通常将矿产资源、土地资源、植物资源、水资源、草原资源、森林资源、海洋资源纳入资源税的纳税范围。我国应当尽快将亟须加大保护力度的水资源、草原资源、森林资源、土地资源划入资源税的征税范围,以后再根据需要和可能对其他资源的开发和使用征收资源税。目前资源税的征收标准一般偏低,不足以补偿资源损耗。今后,资源税的征收应逐步由对资源消耗的欠量补偿过渡到等量补偿。对稀缺资源、非再生资源要课以重税,在对每种资源征税时不应有地域限制,如对土地征税,应当不分城市农村,只要是兴建工程、生活设施建设用地等,都应征税。当然应按土地的地理位置、开发用途、使用期限等设计不同的税率，严格减免措施，税制内外统一，以有利于节约土地。扩大资源税的征税范围可使我国资源税逐渐与国际接轨，有利于发展对外贸易，有利于所有资源开发单位公平税负，也有利于提高人们对资源有价的认识，节约资源，提高资源利用效率。

②开征环境污染税。

我国目前还没有专门针对环境污染治理的税种，只是在某些税收法律中体现了环保思想，但缺乏系统性，难以筹集足够的环保资金，不适应市场经济对环保的要求。当今世界，许多国家都通过开征环境污染税解决环保问题，如瑞典的天空税，荷兰的垃圾税、水污染税、噪声税，美国的汽油税，等等，这些税种的共同特点是：计税依据都是污染物的排放数量和浓度，筹集的资金专门用于环境治理与保护，纳税人都是发生污染环境行为的企业或个人。我们应当借鉴国际经验，开征环境污染税。

③合理设计税收优惠，扶持环保产业。

税收优惠是国家对生产者改进技术和工艺流程、减少污染物排放、资源消耗所给予的一种正面的税收激励和间接的财政援助。税收优惠作为一种环境保护手段，在许多国家很受重视。我国虽然在有关法律中有关于环保方面的税收优惠，如对“三废”综合治理给予所得税优惠等，但在优惠范围、力度等方面都较小。在这方面需要进一步进行的工作：一是扩大税收优惠的范围，除继续对“三废”综合利用和狭义环保产业投资给予税收优惠外，将优惠范围扩大到环保设备制造、环保工程设计、生态工程等领域，并对环保新产品、新技术的研制给予更大的优惠；二是对积极购置机器设备防治污染、改进技术和工艺流程、节约资源、提高资源回收率以减少污染、减少资源损耗的各类企业均应给予税收优惠，将税收优惠同环境污染税、资源税结合起来，形成一个有利于环境资源保护的税收体系，使税收成为保护资源环境的有力经济手段，以利于经济和社会的可持续发展。

(3)关于生态环境补偿费。

生态环境补偿费作为排污收费制度的一种补充，征收对象是那些对生态环境造成直接影响的单位和个人。征收范围为现行排污收费没有覆盖到的、影响生态环境质量、结构、功能及效用的各种行为。主要有各类矿产资源的开采、森林采伐、草原过度使用、水资源开发利用、农业综合开发、江河湖库及海洋开发利用、风景旅游、交通、城镇房地产、开发区建设等。

目前生态环境补偿费的征收模式主要有六种:一是按投资额征收;二是按产品销售总额征收;三是按产品产量征收;四是按综合指标征收(综合指标的计算方法为:生态破坏面积×时间系数×原生态环境的价值系数×破坏程度系数);五是按生态环境破坏占地面积征收;六是抵押金收费(即对资源开发建设项目在动工建设前,按其建设投资规模或可能对生态环境产生的不良影响收取一定数量的资金作为抵押),目的是为恢复和保护生态环境筹集资金,促使各有关方面在建设开发过程中减轻生态破坏,并随时进行生态环境恢复治理。

我国已有 10 多个省对资源开发和利用进行征收生态环境补偿费的试点工作,探索建立合理利用资源、恢复生态环境的经济机制。一些地方法规在适用环境经济法律制度方面相当积极,已经规定了“排污权转让和抵消”“征收生态环境补偿费”“环境保护基金”“固体废物交换市场”等在国家环境资源法律中没有规定的经济政策和市场政策。

(4)关于排污权交易。

由于排污许可证制度和污染物总量控制制度是排污权交易的基础和重要组成部分,国家环境保护局于 1990 年开始在 16 个城市进行大气排污许可证的试点工作。1996 年国务院批准了《“九五”期间全国主要污染物排放总量控制计划》,试点证明总量控制是可行的。目前我国法律已经规定排污总量控制和排污许可证制度。国家环保总局 2003 年全国环境保护工作将以改善环境质量、保护群众健康、保障环境安全为根本出发点,集中力量在重点流域、区域、海域以及大气污染防治重点城市推行排污许可证制度,将污染物总量控制落到实处。

国家环保总局自 2002 年起在全国部分省市开展了排污权交易的综合试点工作,探索在市场经济条件下,运用经济杠杆的作用,充分调动企业主动削减污染物排放总量的积极性,以最小成本实现减排目标。据悉,开展排污权交易的试点和项目示范的省市中,有我国经济较发达、市场经济发育较成熟的上海市、江苏省,二氧化硫排放量最高的山东省,中原工业大省、人口最多的河南省，重工业和能源基地山西省，工业大城市天津市，以及最早建立股份制、拥有电力行业发电容量近1/10的中国华能集团股份公司，等等。在广西柳州市，已实现了二氧化硫排放总量控制及排放许可证规范化管理。江苏省的排污权交易，是国家环保总局与美国环保协会合作进行的七省市交易试点中的成功范例。江苏省2002年推出了《江苏省二氧化硫排污权交易管理暂行办法》，并从10月1日起在江苏省全面推行二氧化硫排污权交易。

实现排污权交易制度的三个环节，污染物总量控制，排污许可证制度，以及排污权交易管理，均具有高度的技术性、政策性和法律性要求。实行起来必须有相应的法律保障。总的看来，我国有关排污权交易的政策和法律还相当落后，目前处于试点阶段，还没有法律规定排污权交易计划。

(5)关于区域间的生态补偿。

我国区域间生态补偿已经在不同层次上开展起来了。具体形式也在不断创造和发展。

广州将逐步建立生态补偿机制，对因开展生态环境保护而减少的财政收入，市政府要通过财政转移支付、政策倾斜等方式给予补偿。县(区、市)在上缴财政时对重点生态保护区所在地政府给予适当的返还优惠。据悉，广州将以流溪河流域水质保护作为试点，从生态保护成本的分担出发，建立上、下游地区之间的生态补偿机制。下游区域所在地政府每年要从地方财政总支出中安排一定数量的资金，用于补偿上游保护区在造林、育林、护林、水源涵养、水源管护及产业转型中的费用。该资金应专款专用。

在浙江的金华市工业园区，有一块属于磐安县的“飞地”——金盘开发区。这个占地660亩、容纳130家企业的园区，去年实现税收4033万元，占盘安全县税收的近四分之一。然而，经济上的巨大收益，并不是磐安从这块“飞地”上得到的唯一收获。正如金盘开发区管委会主任说：“金盘开发区的意外收获是，它探索出了一种上下游环境综合补偿的新机制。”

据介绍，在小商品经济高度发达的浙江义乌，已经与上游城市达成协议，对方不搞污染企业，保证水质，而义乌为此每年支付几亿元作为补偿。义乌算了一笔账，与其长距离引水，其高昂的造价还不如直接支付上游来保证优质水源，上游则不仅拥有优美的环境，也拥有可观的经济效益，双方都有积极性。

这是一个将生态资源的价值进行货币量化的典型成功范例,具有一定的自发性质。

区域间生态补偿还可以采取的措施有:

①提高销往受益区资源的价格。具体可以采用资源价格附加的方式,将资源价格附加专款专用,治理恢复由于开发导致的生态破坏。

②建立由政府统筹安排的“环境基金”,由经济发达的受益区提供资金,通过具体项目支持出力区的生态环境保护。

③鼓励受益区的企业到出力区兴办资源环境保护事业。

(6)关于生态补偿的管理问题。

①中央和地方合理分配资源与环境的税费收入。

按照“谁污染,谁治理;谁开发,谁保护;谁破坏,谁恢复;谁利用,谁补偿;谁受益,谁分摊”的原则,资源与环境的税费收入是由自然资源的开发者、造成环境污染的生产者和受益区有关方面缴纳的,纳入国家或地方的财政收入,参与国民收入再分配,或建立专项资金专款专用。资源与环境税费收入的用途主要是治理资源破坏和环境污染,而要做好这项工作,需要全国上下齐心协力,共同配合,分清中央政府、地方政府和企业在治理环境污染与破坏方面的管理权限和应履行的职责,合理分配资源与环境的税费收入。

②地方政府组织协调。

如果在同一地区(或流域)有若干家造成环境污染和破坏的企业,它们应共同承担治理该地区(或流域)环境污染和破坏的责任,这就需要当地政府进行组织和协调,并由地方政府治理那些没有明确责任企业的环境污染和破坏。地方政府治理环境破坏和污染的资金来源包括两部分:一是本地区企业缴纳的部分资源与环境税费收入;二是受益区有关方面对本地区提供的经济补偿。

③中央政府组织协调。

对于以下两种情况,企业和地方政府都无法承担治理环境污染和破坏的重任,一是有些企业在生产过程中造成的污染范围更广,超出某一地方政府的行政管辖范围;二是国家重大环境整治工程建设。这就需要由中央政府发挥作用。中央政府治理环境污染和破坏的资金来源较广,除企业及受益区交纳的资源环境税费收入外,还可以由国家政策性银行提供优惠贷款,争取国际技术援助和资金支持等。

3. 我省生态补偿机制建设的对策建议

我省生态补偿机制的建设已取得一定成果。浙江省有关部门在实践中积极探索各种类型的专项生态补偿机制，也已经取得了明显成效。

2002 年 3 月 28 日，省林业局和省财政厅联合下发《浙江省森林生态效益补助资金管理实施办法》，每年每亩重点防护林和特种用途林补助 7 元。省国土资源厅实行土地整理，基本农田置换和跨区域有偿代保政策，既解决了发达地区建设用地指标不足的矛盾，同时促进了欠发达地区的基本农田保护的积极性。省水利厅开展水资源用水权交易试点，慈溪和余姚、义乌和东阳的水权交易的实践为我国水资源交易提供了新经验。省环保局、财政厅每年 2000 万元生态环境保护财政专项资金用于全省生态环境保护，其中 500 万元用于自然保护区建设补助。

但是作为一项全省性的环境生态补偿机制还在探索中。要真正制定具有操作性的政策，还有相当的难度。

一方面，据调查，生态补偿的原则为大多数人赞同，但是具体操作有难度。比如怎么折算生态效益，由谁买单，补多少？这项工作涉及的部门很多，省有关部门以及科研部门多年来已经做了大量的调研工作，但具体的政策一时还是难以出台。目前可能会逐步在若干地区、若干领域先进行试点。另一方面，认识上的问题也待解决，虽然环境生态补偿观念大多数人口头上认同，但在推行这种机制时，很可能会出现环境得益者不愿承担保护、治理环境成本的现象。现行财政“分灶吃饭”的机制很大程度上制约了补偿机制的建立。

在财政转移支付方面，我省重要生态功能区与欠发达地区大多是重合的。因此，现行的对欠发达地区各种财政转移支付也就相应被视作一种生态补偿机制。2002 年省财政转移支付达 110 多亿元，大多数转移给了欠发达地区。这些财政补偿措施对促进欠发达地区生态环境保护和建设起到了一定的作用。但是，目前作为生态补偿的各种财政转移支付隐含并分散在财政体制分成和各种专项之中，如：生态林养护，自然保护区建设，交通道路建设，下山脱贫帮扶致富，污染治理，等等。在众多的专项中，除下山脱贫帮扶致富等少数具有特定受惠条件限制外，多数并无受惠条件限制，不管申报者是发达地区还是欠发达地区,只要项目符合申报条件,均可获得财政补助。也就是说,财政资金获得与否以及获得多少与该地区承担的生态环境保护和建设的任务并不挂钩。欠发达地区即使拿到了资金,他们并不一定认为是对其生态环境保护工作的褒奖。这种状况也应得到改变。

综上所述,我们对于我省的生态补偿机制的建设,提出以下建议:

(1)尽快开展浙江省绿色 GDP 的研究和试算,推动可持续发展的宏观进程。

建立生态补偿机制,首先必须提高思想认识。前面已经说明,绿色 GDP 可以直接反映自然资源和生态环境的代价。因此,开展绿色 GDP 的研究和试算对于提高对环境问题的认识,提高对生态价值的认识,提高对生态补偿机制的认识,对于推动可持续发展的宏观进程均具有重要的意义。

国家统计局和国家环保总局已列专门课题开展绿色 GDP 的研究,我省应尽快由政府有关部门组织专题研究。

(2)全面开展我省自然资源和生态环境的价值核算,建立生态补偿的政策基础。

在实行生态补偿政策中,无论是宏观层面还是微观层面,自然资源和生态环境的价值确定无疑是十分重要的问题。在本文上述各种生态补偿方式中,都需要有合理的环境价值确定方法。具体说,涉及"自然资源"的价值以及"生态环境"的价值。生态环境的价值核算,是建立生态补偿重要的政策基础。很长时间以来,这方面虽然已经进行了大量研究和实际尝试,但是,自然资源与生态环境的价值,具有很强的地域特点,浙江省应该根据自己的实际情况进一步组织研究。从宏观上,可以了解我省自然资源与环境的"价值",从微观上可以帮助生态补偿价值的评估。

这项工作还需要资源与环境技术的支持,因此,同时要加强环境科研技术工作。

(3)加强生态环境的监测和统计,提供生态补偿的可靠依据。

对自然资源与生态环境实施有效的监测和统计,是实施生态补偿的基础。也是开展我省自然资源和生态环境价值核算的前提。我省在这方面,还有许多"空白点"。特别是,对于环境的监测与统计,需要及早扩大到"全社会"。目前对广大农村及农业的面源污染，以及对机动车等的移动源污染等，都还未建立环境统计制度，建议及早予以建立。

(4)在创建生态省的基础上，抓紧研究制定有关生态补偿的政策、法规。

我省在创建生态省的进程中，生态补偿问题日益受到人们的关注。

在上游和下游地区，人们希望均衡在生态链上处于不同环节的地区、居民的利益，从而实现环境与发展的双赢。应该从立法的角度，建立一种河源综合治理的补偿机制，来确保整个水系的人们喝上干净的水。

对于欠发达地区，由于当前生态建设投入不足，生态保护得不到有效补偿，希望省里抓紧研究制定有关政策，逐步建立和健全生态效益补偿机制。

在生态保护付出的地区，往往为了保护环境而失去一些经济开发项目，也希望得到经济上的补偿以及“发展机会”的补偿。

因此，我省必须抓紧研究制定有关的生态补偿的地方性政策法规，以推动我省的生态省建设。

(5)积极探索、完善各种形式的生态补偿机制，形成完整的生态补偿体系。

我省在生态补偿机制的探索与实践中，不断创新生态补偿的概念和形式，取得了宝贵的经验。应该在创新的基础上，积极探索、不断完善，形成完整的生态补偿体系。

我省有专家提出“发展权补偿”问题，我们认为值得重视。该观点认为，我省西南地区在生态环境保护和建设上付出的经济代价必须得到相应的补偿。同时，为保护生态环境而牺牲的部分发展权也必须得到相应的补偿。所谓“发展权补偿”，根据我们的理解，也是发展机会的补偿。这是一种“造血型”的生态补偿机制，使环境资源保护区的受补偿者充分发挥其发展经济的潜能、积极性和主观能动性，形成造血机能与自我发展机制，使外部补偿转化为自我积累和自我发展的能力，以最大限度地解决经济发展潜能的激活和环境资源的保护之间的矛盾，实现可持续发展。

具体而言，该建议提出，按照生态省建设规划，根据我省生态环境资源的分布格局和生态环境功能分区，在环杭州湾东部沿海等环境容量资源比较丰富的地区建立省控“异地开发生态补偿试验区”。制定相应的政策法规和保障措施，定向允许丽水、衢州等源头保护区和生态脆弱区前去招商引资和异地发展,并以发展所取得的利税返回支持这些地区的生态环境保护和建设工作以及其他各项社会发展事业。

我们认为,应该统一研究规划各种在我省可以实施的生态补偿机制,进一步形成完整的生态补偿体系。

(6)完善我省生态补偿的管理体制,提高生态补偿的社会经济效益。

目前,生态补偿的管理体制还存在多头管理的现象。资源、环境、财政、税务、科技等各方面都与生态补偿有关。缺乏管理职能的协调。在生态补偿的有关制度、法规的实行方面也缺乏系统的标准和办法。因此,需要进一步完善我省生态补偿的管理体制。

在区域间生态补偿方面,应解决好以下问题:

一是生态补偿的行为主体。生态赔偿和补偿的主客体应是各级地方政府,区域补偿由政府间进行。具体单位与个人的补偿应由政府统一管理。

二是确定合理可行的补偿标准。赔偿与补偿只是一种相对的公平,在现有的条件下无法做到完全的公平。其实质是地区政府之间部分财政收入的重新再分配过程,目的是建立公平合理的激励机制,使能够发挥出整体的最佳效益。鉴于此,赔偿和补偿的标准不可能完全按实际发生的经济损失或贡献大小,只能按财政收入的一定比例支出,同时还要考虑当地经济社会发展水平及人民群众生活水平等综合因素。

三是制定高效规范的补偿办法。建立财政补偿体系和财政转移支付体系,是目前研究最多,也是直接可行的一种模式。财政转移支付资金的来源:一是对生态资源的直接使用者收取生态资源税或资源补偿费,二是对生态资源的受益者收取生态资源维护费等。其他,如运用“项目支持”的形式,重点发挥生态保护地区的生态移民和替代产业的发展等等,应给予规范。

(浙江省科协“浙江省绿色GDP测算和生态补偿研究”课题组)

非线性思维是和常规线性思维不一样的思维方式。一个系统,如果其输出不与其输入呈正比,则它是非线性的。在客观世界非线性系统远比线性系统多得多。

“十五”期间,浙江经济持续高速增长,全省高耗能、高耗水、高污染行业也快速膨胀。浙江在资源和环境保护方面的问题日益突出,已成为经济发展和社会进步的制约瓶颈,因此,优化经济、资源、环境系统是一项十分紧迫的任务。如何消除瓶颈,优化系统,持续发展,2004 年省科协组织的《经济资源环境系统优化的理念及途径》课题组的学者提出:要实现经济、资源、环境系统的优化,必须打破常规思维,树立非线性思维,采用整体性研究模式,来研究对策,因为经济、资源、环境系统具有非线性的特征。

他们应用这一方法,研究的结论是:“十一五”期间,浙江应当大力推进资源经济向知识经济的转变,并研判对于浙江的多数地区来说,发展科技先导型经济的条件已基本具备。他们提出了浙江经济资源环境系统优化的 4 点途径:1. 把科技先导型经济作为向知识经济转变的过渡形态;2. 把产业结构升级战略作为整个工业经济的优先战略;3. 把产业结构调整和升级作为系统优化的抓手;4. 把资源环境负荷态势作为系统优化的调控杠杆。这样就破解了浙江经济、资源、环境不协调发展的难题。

现在来看看,当初这些专家学者进行的论述分析,提出的优化经济资源环境系统的途径措施,是和当前中央提出的供给侧机构性改革,去产能,去杠杆,降成本,补短板,转型升级,实施创新驱动发展战略,治理和保护生态环境等一系列政策措施相符合的。

学哲学,应用辩证唯物主义,使科技工作者观察事物,思考问题,有敏锐的洞察力和远见性。

四　经济资源环境系统优化的理念及途径

——非线性思维的一个应用

“十一五”期间,浙江经济选择什么样的发展道路,关系到经济社会发展的全局,关系到全面建设小康社会、实现现代化的宏伟大业。浙江经济、资源、环境系统的优化研究,对于真正落实科学发展观,切实转变经济增长方式,走上一条科技先导、资源节约和生态保护相统一的经济发展之路具有重要的意义。

(一)浙江经济、资源、环境系统优化的紧迫性

“十五”期间,浙江经济持续高速增长,全省高耗能、高耗水、高污染行业也快速膨胀。浙江在资源和环境保护方面的问题日益突出,并已成为经济发展和社会进步的制约瓶颈。

为突破资源环境的制约瓶颈,切实推进经济、资源、环境系统的优化,首先要对系统的现状有一个正确的把握。由于系统优化涉及的方面非常广泛,而浙江能源、环境问题又十分突出,所以这里重点对能源、环境状况做一简要分析。

1. 能源特别是电能需求的增幅加快

目前,浙江经济已进入新一轮加速增长期,2003 年全省生产总值的增幅达 14%,为 1996 年以来的最高点。其中,工业增加值增幅为 16.4%。重工业增长首次超过轻工业,轻、重工业分别增长了 21.5%和 26.1%,轻、重工业比例由上年的 51.5∶48.5 调整为 48.7∶51.3。在这样的背景下,能源的消费也快速增长,见图 3-2。

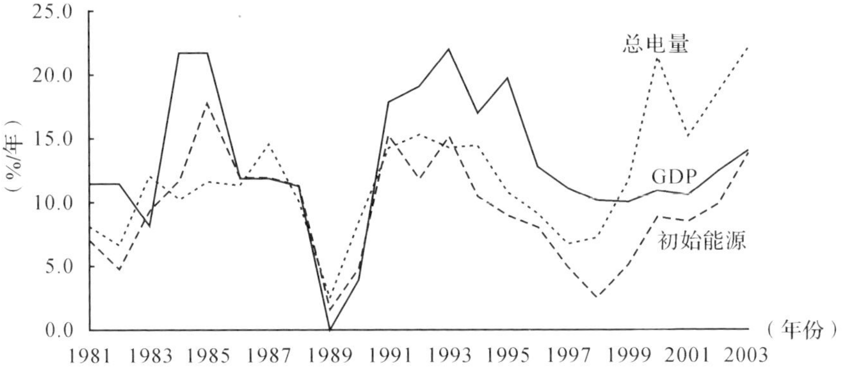

图 3-2　浙江省 GDP、总能源、总电量的增长速度

2. **电能消费的弹性系数超过了** 1.0

20 世纪 90 年代后,浙江能源消费的弹性系数一直低于 1.0。从 1999 年开始,在总能耗的弹性继续低于 1.0 的情况下,电能消费弹性超过了 1.0,并有不断攀高的势头。2003 年,在大量拉闸限电的情况下,电能消费弹性系数仍达到 1.65,见图 3-3。

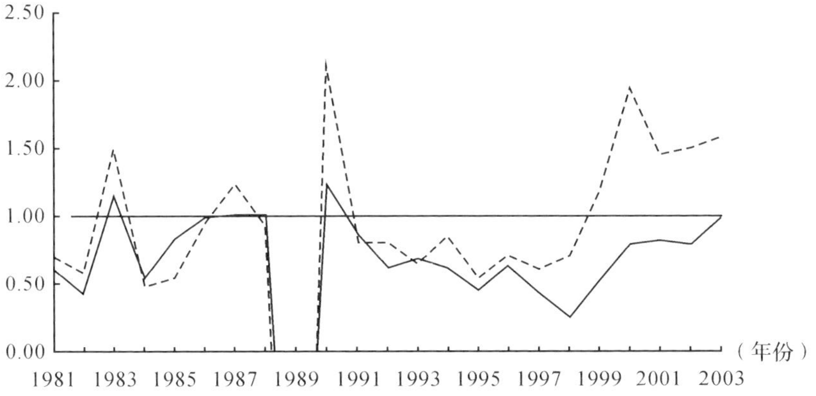

图 3-3　浙江省能源消费弹性系数

3. **终端能源结构中电能的比重大幅度提高**

自 1980 年以来,浙江初始能源的结构没有明显的改变,但终端能源结构却发生了很大的变化,主要是电能的比重大幅度提高,见图 3-4。

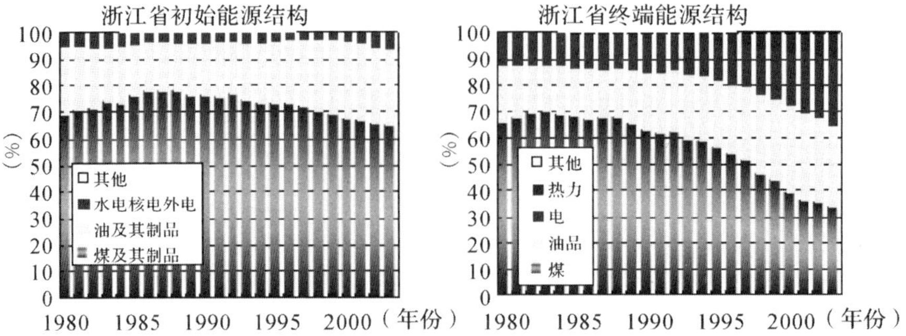

图 3-4　浙江省初始和终端能源结构

4. **高耗能产品增长速度加快**

2001 年以来,浙江高耗能产品如钢铁、水泥等持续增长,年增长幅度明显高于同期 GDP 的增幅,见图 3-5。

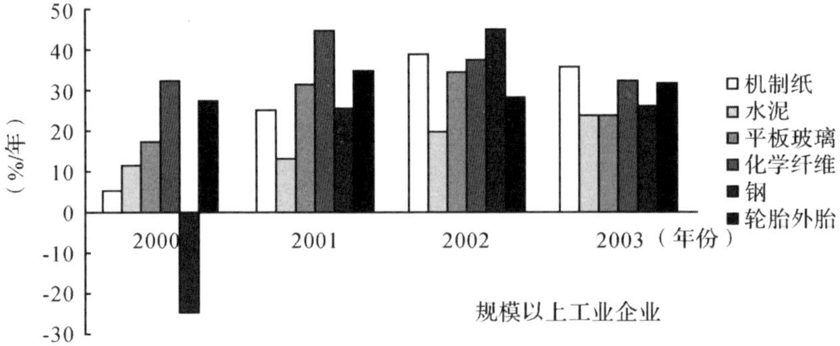

图 3-5　浙江省高耗能产品增长速度

5. **以煤炭和燃油为主的能源结构对环境造成较大压力**

长期以来,浙江的初始能源及发电燃料以煤炭和燃油为主,这给全省的环境,特别是大气环境带来了较大压力。从环境的现状看,近年来,浙江工业 SO_2 排放量不断上升,降水 pH 值不断下降,出现酸雨的频率也不断升高。2003 年空气污染指数 API 为 1.45,比 2002 年高 16%。此外,浙江地面水环境质量也在继续恶化,Ⅰ、Ⅱ、Ⅲ类水所占比重呈下降趋势。详见图 3-6。

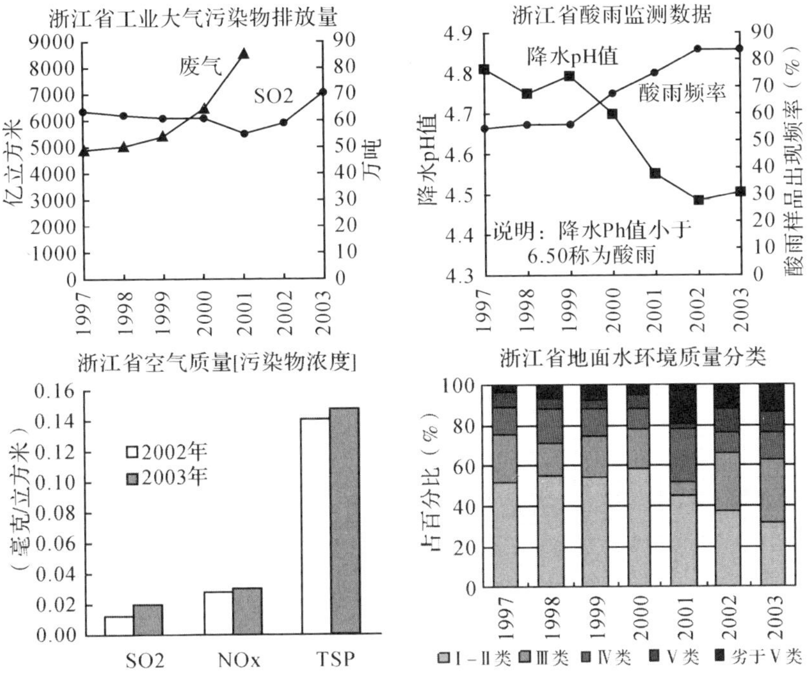

图 3-6　浙江省空气质量和水环境质量变化

上述情况表明，浙江经济、资源、环境系统的一些方面出现了不良的趋势。“十一五”期间，如果任这一趋势继续发展，必将影响整个系统的发展。因此，优化经济、资源、环境系统是一项十分紧迫的任务。

（二）系统优化的非线性思维及整体性研究模式

经济、资源、环境之间的不和谐，是资源经济的必然产物。目前浙江的经济以资源经济为主要形态。资源经济以无所顾忌地消耗大量资源为基础，人们以地球的统治者自居，对自然巧取豪夺。然而，经济、资源、环境之间存在着复杂的交联关系，发展经济当然要利用自然资源，而且首先是对人们最有用和廉价的资源，而自然资源的利用，受到地球资源总量的约束，对不可再生的资源而言，人们用得愈多，它的存量就愈少，即使对可再生资源，它的利用也是有条件的。至于环境，它是和资源利用、人口增长等因素相关联的。因此，经济、资源、环境系统具有非线性的特征。

长期以来,人们习惯于用线性思维来认识和处理线性和非线性问题。所谓线性思维,包括空间性线性思维和时间性线性思维。前者根据局部的信息,把整体视为局部的比例放大;后者则把阶段性的信息推广到全过程,从而做出长远性的判断。显然,用线性思维来认识和处理非线性关系的复杂事物,是我们决策出现失误的一个重要原因,也是多年来规划工作中存在的一个突出问题。正是由于这种线性思维方式,加剧了经济、资源、环境之间的不和谐,导致系统的许多方面出现不良的发展趋势。

然而要以科学发展观为指导,实现思维方式的转变,却是一件难度很大的事。20 世纪 70 年代,美国麻省理工学院麦多斯(D. L mesdows)等人受罗马俱乐部的委托,开展了有关人类前途的世界模型研究,出版了《增长的极限》这一名著。这一著作的发表震动了整个世界,但也受到广泛的质疑。从认识论和方法论看,麦多斯等人勇敢地跳出了空间性线性思维模式的束缚,但同时又陷入了时间性线性思维的泥潭中。这说明从线性思维向非线性思维转变的复杂性和艰巨性。我们认为,从线性思维向非线性思维转变是实现经济、资源、环境系统优化的一个重要前提。

用线性思维来研究经济、资源、环境这个复杂系统,通常采用还原的方法,即把这个大系统分解为经济系统、资源系统和环境系统,然后分别对它们进行研究,再把结果叠加起来,用以描述系统的性质。其实,这是一种有严重缺陷的研究模式,难以正确揭示复杂系统的整体特性。所以,必须从还原式研究中摆脱出来,而采用整体性的研究模式,着力揭示系统的整体性,系统要素与要素之间以及它们与环境之间的关系。

非线性思维和整体性研究模式理念的确立,对正确认识和把握经济、资源、环境系统的性质及内涵有十分重要的意义。在研究经济、资源、环境这样的复杂系统时,人们习惯于把注意力聚焦在系统的客体上,而往往忽视系统的主体及其环境,这样很难正确把握系统的本质内涵。我们认为,系统的内涵既包括经济、资源、环境等客体,又包括与客体相关的主体及对主体产生影响的环境。客体主要是指经济结构、资源环境的状况以及它们之间的内在联系。主体主要是指与客体关系密切的经济发展战略,如外贸战略、外资战略、产业结构升级战略,以及人们的价值取向等。而这些都会受到国内和国际环境的影响,因此与之相关的环境也应包含在系统的内涵之中。

因此,要实现经济、资源、环境系统的优化,必须树立非线性思维,采用整体性研究模式。

(三)浙江经济资源环境系统优化的途径

在经济、资源、环境这个系统中,经济是起导向作用的。不同的经济形态、经济发展战略和产业结构,就会有不同的资源消耗和环境压力。实现经济、资源、环境系统的优化,既要在设定经济指标的条件下,从不同类型的经济增长所耗能源和原料的角度,研究如何降低物质消耗并尽量不让废物进入环境,以减少单位经济增长造成的资源和环境压力,又要从资源、环境负荷的角度,采用不同的经济调控手段,以逐步减少资源消耗和对环境造成的压力。只有结合这两种方法,经过多次循环往复,才能逐步找到和谐发展的道路。

1. 把科技先导型经济作为向知识经济转变的过渡形态

"十一五"期间,浙江应当大力推进资源经济向知识经济的转变。在知识经济阶段,人们主要依靠知识和技术去生产物质消耗很低而质量和功能很高的产品,并依靠知识和技术实现高效率的管理。正是依靠知识和技术,才有可能在生产过程中采用循环经济所提倡的三 R(Reduce、Reuse、Recycle)原则,从而大幅度地降低资源消耗和对环境的污染程度。然而,就浙江多数地区来说,无论是工业化还是知识化的水平,目前还不具备直接向知识经济转变的条件。如何创造条件实现这一转变,是需要认真研究并做出选择的一个重大战略问题。综观国际上一些国家经济形态的演变过程,我们认为科技先导型经济是资源经济向知识经济转变的一种最佳的过渡形态。科技先导型经济是依靠科技创新成果的运用,提高各类生产要素的质量,创造更有效的生产组织和管理方法,从而大幅度提高劳动生产率,实现资源主导向科技主导转变的经济。一个国家或地区发展成为科技先导型经济的重要标志是,科技创新成为驱动经济发展的主导动力,技术进步对经济增长的贡献占主导地位。

正确认识和把握这种过渡形态,对浙江全面建设小康社会、提前基本实现现代化都将产生巨大的作用。当前,对浙江的多数地区来说,发展科技先导型经济的条件已基本具备。因此,我们不应消极等待,一方面要选择条件较好的地区率先开展培育知识经济的探索,通过大力发展知识产业,使其争取成为全省知识经济的示范区;另一方面,对多数地区来说,则应引进一些新的发展思路,努力把工业化和知识化、信息化更好地结合起来,把发展科技先导型经济作为一个重要的战略选择。

2. 把产业结构升级战略作为整个工业经济的优先战略

在国际分工中,浙江目前仍以劳动密集型、土地密集型和资源消耗型的产品作为出口基础。如果继续实行这样的外贸战略,资源和环境的压力会越来越大。以皮革工业为例,如果以外贸出口战略为中心,仅从出口创汇、经济效益和解决就业的角度对它做出评价,显而易见它应属于优先发展的产业。但如果从经济、资源、环境和谐发展的高度,按照产业结构升级的要求进行评价,显然会得出不同的结论。目前,世界皮革工业正经历着空前剧烈的动荡,几乎所有发达国家的皮革工业都全面衰退。根本原因就是该产业的污水处理及水处理产生的污泥,仍是一个没有得到很好解决的世界性难题。由此可见,在工业战略中如以外贸战略为中心,就可能导致一些地区经济快速增长,但环境不断恶化的严重后果。

就外资战略而言,同样存在上述问题。近年来,从浙江利用外资的实际情况看,一些外资在利用廉价劳动力和巨大市场潜力的同时,把一些资源消耗大、环境污染严重的项目也转移了过来,导致了一些地方资源和环境压力的急剧增大。

因此,在制定"十一五"规划时,浙江要高度重视并正确处理外贸、外资战略与产业结构升级战略的关系,应把产业结构升级战略放到整个工业经济战略的优先位置上。

3. 把产业结构调整和升级作为系统优化的抓手

"十一五"期间,浙江围绕经济结构调整,除继续执行"十五"规划确定的大力发展高新技术产业,做强做精传统特色产业外,还应重点把握以下三方面:

一是大力发展现代服务业。在现代经济中,服务业的资源消耗比较低,有些现代服务业还可实现自然资源零消耗和污染物的零排放。因此,浙江应在发展制造业的同时大力培育现代服务业。目前,浙江的服务业比重约占

40%,而世界中下等收入国家的平均水平已达 47.2%。这说明浙江在“十一五”期间服务业仍有很大的发展潜力。

二是科学地规划重化工业的发展。“十一五”期间浙江产业的规划,将面临两难选择。如果不及时发展重化工业,很可能会失去一次极好的机遇;但如果不加控制地发展重化工业,那就会大幅度地增加对资源和环境的压力,甚至可能导致许多项目无法开工,造成投资的严重浪费。解决这一两难问题的出路之一,就是要做好产业规模和能源供应的匹配工作。据有关部门预测,从 2003 年到 2005 年浙江省累计将新增发电装机 450 万千瓦,而同期钢铁、水泥、玻璃三个行业的新投产项目合计新增用电负荷将达到 190 万千瓦,占全省新增供电的 40%以上。这表明很多项目竣工之日可能就是停工之时。因此,在“十一五”期间,如果不科学地规划重化工业的发展,就有可能导致重大损失。

三是加强对一些有特殊污染源产业的专项整治。在浙江的特色产业中,存在一些特殊的污染源,如电镀业的氰化物、皮革工业的铬、蓄电池工业的铅、氟氢酸工业的氟等等。这些污染源不仅量大面广,而且极难治理。再以皮革工业为例,在制革过程中,只有约 60%—70%的三价铬被裸皮吸收,其余均随废液排出,而这些剩余的三价铬会迅速转化为六价铬,它的毒性要比三价铬大 100 倍,属强致癌物质。要处理这些有毒物质的难度极大,社会将因这些废水处理和积存的污泥付出极高的代价。浙江皮革工业目前仍在继续高速发展,而且在布局上呈现出向衢州、丽水等欠发达地区扩散的特点。“十一五”期间,浙江应加强对这类产业的专项整治。

4. 把资源环境负荷态势作为系统优化的调控杠杆

自《增长的极限》发表以后,资源环境的承载能力便受到人们极大的关注。但对什么是承载能力,大家迄今仍没有统一的认识。鉴于承载能力是一个比较模糊的概念,这里拟选用资源环境的负荷态势作为调控的重要杠杆。所谓态势,指的是现状和趋势,体现了状态和过程的统一。要努力把握资源环境系统的态势,并根据资源环境负荷的变化,全面审视经济发展的总体态势,以及各类产业和行业,对资源和环境产生的正面和负面影响,从而为每一个经济部门提供可供选择的控制目标。在这方面,国际上有许多经验值得借鉴。以芬兰为例,20 世纪 90 年代中期,在分析了资源和环境的态势后,他们提出到

2010 年以前,必须通过各种办法把能源的消费量减少 10%—15%。为了实现这个具有挑战性的目标,商业部于 1997 年与 8 个不同工业部门签订了一份能源保护协议。与此同时,对能源生产和利用造成的环境影响做出了全面评估,把限制和减少 CO_2 的排放量作为一个重要目标,以 1990 年为基准,在 2008—2012 年要减少总量的 8%。为此,他们在开发和推广先进技术和实行高效管理方面,都采取了许多相应的有效措施。

当前,浙江资源环境的负荷与经济发展的矛盾十分突出。以浙江近岸海域环境生态为例,目前浙江近岸海域已基本无一类海水,无机氮超四类水质占整个近岸海域面积的 85%,是我国海水中氮、磷含量很高的海域之一,并有逐年加剧的趋势。到 2020 年,浙江经济总量将比 2000 年再翻两番,如果不从根本上转变经济增长方式,必然会带来更严重的资源浪费和环境问题,最终制约经济社会的可持续发展。因此,必须认真研究资源环境负荷的变化态势,并把它作为经济调控、实现系统优化的重要杠杆。如果调控得当,那么既能保持经济的持续快速发展,又能使资源环境矛盾逐步缓解;反之,资源环境的形势将会更加恶化,最终将阻碍甚至破坏经济的健康发展。

(省科协"经济资源环境系统优化的理念及途径"课题组)

(注:"经济资源环境系统优化的理念及途径"是省科协重点课题"'十一五'"时期浙江经济资源环境系统优化研究"中的一个子课题。"'十一五'"时期浙江经济资源环境系统优化研究"研究完成后,国家发改委网站全文登载这篇有 3 万多字的研究报告。)

浙江省院士专家工作站建设从2008年开始启动，经过几年的实践探索，已经成为浙江省以企业为主体有效集聚创新要素的重要协同创新平台，被纳入全省经济社会发展“十三五规划”和创新驱动发展战略的总体部署，已经成为浙江省委人才工作的有机组成部分和全省科协系统服务企业科技创新的重要抓手，初步探索出了一条具有浙江特色的产学研用协同创新之路。截至2016年年底，全省已建成市级以上工作站607家(其中省级站135家)，签约建站院士345位，4000多位创新团队成员共同参与工作站建设。

院士专家工作站建设，始终遵循浙江省委提出的“八八战略”，重视“创新”和“绿色”两个理念的内在联系，努力把两者统一起来。在具体工作站运行中，树立辩证思维，全面分析阻碍企业创新发展的各种矛盾，深入调研，抓住企业在创新发展中普遍存在的高端人才短缺这个主要矛盾，为企业牵线搭桥，引进专业对口的院士，解决企业的困惑；为企业创新发展插上翅膀，摆脱困境，飞速发展。这样的事例很多，浙江朝晖过滤技术股份有限公司就是其中一个典型的案例。

五　集聚高端智力　助力创新发展

——浙江省院士专家工作站建设

浙江朝晖过滤技术股份有限公司(下称朝晖公司)成立于 1990 年,当时是一个只有几十人的小企业。该企业曾生产出中国第一批吸尘器纸质集尘袋,但随着时代的发展,集尘袋的市场需求越来越趋于饱和,而作为劳动密集型产品,集尘袋的经济附加值又很难提升。如果不研发更多新产品,提高企业的核心竞争力,企业将很难获得新发展。但是,研发新产品需要高科技人才,坐落在崇福小镇上的企业不具备大城市的人才资源和区位优势,怎么办呢?

困惑之中,院士专家工作站为他们解惑消困。2010 年,在科协的牵线下,中国工程院院士、杭州水处理中心研究员高从堦(我国膜分离技术领域的著名专家和反渗透膜工程技术领域的开拓者之一)与朝晖公司牵手,成立了浙江朝晖过滤技术股份有限公司院士专家工作站(简称朝晖工作站)。高从堦院士主导朝晖工作站的工作,他不仅带来了国内外过滤材料方面的新理念、新技术,还为企业"嫁接"上了具有雄厚实力的科研团队。

在高从堦院士的带领下,院士专家工作站帮助企业重新梳理研发项目,突破了很多技术瓶颈,开发了很多新产品,确定了聚四氟乙烯膜等三个研发方向,放弃掉一般的研发项目,集中力量聚焦重点。2012 年"适用于工业废气 PM2.5 排放控制的聚四氟乙烯膜覆合滤材关键技术研发"项目在浙江省科技厅立项,成为省重大科技专项项目,也是朝晖公司第一次获得的省级科技项目。目前,该项目已完成验收,其产品聚四氟乙烯膜覆合滤材在两年多时间内已累计销售过亿元。产品还打入日本市场。朝晖在这一产品上取得了突破性进展,其技术与日本的产品不同,性能更优越,深受日本市场欢迎。

朝晖工作站的另一个项目是研发膜生物反应器。该产品用于工业废水和市政污水的净化。朝晖公司从2006年就开始做这个产品，一直以来市场推广比较慢，其中一方面的原因是这个膜的抗污染性不够高，寿命也不够长。朝晖工作站团队对此攻关了3年多时间，使产品达到了与世界最先进的膜生物反应器同样的水准，现在一年的销售额达到3000多万元。这几年国家对水环境越来越重视，这块市场将会越来越大。

科研靠的就是人才，没有人，一切无从谈起。朝晖公司是比较幸运的，因为有了高从堦院士的加盟，企业的人才队伍越来越壮大，社会资源也越来越多。朝晖工作站帮朝晖培养了创新人才，为企业提供人才、智力支持。建站后，已培养高级工程师4名、工程师及助理工程师20名，为公司的长期发展储备了大量高级技术人才。在高从堦院士的牵线搭桥下，朝晖公司还与浙江工业大学合作建立了膜材料联合研发中心，研发中心设在浙江工业大学内，利用学校的仪器设备进行研发，既节省了研发投入，又为研发人员创造了良好的工作环境。同时，朝晖工作站还让朝晖公司有了更多与高校紧密联系的机会，目前公司已与杭州电子科技大学联合组建了校企合作产学研发展中心，与华东理工大学合作研发空气净化器的活性炭项目……这些借助高校资源进行的合作项目都极大地增强了企业的创新能力。

现在，朝晖公司已拥有1200名职工，2014年产销售5亿元，企业的市场竞争力越来越强，路子越来越宽广，兴旺发达，前途无量。

正如朝晖公司的案例一样，浙江省院士专家工作站为企业创新转型，在关键技术攻关、决策咨询、人才培养、成果转化等方面发挥了重要的作用。下面让我们全面地了解一下浙江省院士专家工作站在辩证思维下建设的过程和成果。

（一）院士专家工作站建设的意义、背景

1.院士专家工作站建设的意义

院士专家工作站是科协及其所属科技社团围绕创新驱动发展、建设创新型国家、实施人才强国战略和强化企业技术创新主体地位，组织和动员广大科技工作者服务基层、服务企业，推进产学研结合的一种载体或形式。

院士专家工作站建设起源于企业与院士专家团队的合作,是以企业为主体、需求为导向、双向内生驱动为动力、互利共赢为基础的产学研结合的有效平台,也是组织动员科技领军人才,服务企业技术创新的好形式。实践证明,这种直接无缝对接有利于企业以更低的成本、更快捷的方式获取高端创新资源,使合作成本最低,从而提高产学研合作的效率。

院士专家工作站能够跨越高校、科研院所、社团、政府与企业的边界,实现多学科交叉,推进知识的生产、扩散与应用,有利于促进科技资源和创新要素向企业集聚并提升企业的技术创新能力,有利于打通科技与经济、智本与资本结合的通道,破解影响企业创新能力提升的体制机制障碍。

2.院士专家工作站发展的背景

2003年,沈阳黎明航发集团率先建立院士专家工作站。经过几年的运行,取得了一定的成效,得到了中国科协的关注和重视。中共中央政治局委员、时任国务委员刘延东在中国科协专项报告上批示"院士工作站是科技人员服务基层、服务企业,推行产学研用相结合的好创意、好形式,请论证研究,可否予以推广"。2008年4月中国科协在南京召开企业创新服务活动座谈会,认真总结了沈阳等地建立院士专家工作站的经验,部署在全国开展建立企业院士专家工作站的试点工作。中国科协组织人事部在2008年10月发函,要求各地科协积极推进院士专家工作站建设,由此全国各省、直辖市、自治区科协组织纷纷开展这项工作。《中国科协事业发展"十二五"规划》也明确提出了建立1000家院士专家工作站的目标任务。

为了推进院士专家工作站建设工作,中国科协将院士专家工作站评选列入"讲理想、比贡献"先进集体评选表彰活动中;2010年9月,为推进院士专家工作站建设更加规范、有序、持续、健康发展,专门印发了《中国科协关于推进院士专家工作站建设的指导意见》。国务院办公厅《关于强化企业技术创新主体地位全面提升企业创新能力的意见》(国办发〔2013〕8号)也明确"院士专家工作站是科技人员服务企业的有效形式"。至此,这项工作在国家顶层得到了肯定。

近几年来,在各级党委、政府的正确领导和有关部门的合力推动下,院士专家工作站建设工作在全国各地迅速开展起来,目前全国有31个省(区、市)

开展院士专家工作站建设工作,累计建站 3247 多家。

(二)院士专家工作站在技术创新体系中的作用与任务

1.院士专家工作站的核心功能

对于院士专家工作站的核心功能,从不同角度看,会有不同的答案。从科技和经济发展的全局看,习近平总书记在财经工作领导小组会议上提出,要推进以科技创新为核心的全面创新,这说明科技创新在我们国家现代化建设中的特殊地位。但现在我们的科技创新遇到了许多制约,其中最突出的短板,就是缺乏一个比较完善的技术创新体系。所以中央强调科技体制改革的中心任务,是建立以企业为主体、市场为导向、产学研结合的技术创新体系。应该说自从 1987 年弗里曼提出国家创新体系的概念后,对如何构建这个创新体系我国一直在探索。2005 年,党中央做出建设创新型国家的决策,社会各界对创新体系建设就更加重视了。但迄今为止,它的进展仍不尽如人意,对此应当从历史和现实两方面进行分析。

从历史上看,改革开放前 30 年,我国科技体制基本上模仿苏联,科研院所、高校负责研发,然后把成果按计划推广到企业。以化工技术为例,在 20 世纪 50 年代,相继建立了沈阳化工研究院、北京化工研究院、上海化工研究院等,由它们提供化工技术,然后再推广到企业去。改革开放后,体制有所改变,但是大批科技研发人员仍主要集中在科研院所和大学,严重制约着技术创新体系的建设。

从现实来看,在技术创新体系中,产、学、研等主体的认识不一致、行动不协调。这些主体由于在创新体系中所处的地位不同,价值取向存在差异,追求的目标不尽一致,于是会呈现出许多问题:一是产学研结合的层次不高;二是产学研结合的深度不够;三是产学研合作的动力不强;四是产学研结合的经费不足;五是产学研脱节现象仍很突出;等等。

在这样的背景下,为破解产学研有机结合中的难题,在中国科协的支持和推动下,院士专家工作站在全国各地迅速发展。院士专家工作站的建设,为产学研各方找到了很好的结合点,并且形成了迄今为止被认为是极好的组织形式。通过这个组织形式构建起了协调各方利益和责任的相关制度,从而使这种结合走向规范化、稳定化和长期化。

许多优秀的工作站正在逐步演变成产学研各方的学术共同体、利益共同体和命运共同体。实践已证明:这种共同体改变了过去的松散联盟,它在调整创新目标,集聚创新资源,激发创新动力,实施开放式创新等方面都发挥了很好的作用,取得了显著的成效。由此可以认为,工作站犹如技术创新体系中的催化剂和黏结剂。它的核心功能是:在建立和完善技术创新体系中起正催化作用;在实现产学研结合上起强黏结作用。

2.院士专家工作站的首要任务

院士专家工作站建设的首要任务是什么?要回答这个问题,应把工作站的首要任务同基本任务联系起来探讨。工作站的基本任务是应用知识和创造新知识,去获得最大的经济效益、生态效益和社会效益。

应用知识和创造新知识的前提是通过知识流动去获取所需的知识。知识流动将促使产学研各方的关系发生质的变化。参加工作站的各行为主体,在进站之前的关系一般都比较松散,彼此缺乏必要的信任,常存在猜疑和揣测,比如不清楚对方的实力、利益要求,能否建立稳定的合作关系,等等。但通过知识流动,最终将会形成一个不可分割的共同体,即成为学术共同体、利益共同体和命运共同体。这是因为,第一,通过知识流动可以帮助各行为主体更有效地去获取系统的专门知识,从而迅速提高这个群体的学术水平,进而形成学术共同体。第二,知识流动是双向的,既包括高校、研究院所的知识向企业流动,也包括企业掌握的知识成果向大学、研究院所流动。知识流动可以使各方了解对方的优势和劣势,也可以让各方厘清各自的利益关切,在此基础上才能构建起真正的利益共同体。第三,当今世界知识竞争空前激烈,谁占领了知识高地,谁就赢得了竞争的主动权,反之就有可能被淘汰出局,所以大家的命运被紧紧联结在一起。院士专家工作站把国家利益、单位利益和科技工作者的个人利益有机地统一起来,因而极大地调动了各方面的积极性。市场经济环境下如果单位利益和个人利益协调不好,那么要形成学术共同体和命运共同体都将是不可能的。

知识流动中最关键的一个环节,是如何使隐性知识显性化。显性知识通常是指可以用文字、数字、图表、公式等来表述的知识，而隐性知识是指蕴藏在人们的行为中难以被表述的知识。1996 年 OECD 的一份研究报告把知识分成四类：知道是什么（know-what）、知道为什么（know-why）、知道怎么做（know-how）和知道是谁（know-who）。在这四类知识中前两类是可以编码的显性知识，可以通过书刊和媒体等途径去获得；后两类则是隐含经验类的隐性知识，难以编码且不易获得。隐性知识在创新中极为重要，有时甚至是创新获得成功的关键，所以应该特别重视隐性知识的挖掘。

知识流动尤其是实现隐性知识的显性化，对工作站建设具有重大意义，为此应把建设有利于挖掘隐性知识的知识流动环境作为工作站的首要任务。在知识流动中去获取隐性知识，应成为衡量院士专家工作站运行水平高低的一个重要标志。建设好这个环境，以下三个环节应予以特别关注：一是要强化知识流动意识，把推动知识流动，特别是隐性知识的显性化，列为工作站的首要任务。二是要建立一个工作班子，结合实际进行此项工作的政策设计和方案制定。三是要高度关注各方在拥有知识上的利益，包括近期利益和远期利益、单位利益和实际参加研发成员的个人利益。

3. 工作站的共性问题与突破口的选择

每个工作站各有特点，但都存在共性问题。把握好这些共性问题，对工作站建设具有极重要的意义。

按照结合的紧实程度，工作站可分为不同的类型，有的正成为紧密型的联合体，有的处在非紧密型的状态，有的则处在非紧密型向紧密型转变的过渡期。对于前者来说，以下的共性问题应当予以特别关注：(1)组织领导，包括领导体制、成员构成、运行机制等。(2)项目选择，包括项目选择的原则、项目选择的协商机制、项目决策的程序等。(3)要素投入，包括资金的投入、知识产权折价投入、实验基地的选择等。(4)人才结构，包括人才如何集聚、将帅人才的选择、人才结构如何优化等。(5)知识产权分配，包括知识产权的类型、价值的测算、产权分配的原则等。(6)经济收益，包括经济效益的测算、积累与分配、分配的原则等。(7)进站工作人员的待遇，包括进站人员的工资、奖金、特别津贴等。(8)奖励与惩罚，包括奖励和惩罚条例的制定、突出贡献人员的奖励、责任事故的追究等。

面对这么多的共性问题,对工作站的建设来说,毫无疑问,应有总体部署,以便逐个加以解决。但究竟从何入手,才能做到事半功倍?这就要着力找准突破口。当然,工作站的情况由于各有差异,因此这个突破口也不可能完全相同。但根据许多工作站的建设经验看,他们都把选准前瞻性技术和建立相适应的人才结构作为建站的突破口。

选准具有市场巨大潜力,能引领产业发展的前瞻性技术,是参与建站企业得以迅速崛起的关键环节。例如菲达环保科技公司,早在2007年就把治理PM2.5提到议事日程,开始关注这个领域的技术问题,但由于企业的应用基础研究比较薄弱,所以难以选准研发的具体课题,导致此项工作开展比较缓慢。但在2010年建站时,他们就把开展这个领域的前瞻性技术的愿望与合作方进行沟通,而浙江大学的研究团队具有应用基础研究实力,并已取得许多成果,所以双方商定以燃煤电站PM2.5治理作为重点合作开展研究,在院士和一批专家的参与下,这项治理技术迅速取得突破,现在这个站已经成为国内燃煤电站PM2.5环境治理领域的引领者。

台州富岭塑胶有限公司院士专家工作站也有同样的经验,早在5年多前,公司就已经关注全降解材料的研发,但因研究力量不足致使这些工作进展缓慢。2011年经台州、温岭科协牵线搭桥建立了院士专家工作站,有8位中科院理化所的研发人员入站工作。自工作站成立后,企业与院士专家合作,很快就锁定了关键技术并相继签订《PBS及改性在生物降解餐饮具、容器、工具、包装方面的应用技术》和《纤维素在餐饮具、容器、工具、包装的应用研究和产品开发》等协议。现在,富岭公司已经成功掌握了一批新技术,其产品已进入发达国家,成为沃尔玛等终端客户的国际供应商。通过对诸多案例的分析,我们发现凡着力找准这个突破口的,都已取得很大成绩。由此可见,这是我省工作站建设取得成功的一条重要经验。

(三)院士专家工作站建设的成效与经验

1.院士专家工作站的主要成效

工作站作为一个集聚创新要素协同创新的平台,融合了科技、经济、人才等诸多元素，集聚了跨界的资源和优势，实现集成创新的功能。主要表现在以下几个方面：

(1)柔性引进了一批院士专家高端人才，同时也推进了浙籍院士的回归。院士专家是我国科学技术和工程技术界的领军人物，其数量的多寡在一定程度上反映了一个地区科技发展和学术水平的高低，对区域经济社会可持续发展起着重要的支撑引领作用。以浙江为例，通过工作站这一平台，345 多名院士及其团队与企业等创新主体签约建立了长期合作关系，其中 300 多名在外省工作的院士加盟我省，成为我省“编外院士”，数量与浙籍院士数大致相当。因而有人形象地说：“工作站建设是浙籍院士回归工程。”引进院士的专业涉及新能源、新材料、汽车制造、航天科技、生物工程等众多领域。其中，海洋科技、光学工程、核化学与化工、高电压技术与生物医学工程等数十个专业为我省当前经济社会发展中的紧缺专业。引进这些紧缺专业的科技人才，有效改变了我省在这些领域的技术落后状况，为实施创新驱动发展战略、推动产业转型升级奠定了基础。

(2)共同搭建了一批产学研用有机结合创新平台，推动企业技术创新体系的建立并成为这个体系的核心。工作站直接引入一批国家级研究中心参与地方科技创新，如杭州成功引入中科院工程塑料国家工程研究中心、国家生化工程技术研究中心，宁波通过傅依备、卢秉恒等院士的牵线搭桥，引入国家城市污水处理及资源化工程技术研究中心、快速制造国家工程研究中心，付贤智院士与绍兴企业建站后将中国光催化高新技术产业孵化园华东分园落地绍兴；依托院士所在单位的科研资源有效地提升了建站主体的自主研发能力，如邱贵兴院士在浙江海圣医疗器械建站后发挥北京协和医院等科研力量，整合原有的企业研发中心，建立了绍兴市生物医用材料与器械研究院。陈亚珠院士依托上海交通大学力量在宁波鑫高益磁材公司建立了相控聚焦超声(MRI-PHIFU)研究中心；通过技术转让、创办经济实体等方式促进院士专家及其创新团队的科研成果在浙江实现产业化也取得了明显成效，如宁波国家高新区研发园区成功引进谭建荣、郭孔辉、柴天佑、李启虎、熊友伦等 5 位院士，注册成立由院士参股、技术团队控股的科研实体，以公司的形式为相关领域企业提供技术服务，建站当年就与周边地区的 50 余家企业签订了合同，服务企业包括正泰、万向、吉利、双林、欣达等知名企业,创造经济效益数亿元。由于院士工作站的高端、引领作用,在企业研究院、技术研发中心、博士后科研工作站及其他创新平台的研发体系中是"智高点",也是"核动力"。

(3)合作承接国家重大专项研究课题并攻克了一批关键核心技术难题,有效破解建站企业及关联产业的技术创新瓶颈。工作站建设直接引进院士专家驻站,与企业联合承接国家重大专项课题,并帮助建站主体破解技术难题,有效助推其产品结构调整和产业转型升级。如宁波江丰集团的"超大规模集成电路制造用铝和钽溅射靶材产业化关键材料技术研究"项目被列入国家科技部863引导项目,填补了国内半导体领域的空白。湖州久盛地板开展的"木竹材料阻燃与温敏可逆变色技术研究项目",成为国内该行业第一家承担国家863项目的企业。菲达环保的"燃煤电站PM2.5捕集增效技术研发与优化集成示范"项目,已作为"十二五"国家863计划备选项目入库科技部。宁波欧迅化学新材料技术有限公司的"烷氧胺盐酸盐清洁生产技术开发"项目,填补了国内外技术空白,并达到世界领先水平。浙江升华拜克生物股份有限公司实施的"基于细胞生理与过程信息处理的工业发酵优化新技术"院士项目获得国家科技进步二等奖。

(4)联合培养了一批留得住用得上的创新人才,并与博士后流动站等实现了互动,推进了企业创新人才队伍建设。一是"依站办学",实行"传帮带"模式,帮助企业凝聚培养创新人才。如西子联合集团依托工作站邀请院士专家通过培训班、科技讲座、定向培养等形式为企业培养技术骨干人才。刘源张院士开办的"西子研究院—质量精英班"培训计划,每期培训时间50天,人数50人,已成为企业内部创新人才培养的重要基地。二是"借站留学",实施"走出去"战略,帮助企业提升创新人才。如浙东精密铸造有限公司通过工作站建设与中科院沈阳金属研究所签订协议,建立人才培训互动机制,每年选送部分优秀创新人才赴高校院所学习深造。三是"驻站求学",采取"请进来"方式,院企联合造就创新人才。有3位院士签约的普洛康裕院士工作站在化学工艺、制剂和新药研发方面为企业培养研发人员,集结研发团队,使企业拥有研发人员400多人。浙江永泰集团聘请华南理工大学陈克复院士建立工作站后,成为华南理工大学及浙江科技学院的科研实验基地,建立了国家级博士后科研工作站。

(5)开展了一批战略决策咨询,引导企业成为创新决策主体,并为地方产业发展和经济社会建设提供了智力支持。院士专家拥有渊博的专业知识和广泛的信息来源,是某一产业或领域技术发展的领航者,而企业具有敏锐的市场洞察能力和灵活的经营机制,工作站将两者有机结合起来,从而为企业充分地把握发展机遇、瞄准产业前沿、发掘和开拓新市场提供了保证,成为企业科技发展战略制定和技术创新决策的导航仪。而且越来越多的企业认识到,院士专家既有的跨界、集聚、集成、高端、前沿和战略功能是企业最为稀缺和宝贵的资源。万向集团通过与阮雪榆、潘健生、郭孔辉等院士在锻造、热处理、电动汽车等领域开展战略合作,并经过院士团队的调研论证,确定了新能源电动汽车成为万向下一步重点发展的支柱产业。平湖晨光电缆公司与邱爱慈院士团队合作伊始就把"海底脐带电缆关键技术研究"作为引领企业未来发展的新领域。黄志镗院士为浙江俊尔新材料股份有限公司提出"中国高性能尼龙工程塑料的领导者"的战略发展理念已使企业获益。许多企业依托院士工作站建站院士邀请国内外该领域的专家学者到企业举行产业与技术发展学术研讨会,并发布战略咨询报告或产业技术发展报告,建站企业所在地的同行企业都得到了指导和辐射。

协调小组办公室还依托在我省建站的院士为区域产业与高新技术发展进行战略决策。2012 年 5 月组织 5 名船舶院士到舟山调研,并与地方政府和船舶企业进行交流研讨,为舟山如何提升和发展船舶产业提供了科学指导。陈克复院士把中国造纸协会以及国内外知名专家邀请到富阳与当地企业进行研讨,形成的研讨《建议》得到毛光烈副省长的批示。2013 年上半年又推动舟山与中国工程院、欧亚科学院合作,并将对舟山群岛新区中国海洋科学城建设、中国海洋气象研究(舟山)中心与基地建设等进行院士层面的决策咨询。还把中国工程院周济院长主持的"制造强国战略研究"中的汽车、船舶专项研究引入我省,调研结果已向省有关部门提交专题报告。特别值得一提的是,由建站院士引来的嘉兴水环境治理已被列入国家太湖流域治理专项,还促成了中国工程院环境轻纺学部与嘉兴市的战略合作。

2.院士专家工作站建设的浙江经验与特色

(1)院士专家工作站建设的浙江经验。

一是顺应了浙江民营经济创新发展的需求。浙江民营经济发达,转型升级的任务艰巨,企业对高端智力有迫切需求。更为重要的是,浙江体制机制灵活,有尊重人才的传统优势,高端人才愿意来。纵观浙江经济发展的历程,浙江经历了四次比较集中的科技人才转移和集聚。第一次是改革开放不久,浙江在全国率先发展社会主义市场经济,以“星期天工程师”为特征,以上海为主的全国各地科技人才柔性流动到浙江。第二次是 20 世纪 90 年代,大批公有企业科技人才向民营企业转移,浙江民营企业吸纳了很多中西部省份及东三省的一些国有企业的较高层次科技人才。第三次是世纪之交,形成了留学人员和国外专家来浙江的热潮,在我省引进先进技术、更新管理理念、提升产品质量、拓宽国际市场等方面发挥了重要作用。第四次是 21 世纪初开始,伴随我国大学教育走向平民化,以及民营企业乐观的发展前景、灵活的体制和对人才的渴求,浙江在人才配置市场上成了最有吸引力的“买家”。四次较集中的人才转移和集聚,塑造了浙江尊重人才的良好口碑。2008 年金融危机冲击下,企业为破解“创新难”而在院士专家故乡行、企业行的基础上寻找与院士及其团队合作的机会,继承和发扬了我省尊重人才的传统优势,顺应了我省经济进入创新驱动发展新阶段的现实需求。

二是浙江省创新驱动发展战略的要求。当今世界正处于新科技和产业革命的前夜,各国都高度重视科技创新。党的十八大明确了全面实施创新驱动发展的国家战略,国务院陆续出台了一系列政策举措,集中指向就是依靠科技创新、促进转型升级、打造经济升级版。如国务院办公厅《关于强化企业技术创新主体地位全面提升企业创新能力的意见》(国办发〔2013〕8 号)就明确“院士专家工作站、博士后工作站、科技特派员等科技人员服务企业的有效方式”要“不断完善评价制度、构建长效机制”。浙江省委十三届三次全会做出了《关于全面实施创新驱动发展战略,加快建设创新型省份的决定》,明确“要积极发挥院士专家工作站的作用”,提出了干好“一三五”、实现“四翻番”的重大部署。省委省政府在技术创新试点省份建设、创新型省份建设、人才发展目标任务分解与考核中都已将工作站建设列入。这些都是我省科协工作从未有过的机遇。

在全面贯彻实施创新驱动发展战略，干好“一三五”、实现“四翻番”中，急需一批既掌握核心技术，又具备战略眼光和思路的高层次创新人才，院士专家工作站是集聚、培养高层次创新人才的有效载体。

三是政策、资金、组织上有保障。2011 年，先后出台了《关于推进院士专家工作站建设的实施意见》《浙江省院士和专家工作站管理办法》及《浙江省院士专家工作站考核办法》等多项政策制度。2012 年，浙江省委、省政府办公厅下发了《关于加快推进院士专家工作站建设与发展的意见》，明确了工作站建设的指导思想与目标任务，并要求组织、科技、教育、人力社保、财政、经信、税务等职能部门在产业、项目、资金、人才、信息、政策等方面给予工作站建设具体可操作的扶持。省财政厅、省科协联合制定了《院士专家工作站经费管理办法》，对省级工作站给予一次性 50 万元经费资助，并将协调小组办公室的工作经费列入财政预算。全省 11 个地市也都出台了相应的扶持政策。

在省委人才办的指导下，由省委组织部、省经信委、省教育厅、省科技厅、省人力社保厅、省财政厅和省科协联合成立了院士专家工作站建设协调小组及办公室，并在省科协成立了专门服务机构——省院士专家工作站服务中心。杭州、宁波、绍兴、温州、衢州等地也建立了院士专家工作站服务中心。经过几年的建设，院士专家工作站的概念已经深入党政主要领导的视野中，已经成为党委人才工作的一个重要组成部分。

(2)院士专家工作站建设的浙江特色。

一是以强化企业技术创新主体地位为目标，着力构建直接为企业服务的高端智力协同创新平台。针对各种创新平台和载体，工作站建设力求实现差异化和优势互补，并在实践中逐步形成了“三五七”的建设思路，即：“三共同”(共创平台、共建机制、共谋发展)，“五平台”(引进高端智力平台、协同创新平台、战略咨询与信息交互平台、人才培养平台、成果转化平台)，“七原则”(企业为主体、需求为导向、项目为纽带、互利合作为基础、产业化为目标、内生驱动为根本)。这正是工作站与其他创新平台单向性、被动性、短期性、间接性的不同所在，特别是发展战略咨询、合作培养人才的职能和直接无缝对接、双向内生驱动、互动互利协同创新的特点是其他创新平台所不具有的，高端、战略、前沿的优势也是其他创新平台所不能替代的。对工作站的这种定位逐步得到了院士专家和企业的认可与肯定,为工作站建设有序推进和科学有效地运行奠定了基础。

二是以“大联合、大协作”的工作方式和“有为才有位”的理念,竭力打造具有浙江特色的科技服务创新品牌。我省的工作站建设从一开始就是以多部门联合协作的方式来展开,在中国科协和省委人才办的牵头指导下,充分发挥科技、人才、教育、财政、经济、科协等部门在人才、资金、项目、政策等方面的优势,形成了引导、推动、支持和规范管理的局面。多部门协作形成合力推进的工作方式,既可以充分发挥各部门的职能优势,又可以争取到党委、政府和各级各地的重视。而在理念上坚持有作为才有地位,不仅使这项工作逐步得到了党委、政府和有关部门的理解、关心、支持,解决了机构、人员、经费及政策措施上的诸多瓶颈,而且也使这项工作进入了党委和政府的工作目标和任务之中。目前,省委、省政府在国家技术创新工程试点省建设、创新型省份建设、人才发展目标任务分解与考核中都已将工作站建设列入,调动了各方的积极性。

三是以制度、管理的顶层设计为保障,努力构建服务工作站和院士专家的长效机制。工作站建设由于是自下而上推动的,是从院士行活动逐步演化而来的,故缺乏整体布局、长远规划和顶层设计。为此,我省从一开始就依靠并联合有关职能部门以协调小组的名义下发实施意见,还建立了协调小组及其办公室定期会议制度,及时研究工作中存在的问题,落实相关政策与措施。逐步制定了相关的管理、评审认定以及绩效考评办法等,有针对性地指导各地和工作站加强管理制度的规范化建设。各地也在探索符合本地实际的工作推动方式和工作站管理模式,特别是省委、省政府“两办”《意见》印发以后,各地纷纷出台相应的政策及管理办法。

(四)院士专家工作站发展的战略目标及其对策

1. 院士专家工作站发展的目标与建设原则

(1)院士专家工作站发展的指导思想与原则。

院士专家工作站发展的指导思想是:以邓小平理论、“三个代表”重要思想和科学发展观为指导，认真落实党的十八大及十八大三中全会精神和《国家中长期人才发展规划纲要(2010—2020年)》，中共中央、国务院《关于深化科技体制改革、加快国家创新体系建设的意见》，《关于发挥科技支撑作用促进经济平稳较快发展的意见》，中国科协等七部门《关于动员广大科技人员服务企业的意见》等文件精神，全面实施创新驱动发展战略及科教人才强省战略，发挥科协组织优势和特色，围绕增强自主创新能力，促进建立以企业为主体、市场为导向、产学研相结合的技术创新体系建设，为我省经济社会又好又快发展提供强有力的人才保障和智力支持。

在推动院士专家工作站发展中，要坚持以"需求为基础，项目为核心，企业为主体，实效为根本"的基本原则。

需求是建立院士专家工作站的基础。要根据我省产业结构调整升级、经济发展方式转变的总体要求和企业自主创新的客观需要，围绕各地经济和社会发展的中心工作，充分发挥科协组织特点，广泛征集企业重大技术需求，筛选一批亟待解决的技术难题，在尊重和顺应企业选择的基础上，积极寻求合作。

项目是建立院士专家工作站的核心，是院士专家与企业对接合作的载体。院士专家工作站项目是企业亟待解决的关键技术，项目的完成过程能对提升企业科技创新能力有显著带动作用。同时项目要符合进站院士及其创新团队的专业特点和研发方向，有利于推动院士专家团队同建站企业形成长期稳定的合作关系。

企业是建立院士专家工作站的主体。建站企业应有明确的技术创新需求和可供合作的技术项目，建有研发机构，拥有水平较高、结构较为合理的研发团队；企业领导对工作站工作高度重视，能够为院士专家及其团队提供必要的工作条件，保障合作项目的资金投入。

实效是院士专家工作站建设的根本。通过建站工作，要在提升企业技术创新能力，促进科技成果引进和转化，培养创新团队，服务地方经济和社会发展等方面发挥作用、取得实效。

(2)院士专家工作站发展的战略目标。

进一步加深认识创新驱动发展战略的重大意义，认清世界经济科技的发展趋势,切实增强院士专家工作站建设和发展的紧迫感、责任感和使命感,经过长期不懈的努力,基本实现从助力经济转型升级到引领创新驱动发展的蜕变。

根据中央关于全面深化改革和实施创新驱动发展的战略需求,按照创新型国家和创新体系建设的目标要求,第一阶段(2003—2010 年)的主要目标为:各地探索工作站建设的具体形式与做法,形成初步的建设规模,构建相应的管理服务体系。第二阶段(2011—2015 年)的主要目标为:院士专家工作站功能实现从点到面的拓展,初步发挥院士专家工作站对产业集聚区技术创新的导向作用。第三阶段(2016—2020 年)的主要目标为:发挥院士专家工作站对产业技术联盟支撑作用,逐步形成以工作站为点、以全产业链协同创新联盟为线、以区域协同创新示范基地和战略决策咨询制度为面的系统推进机制。

2. 打造院士专家工作站“升级版”的战略思考

一要从“面上拓展”向“内涵提升”转变。目前多地院士专家工作站发展较快,势头很猛。对此要有理性的认识,要看起到的作用如何,有没有实实在在的成效,这才是根本。所以要从面上向重点、由数量向质量转变,就是要突出重点、抓典型示范。突出重点就是要把有限的资源集聚到企业、集成到需要且能发挥独特作用的重点领域、重点方向、重大部署上来,使工作站建设既能够围绕中心服务大局,又能起到辐射引领的作用。典型示范就是各地要集中力量扶持培育几个示范工作站,特别是模式创新的工作站,以便积累经验指导面上工作,推动工作站建设整体水平的提高。院士工作站到了打造升级版的时候了,所以要抓重点抓示范。

二要从“合作协作”向“集成裂变”转变。总体上讲,院士等科技领军人才相对于创新发展的要求还是稀缺资源。如何把这些资源利用好、挖掘好,我们有过一些经验,也取得了成效。但需要创新、拓展,用什么方式和载体把院士及其团队“粘牢”并发挥作用取得成效,需要探索与实践。我们要研究院士专家的成长成才脉络、学术谱系、地理与人文分布及演化,以及他们与本地创新发展的关联度,为集聚更多的“天下院士专家为我所用”奠定基础。同时还要搭建院士智力创新创业服务高端平台,如依托高新区、科技城等创设院士科研孵化园区,推动工作站产业化,使院士专家高端智力能够发挥知识溢出、创新互动、引领发展等集成裂变效应。还要推动院士专家与中青年科技工作者结对、合作培养好企业创新型人才，更好地发挥高端智力裂变作用。

三要从“多层次多主体合作推动”向“点线面结合系统推进”转变。近10年来的实践，我国逐步形成了省市县多层次联动，企业与高校、院所、地方政府、科技社团多主体协同的“大联合大协作”机制，成效是明显的。但政策的利用挖掘不够，特别是国家层面缺乏统一的协调机制与政策，相关法规也是空白，对不同层次、主体和有关部门的权利义务和责权利关系也不够明确，工作站建设就难以向纵深、长效推进。为此，我们要按照加强顶层设计、资源系统整合的要求和企业技术创新过程已从成果转化向技术创新模式转变、从线性模式向全创新链关注转变的新趋势，逐步构建以工作站为点、以全产业链产学研合作协同创新联盟为线、以建立区域示范基地和战略决策咨询制度为面的点线面结合的系统推进机制。“点”上的合作包括项目、人才和单个企业、院所、高校与院士团队的对接，重在突破一些关键技术。“线”上的合作主要是通过产业技术联盟，沿着创新链和产业链布局，为行业共性核心技术创新突破服务。“面”上的合作主要是通过站地协同创新示范基地为党委和政府决策提供战略咨询等解决区域发展战略问题。这样就可以实现由分散式、短期性合作创新向实体化、团队化和长效化转变，形成持续推动产学研合作的动态系统推进机制。

四要从“完善考核管理”向“主动引导创新模式”转变。加强考核、完善评定和规范管理，在工作站建站初期是必要的。但这仅是管理者的视角，带有“计划”思维。在工作站建设与发展中如何发挥好市场与党政部门的作用，特别是如何发挥企业在市场中的自组织功能，最终形成企业主导、市场决定、多方有效协同的产学研集成创新模式，是值得我们去研究的新课题。中央关于全面深化改革的战略部署，明确市场在资源配置中的决定性作用，并强调企业是创新的主体。作为以企业为主体的工作站建设也要更新理念。此外我们还要主动引导工作站基于企业创新能力与合作模式的协同演化、制度创新与技术创新内生耦合的创新模式，特别是对基于产业链技术创新要求的产业技术联盟，以及共建研发基地、组建研发实体等模式要给予特别的支持。因此，在今后的考核中，要把模式创新作为重要内容。可以说，院士专家工作站的生命力就在于模式创新。能够基于企业主体和市场需求,推动创新周期引发、催化机制的相互配合以形成螺旋式互动协调机制,工作站自发调整其研发方向与合作模式,就能够实现可持续健康发展。

五要从“专有技术”研发向“共性技术”研发转变。目前多数院士专家工作站以企业专有技术的研发和应用为主要目标,而较少涉及产业共性技术的研发和应用。而产业共性技术供给不足是制约我省企业尤其是中小企业科技创新,从而影响经济转型升级的重要原因之一。共性技术是基础研究和专有技术之间的桥梁,它的突破对提升产业结构具有极其重要的意义。但由于这类技术属准公共产品,研发投入高、风险大,转制后按企业化运作的科研院所不会把注意力集中到这个领域,而企业尤其是中小企业又不愿、不敢或没有能力单独承担此类研发活动。因此,产业共性技术研发需要多家企业和多家研发机构及院士团队乃至政府的共同投入、协同创新。为此,要不断提升和发展院士专家工作站建设模式与运行机制,努力让院士牵头的团队力量在全省产业共性技术研发和应用中发挥主体和主导作用。

3. 促进院士专家工作站建设的建议

一是强化顶层设计、加强组织协调,成立全国院士专家工作站管理委员会。从浙江实践看,党政有关部门通过顶层设计,将企业“自下而上”需求驱动型自发建站模式,逐步丰富发展为“自下而上”需求驱动与“自上而下”顶层设计相结合的系统化推动建站模式,这是浙江院士专家工作站建设取得突出成效的一条成功经验。建议构建由中央组织部、中国科协、科技部、工程院、科学院、财政部、人力社保部等相关部门组成的“企业创新驱动支撑计划”领导协调小组和全国院士专家工作站管理委员会,协调小组和管理委员会办公室设在中国科协。或在全国“讲比”活动小组的基础上增加院士工作站建设的内容,并由中国科协承担院士专家工作建设协调机构办公室的职责,明确各部门职责,研究确定重大事项,组织研究院士专家引进、培养、选拔、使用以及工作站建设与运行管理等方面的相关政策措施。

二是联合组织实施“企业创新驱动支撑计划”,创新基于产学研协同创新的院士专家工作站合作模式。为推动科技与经济更加紧密结合,引导和支持院士专家高端智力嵌入企业创新的全过程,着力突破制约科技成果转化和企业创新的体制机制障碍，加快推动和建立以企业为主体、市场为导向、产学研相结合的技术创新体系，为我国实现创新驱动发展、建设创新型国家提供强大的科技支撑。建议从以下几个方面组织实施：(1)开展国家级企业院士专家工作站建设试点。加强全国范围院士专家企业工作站的分类研究，在国家中长期科技发展纲要确定的重点领域，选择一批科技创新工作基础好、亟须实现从技术跟随到技术引领跨越的企业，作为试点和典型，采取后补助方式给予重点支持，明确由院士专家领衔、企业主导联合创新的全过程，提出各创新主体的重点任务和职责要求，促进高校、科研院所一流创新团队嵌入企业创新的全过程，与企业科研生产一线技术骨干力量实现无缝对接和互补，引导培育一批具有战略性、前瞻性、系统性创新能力的具有国际竞争力的企业以及企业领军人才和顶尖创新团队，为推动和指导企业实现创新驱动发展发挥示范引领作用。(2)引导构建院士专家工作站战略联盟。围绕国家十大振兴产业和战略性产业重大技术创新需求，充分发挥企业院士专家工作站高端、前沿、跨界、集聚和战略引导独特优势，在全国范围内选择一批取得突出实效的同行业建站企业和上下游建站企业组建产业院士专家工作站战略联盟，进行联合攻关，共享知识产权，促进国家重点领域的创新突破，加快科技成果向生产力转化的进程。指导和鼓励地方立足本地产业技术创新需求，构建支撑本地实现创新驱动发展的区域院士专家工作站战略联盟。鼓励行业协会、全国学会等科技社团，依托本行业院士专家资源优势，充分发挥其组织协调、战略咨询、科技评价等作用，推动本行业院士专家工作站战略联盟的发展。(3)搭建院士专家工作站公共服务平台。开展企业建站前、中、后期配套保障服务、评价服务以及为院士专家、企业和工作站长效发展提供专家化服务，促进建立院士专家工作站资源开放、共享、合作、交流的机制；组织开展院士专家企业行、院士专家恳谈会等活动，促进院士专家及创新团队与企业顶尖创新团队的深度交流，帮助院士专家与企业建立合作共赢的互信机制；定期组织实施院士专家高层论坛，促进科技界、高校、企业界和政府部门的交流，摸清区域发展优势和结构调整升级的发展趋势，帮助制定区域实施创新驱动战略的领域；支持院士创新团队与企业科研生产一线技术人员开展技术互访、信息交流和经验交流活动，促进高校、科研院所、企业高层次创新人才的资源和信息共享；组织开展院士专家工作站之间的对接活动,促进产业院士专家工作站联盟建设。

三是突破现有人才政策限制,专项研究制定企业院士专家工作站培养、引进高端人才的相关政策。(1)要将院士专家工作站作为国家“引智”的重要平台和实践基地之一,与国家重大人才计划紧密衔接,比如,与国家创新人才推进计划相衔接等;突破现有的人才培养政策限制,在依托院士专家工作站,联合高校、科研院所为企业培养高端人才上给予政策支持和倾斜,比如,依托院士专家工作站为企业培养的高端领军人才开辟工程类硕士、博士培养渠道,并可优先晋升职务职称等;在依托院士专家为企业培养领军人才和跨领域创新团队方面给予政策倾斜,重点支持企业与大学、科研机构的研发人员合作开展未来技术研发和科技成果转化,设立企业院士专家工作站人才引进培养专项资金。(2)要构建完善的工作管理制度,包括中央各部委以及建站企业都要有具体的支持和发挥工作站作用的具体方案,制定科学的评价、考核和激励机制,做好工作站的规范化管理、过程管理和绩效管理。

四是加大支持力度,强化要素保障,构建面向企业协同创新的服务体系。工作站作为产学研协同创新的平台,其建设与运行是一项复杂的系统工程,涉及建站主体与合作方、合作项目与技术、利益需求与权责以及协同创新的多方面、多种要素,对指导、管理和服务的要求也是多方面的。不仅要整合资源、形成合力,还要有效指导、规范管理、优质服务,更要从观念、体制、机制、氛围以及资金、信息、项目、政策等方面着手提升、拓展和丰富管理服务的内容与方式方法。首先要加强对工作站协同创新需求的调研,针对各地发展战略布局、高新产业发展和技术创新重点,引导建站企业在基于内生需求的前提下优选院士专家和研发项目,有针对性、定向性地引进院士团队,为建站企业和院士团队提供机会识别,提升工作站运行的有效性,为使双方合作的交易成本最低、成效最高提供高效优质服务。其次要建立健全工作站合作信息平台,完善信息传导机制,解决信息不对称的问题。要发挥科技评价、法律咨询、知识产权服务等中介作用,在完善院士专家信息库、企业技术创新需求库和成果专利库的基础上拓展其服务功能,丰富服务内容。再次要树立“天下院士为我所用”的理念,加强与海内外院士、科研机构、高校和科技社团、学术机构的联络联系,创新联络联谊方式,拓展联络联谊渠道,优化联络联谊措施。要发挥行业协会和科技社团的优势，对本行业、本学科领域的工作站建设加强指导与协调，推动协会、学会与企业联合开展工作站建设。

五要完善机制，提升院士专家工作站品牌效应。院士专家工作站是科协服务科技创新的一个重点平台，是科协围绕党委政府中心工作的重要切入点，也是引起党委和政府主要领导关注的工作。要建立完善长效机制，进一步提升院士专家工作站品牌效应。首先完善对接与融合机制。建立院士专家库与企业需求库，形成全省推进院士专家工作站的合力。推进院士专家工作站与企业研发体系的融合，发挥其核心和驱动力作用，引领企业技术创新。其次完善互动与互利机制。推动院士专家工作站与博士后流动站、重点实验室、研发中心和其他创新平台的相互促进、优势互补，形成多种形式适合创新驱动发展的产学研协调创新模式。此外，完善评价与协调机制。加强动态管理，加强对已建工作站的考核，以评优晋级为抓手，推动工作站不断上新台阶。减少部门分割、相对封闭、主动性不够等问题，为院士专家工作站进一步发展创造更好的条件和环境。

（浙江省院士专家工作站服务中心）

附录

事物的相互联系与非线性思维

自20世纪70年代以来,随着科学研究对象的日趋复杂化及其相互联系和相互作用的日益明显,一门新兴的学科——非线性科学,在科学的百花园中茁壮成长。近些年来,这门新兴的学科已广泛应用于政治、经济、社会、文化、科技等各个领域,并已从哲学的高度来加以深入研究和应用。

科学的根本任务是要从千变万化的自然现象中总结出规律来,使这些现象得到客观的解释,并利用这些规律来预见事物的发展变化,最终达到改造客观世界的目的。

在科学技术活动中,为了做到精确地认识世界和有力地改造世界,一些自然规律往往需要借助数学来表达。在数学表达中,最简单的形式就是比例关系,也就是线性函数关系。它是一个变量与另一个变量之间简单的一一对应关系,比如牛顿力学中,力和加速度成正比,是一个线性的微分方程,用图形表示就是一条直线。

而在自然界和人类社会,各种事物在变化发展过程中诸因素之间的关系,大多是一种非线性关系。因为,自然界就其本质来说,是非线性的。比如随处可见的混沌现象,一些决定性的规律,经过长期行为后会出现随机性的形态,而且对初始状态表现得十分敏感,初始状态稍有变动,长期发展后的状态却大相径庭,最典型的莫过于"蝴蝶效应"一说,就是今天一只蝴蝶在北京拍动一下翅膀,就足以引起下一个月在纽约的一场风暴。随着科学技术的飞速发展,"种豆得瓜"早已司空见惯。特别是在万花筒般的现代社会生活中,"城门失火,殃及池鱼"的现象也时有耳闻;一个人的成才机制也是非线性的,其解往往不是唯一的,除主观努力以外,还受客观环境和条件的制约;除智力因素之外,还受非智力因素的影响。

所处的社会、时代是人才成长的客观因素，它从宏观上决定了这个社会、这个时代能否形成人才辈出的局面。但在微观上，对一个人来说，他能否成才，既有许多确定性因素在起作用，譬如身体、智力、知识、能力、环境等，也有许多随机性因素在起作用，如激情、想象、灵感、直觉、机遇等。对大多数人来说，在设计和把握成才目标过程中，一些确定性因素往往容易觉察并受到重视，但对那些随机性因素，许多人很难意识到它的存在及其在成才过程中所起的重要作用，因而常常被人忽视并影响拔尖人才的成长和人才队伍的整体质量。

长期以来，在人才培养问题上，无论是国民教育，还是家庭教育，人们总是习惯用线性思维方式来看待这一问题，比如，在对待知识与能力这两个成才基本要素上，重知识，轻能力；在知识结构的设计布局上，偏重专业化，忽略综合化。人们总是期望只要通过单纯的数理化灌输就能培养出自然科学人才来，或通过弹弹琴、练练字就能够培养出艺术家来，而不注重从整体上打好基础，提高素质。

诚然，对自然科学人才来说，数理化是非学好不可的，同样，对艺术人才来说，弹琴、学画、练字也是必不可少的。但随着科学更加社会化，社会更加科学化，或科学更加艺术化，艺术更加科学化的大趋势，自然科学人才必须吸收艺术的养分，艺术人才也必须接受科学的阳光和雨露。因为，没有知识的艺术是浅薄的，没有艺术的知识是僵死的。从这个意义上说，任何人才的成长，都是多因素相互作用的结果，绝对的专业教育是培养不出现代社会所需要的人才的。忽略事物的相互联系和相互作用，正是这种线性思维方式的致命弱点。

人类长期的创造实践表明，一个人在智力活动中，会时常显露出一些艺术特征。激情、想象、灵感和直觉，这些渗透着艺术灵气的成才要素，无论对艺术创作，还是对科学创造都是有极大帮助的。灵感和直觉能帮助人们翻越理性认识的障碍，跳出原先狭小的思维空间，开拓出新的创造天地。

由此看来，让搞自然科学的人“懂得莎士比亚”，让搞文学艺术的人“懂得热力学第二定律”，应作为培养现代人才素质的目标。鲁迅先生曾告诫青年，学理科的偏看看文学书；学文学的偏看看科学书。因为，未来世界成就最大的人往往是那些用人文科学知识武装自己的头脑并且具有深厚艺术素质的科学家,属于那些站在自己时代的知识水平上去认识自然和社会的艺术家。

习总书记在中央政治局集体学习时的讲话中指出:物质生产是社会历史发展的决定性因素,但上层建筑也可以反作用于经济基础,生产力和生产关系、经济基础和上层建筑之间有着作用和反作用的现实过程,并不是单线式的简单决定和被决定逻辑。我们提出全面深化改革的方案,是因为要解决我们面临的突出矛盾和问题,仅仅依靠单个领域、单个层次的改革难以奏效,必须加强顶层设计、整体谋划,增强各项改革的关联性、系统性、协同性。只有既解决好生产关系中不适应的问题,又解决好上层建筑中不适应的问题,这样才能产生综合效应。

注重事物的关联性、系统性和协同性,就是要用非线性思维方式去分析和处理问题。这样,往往会使你的见解入木三分,抓住问题的关键,揭示事物的本质。在科学研究中,有时一个物理学的问题,其实质是一个数学问题,这时,常常需要借助数学方法来解决;在纷繁复杂的经济生活中,一国经济的繁荣,常常受到别国经济的影响;一个农业、农村问题,有时症结往往不在农业、农村本身,而在工业和城市,反之亦然。曾经一个时期,农产品难卖,农民收入增长缓慢;工业品过剩,工业经济效益不佳,一直困扰着学界、政界和经济界。如果按照线性思维方式思考问题,就农业论农业,就工业论工业,是找不到农业和工业的根本出路的。有人转变思维方式,横跨一步,跳出了原有的思维空间,全面分析了这一问题的深层次原因,认为我国农业和工业的问题,都不是孤立的农业或工业问题,而是城市化落后的问题。因为,工业品过剩,是由于占我国人口大多数的农村人口的购买力不强;农村人口购买力不强,一是由于农民收入水平低,二是由于农民的生活方式没有改变,而这两个方面都与农村城市化密切相关。用学术语言表述,就是城市化滞后率与工业品剩余率呈正相关的关系,城市化越滞后,工业品越滞销。

类似问题在思想政治工作领域也普遍存在,一些思想政治工作者往往把人的复杂的思想和行为变化规律归结为简单的线性关系,忽略事物的相互联系和相互作用,忽略二次以上因素。比如,针对一部分人思想问题,往往习惯于在这些人自身身上找原因、做工作,结果事倍功半。而事实上,这部分人的思想问题的根源有时恰恰不在他们自己身上，而在他人身上。又如，在现实生活中，常常出现调动了一个人的积极性，有时却打击了一大批人的积极性；解决了一个人的思想问题，有时却给一大批人带来了思想问题的怪现象。这种“一果多因”的非线性现象，如果简单归结为某一原因，头痛医头，就事论事，是不利于吸取教训，总结有益经验的。

事物之间的这种因果联系的复杂多样性，要求我们认识处理问题必须树立非线性观念，用非线性思维观察和思考问题，指导我们的思想和行动。也就是说，对事物的分析判断要多考虑几个变量，多注意随机因素，从而使我们的理论与实践能从容地面对各种复杂的事物。

（浙江省科协副秘书长　黄国范）